高等职业教育“十三五”机电类专业系列教材
高职高专机电类专业系列教材

机床电气控制与PLC（三菱）

主　编　杜　晋
副主编　南丽霞　朱亚东
参　编　冯　晋　杨益洲
主　审　陆宝春

机械工业出版社

本书主要内容包括常用低压电器、机床电气控制电路的基本控制环节、机床电气控制电路的分析与设计、可编程序控制器概述、FX 系列 PLC 的基本逻辑指令与编程方法、FX 系列 PLC 顺序控制的编程与应用、FX 系列 PLC 的功能指令与应用以及 PLC 控制系统的设计。

本书内容丰富、层次清晰，注重理论与实践相结合，突出体现现代机床电气控制的新技术、新产品，符合应用型人才培养的目标与要求。各章均有相应的实例和习题，有利于读者掌握和巩固知识。

本书可作为高等职业院校机电类、机械制造、数控、工业自动化等相关专业的教材，也可作为各类成人教育“机床电气控制与 PLC”等相关课程的教材，还可供相关工程技术人员作为参考书或培训教材。

为方便教学，本书备有免费电子课件及章后习题解答，凡选用本书作为授课用书的教师，均可来电索取。咨询电话：010-88379375。

图书在版编目（CIP）数据

机床电气控制与 PLC：三菱/杜晋主编．—北京：机械工业出版社，2013.1（2023.1 重印）
高职高专机电类专业系列教材
ISBN 978-7-111-40840-6

Ⅰ.①机…　Ⅱ.①杜…　Ⅲ.①机床－电气控制－高等职业教育－教材②plc 技术－高等职业教育－教材　Ⅳ.①TG502.35②TM571.6

中国版本图书馆 CIP 数据核字（2012）第 306227 号

机械工业出版社（北京市百万庄大街 22 号　邮政编码 100037）
策划编辑：于　宁　责任编辑：于　宁　冯睿娟
版式设计：霍永明　责任校对：张　媛
封面设计：陈　沛　责任印制：郜　敏
中煤（北京）印务有限公司印刷
2023 年 1 月第 1 版第 11 次印刷
184mm×260mm · 12.5 印张 · 307 千字
标准书号：ISBN 978-7-111-40840-6
定价：39.80 元

电话服务
客服电话：010-88361066
010-88379833
010-68326294

网络服务
机　工　官　网：www.cmpbook.com
机　工　官　博：weibo.com/cmp1952
金　书　网：www.golden-book.com
机工教育服务网：www.cmpedu.com

前　言

“机床电气控制与 PLC”是理论与实践结合紧密、应用性很强的一门职业技术课程。高等职业教育培养的人才是面向生产、管理第一线的技术型人才，本书的编写以“必需、够用”为原则，以掌握概念、强化应用为重点，注重岗位能力的培养并遵循“突出基本概念，注重技能训练，强调理论联系实际，加强实践性教学环节”的原则。本书的编写注重实用性，突出体现机床电气控制的新技术、新产品，在知识点的编排上具有延续性，在文字的叙述上，力求通俗易懂。

本书共 8 章，第 1 章介绍了各类常用低压电器的结构、工作原理、技术参数、图形和文字符号及选用；第 2 章介绍了机床电气原理图的画法规则及阅读方法，分析三相异步电动机的起动、运行、制动和保护等基本控制环节；第 3 章分析典型机床的电气控制电路，介绍了机床电气控制电路的设计原则、步骤及设计注意要点；第 4 章介绍了 PLC 的结构、工作原理、技术性能指标以及三菱 FX 系列 PLC 的编程元件；第 5 章介绍了 FX 系列 PLC 的基本指令及基本电路程序设计方法；第 6 章介绍了 FX 系列 PLC 顺序控制编程方法及应用；第 7 章介绍了 FX 系列 PLC 常用功能指令及应用；第 8 章介绍了 PLC 控制系统的设计方法。每章都有相应的实例及习题使学生能够更好地掌握相关知识及工程设计方法。

本书由扬州职业大学杜晋任主编，南丽霞、朱亚东任副主编，冯晋、杨益洲参编。其中，杜晋编写了第 1 章、第 2 章和第 3 章中 3.1 ~ 3.4 节；南丽霞编写了第 5 章、第 6 章中 6.1、6.2 节和第 8 章；朱亚东编写了第 4 章、第 7 章；冯晋编写了第 3 章中 3.5 和 3.6 节并整理了附录 A；杨益洲编写了第 6 章的 6.3 节并整理了附录 B，全书由杜晋整理定稿。

本书由南京理工大学陆宝春教授担任主审，审阅中提出许多宝贵意见，在此表示衷心感谢！此外，在本书的编写过程中得到了扬州职业大学周德卿教授的热心帮助和支持，在此一并表示诚挚的感谢！

限于编者水平，书中难免有错漏及不当之处，恳请读者批评指正。

编　者

目 录

第1章　常用低压电器

【本章教学重点】

(1) 常用低压电器的结构及工作原理。

(2) 低压电器的选用。

【本章能力要求】

通过本章的学习，读者应掌握常用低压电器的结构及工作原理，并且具备正确合理地选用机床常用低压电器的能力。

电器对电能的生产、输送、分配和使用起控制、调节、检测、转换及保护作用，是所有电工器械的简称。我国现行标准将工作在交流50Hz、额定电压1200V及以下和直流额定电压1500V及以下电路中的电器称为低压电器。低压电器的种类繁多，它作为基本元器件已广泛用于发电厂、变电所、工矿企业、交通运输和国防工业等电力输配电系统和电力拖动控制系统中。随着科学技术的不断发展，低压电器的将会沿着体积小、质量轻、安全可靠、使用方便及性价比高的方向不断发展。

低压电器的品种、规格很多，其作用、构造及工作原理各不相同，因此有多种分类方法。

(1) 按用途分　低压电器按它在电路中的用途可分为控制电器、配电电器和保护电器。控制电器是指电动机完成生产机械要求的起动、调速、反转和停止所用的电器；配电电器是指正常或事故状态下接通或断开用电设备和供电电网所用的电器，主要包括开关及主令电器。保护电器通常用于电路与电气设备的安全保护。

(2) 按动作方式分　低压电器按它的动作方式可分为自动切换电器和非自动切换电器两大类。前者是依靠本身参数的变化或外来信号的作用，自动完成接通或分断等动作；后者主要是用手直接操作来进行切换。

(3) 按有无触头分　低压电器按其有无触头可分为有触头电器和无触头电器两大类。有触头电器有动触头和静触头之分，利用触头的合与分来实现电路的通与断；无触头电器没有触头，主要利用晶体管的导通与截止来实现电路的通与断。

(4) 按工作原理分　低压电器按其工作原理可分为电磁式电器和非电量控制电器两大类。电磁式电器由感受部分（即电磁机构）和执行部分（即触头系统）组成，它由电磁机构控制电器动作，即由感受部分接受外界输入信号，使执行部分动作从而实现控制目的；非电量控制电器由非电磁力控制电器触头的动作。

本章主要介绍机床电气控制系统中常用的配电电器（主要包括开关及主令电器）、控制电器、保护电器以及机床中常用的一些其他电器，着重介绍这些低压电器的结构、工作原理、规格型号、图形符号及文字符号、选用原则等方面的内容。

1.1 开关及主令电器

开关电器属于配电电器，用于隔离电源或在规定的条件下接通、分断电路以及转换正常或非正常的电路，它包括刀开关、低压断路器和转换开关等。

主令电器主要用来接通和分断控制电路，在电力拖动系统中控制电动机的起动、停止、制动和调速等。主令电器可直接用于控制电路，也可通过电磁式电器间接作用于控制电路。在控制系统中它是专门用于发布控制指令的电器，故称为主令电器。常用的主令电器有按钮、行程开关等。

1.1.1 刀开关

1. 刀开关的结构和工作原理

刀开关俗称闸刀开关，是结构最简单、应用最广泛的一种手动电器。常用于接通和切断长期工作设备的电源及不经常起动及制动、容量小于 7.5kW 的异步电动机。各类刀开关实物图如图 1-1 所示。

a) 瓷底式刀开关　b) 开启式刀开关　c) 双投刀开关

图 1-1　各类刀开关实物图

图 1-2 所示为刀开关的典型结构，它是由手柄、静插座、动触刀、铰链支座和绝缘底板组成。推动手柄使动触刀插入静插座中，电路就会被接通。为保证刀开关合闸时动触刀和静插座接触良好，动触刀与静插座之间应有一定的接触压力。

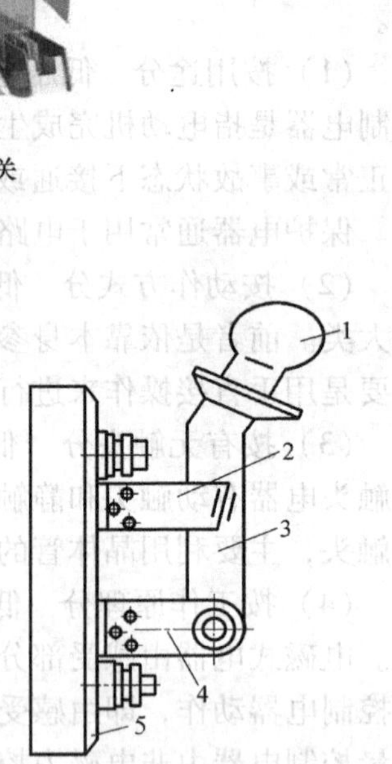

图 1-2　刀开关的典型结构

1—手柄　2—静插座　3—动触刀　4—铰链支座　5—绝缘底板

刀开关的种类较多，按极数可分为单极、双极和三极；按转换方式可分为单投和双投；按操作方式可分为直接手柄操作和远距离连杆操作；按灭弧情况可分为有灭弧罩和无灭弧罩等。常用刀开关有开启式负荷开关和封闭式负荷开关。

（1）开启式负荷开关　开启式负荷开关俗称胶盖闸刀开关，是由刀开关和熔丝组合而成的一种电器，HK2 系列瓷底开启式负荷开关的结构如图 1-3 所示。这种开关结构简单，价格低廉，使用维修方便，在小容量电动机中得到广泛应用。

（2）封闭式负荷开关　封闭式负荷开关是在刀开关上加装快速分断机构和简单的灭弧装置构成的，以保证可靠地分断电流。封闭式负荷开关俗称铁壳开关，是由刀开关、熔断器和速断弹簧等组成，并装在金属壳内，其结构如图1-4所示。封闭式负荷开关采用侧面手柄操作，并设有机械联锁装置，使箱盖打开时不能合闸，合闸时箱盖不能打开，保证了用电安全。手柄与底座间的速断弹簧使开关通断动作迅速，灭弧性能好，因此可用于粉尘飞扬的场所。

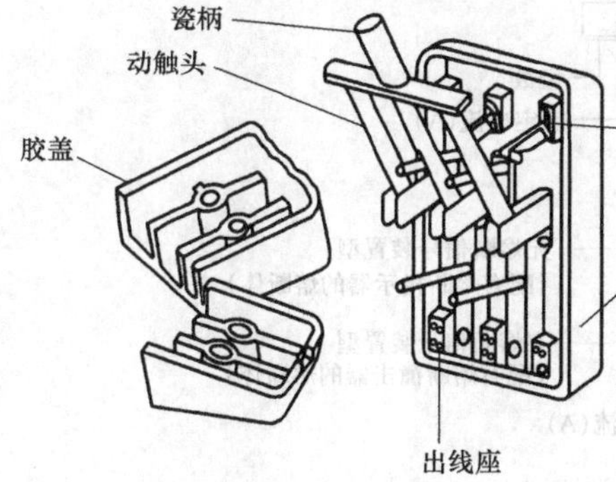

图1-3 HK2系列瓷底开启式负荷开关的结构

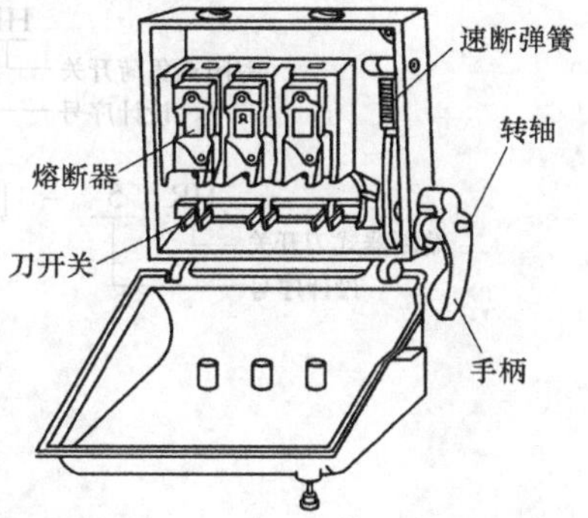

图1-4 封闭式负荷开关的结构

2. 刀开关的主要技术参数

（1）额定电压 在长期工作中能承受的最大电压称为额定电压。目前生产的刀开关的额定电压，一般为交流500V以下、直流440V以下。

（2）额定电流 刀开关在合闸位置允许长期通过的最大工作电流称为额定电流。小电流刀开关的额定电流有10A、15A、20A、30A、60A五个等级。

（3）使用寿命 刀开关的使用寿命分为机械寿命和电气寿命两种。机械寿命是指不带电情况下所能达到的操作次数；电气寿命是指刀开关在额定电压下能可靠地分断额定电流的总次数。

（4）动稳定性电流 发生短路事故时，不产生变形、破坏或触刀自动弹出现象时的最大短路电流峰值就是刀开关的动稳定性电流，一般是其额定电流的数十倍。

（5）热稳定性电流 发生短路事故时，如果能在一定时间（通常是1s）内通以某一短路电流，并不会因温度急剧上升而发生熔焊现象，则这一短路电流就称为刀开关的热稳定性电流。

3. 刀开关的型号及电气符号

目前常用的刀开关有HD系列刀形隔离开关、HS系列双投刀开关、HK系列开启式负荷开关、HH系列封闭式负荷开关及HR系列熔断器式刀开关。表1-1为HD17系列刀开关的主要技术数据。

表1-1 HD17系列刀开关的主要技术数据

额定电流/A	通断能力/A			在AC 380V和60%额定电流时，刀开关的电气寿命/次	动稳定性电流峰值/kA	1s热稳定性电流/kA
	AC 380V $\cos\varphi=0.72\sim0.8$	DC $T=0.01\sim0.011s$ 220V	DC $T=0.01\sim0.011s$ 440V			
200	200	200	100	1000	30	10
400	400	400	200	1000	40	20
600	600	600	300	500	50	25
1000	1000	1000	500	500	60	30
1500	—	—	—	—	80	40

刀开关的型号及含义如图 1-5 所示。刀开关的图形及文字符号如图 1-6 所示。

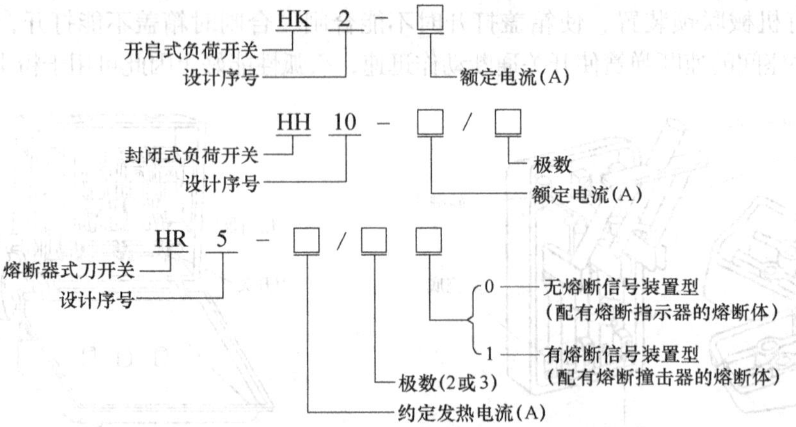

图 1-5　刀开关的型号及含义

4. 刀开关的选用与安装

（1）刀开关的选用

1）按用途和安装位置选择合适的型号和操作方式。

2）额定电压和额定电流必须符合电路要求。

3）校验刀开关的动稳定性和热稳定性，如不满足要求，就应选大一级额定电流的刀开关。

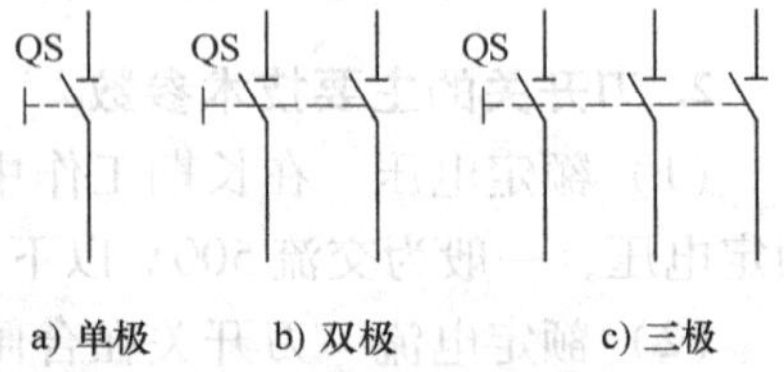

图 1-6　刀开关的图形符号及文字符号

（2）刀开关的安装

1）应做到垂直安装，闭合操作时的手柄操作方向应从下向上合，断开操作时的手柄操作方向应从上向下分，不允许采用平装或倒装，以防止产生误合闸。

2）安装后检查闸刀和静插座的接触是否成直线及是否紧密。

3）母线与刀开关接线端子相连时，不应存在极大的扭应力，并保证接触可靠。在安装杠杆操作机构时，应调节好连杆的长度，使刀开关操作灵活。

1.1.2　低压断路器

低压断路器（俗称自动开关或空气开关）可用来分配电能、不频繁起动电动机、对供电线路及电动机等进行保护，用于正常情况下的接通和分断操作以及严重过载、短路及欠电压等故障时自动切断电路，在分断故障电流后，一般不需要更换零件，且具有较大的接通和分断能力，因而获得了广泛应用。

1. 低压断路器的结构和工作原理

低压断路器主要由触头系统、操作机构和脱扣器等部分组成。图 1-7 所示为低压断路器的结构示意图。断路器的主触头由操作机构手动或电动合闸，并通过自动脱扣机构锁定在合闸位置。当电路发生故障时，自动脱扣机构在相关脱扣器的推动下动作，钩子脱开，主触头在弹簧力的作用下迅速分断。图中过电流脱扣器的线圈和过载脱扣器的线圈与主电路串联，欠电压脱扣器的线圈与主电路并联。当电路发生短路或严重过载时，过电流脱扣器的衔铁被吸合，使自动脱扣机构动作；当电路过载时，过载脱扣器的热元件产生的热量增加，使双金属片向上弯曲，推动自动脱扣机构动作；当电路欠电压时，欠电压脱扣器的衔铁释放，自动脱扣机构动作。分励脱扣器一般用于远距离分断电路，按操作指令或信号控制脱扣机构动作，从而使断路器跳闸。

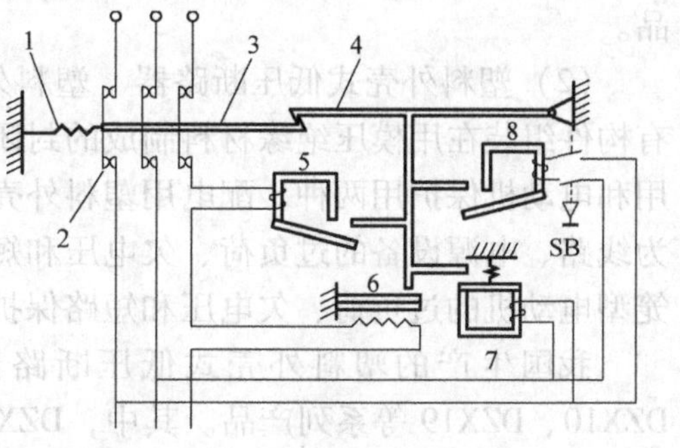

图1-7 低压断路器的结构示意图

1—弹簧 2—主触头 3—传动杆 4—锁扣 5—过电流脱扣器 6—过载脱扣器 7—欠电压脱扣器 8—分励脱扣器

2. 低压断路器的主要技术参数

（1）额定电压 低压断路器的额定电压分额定工作电压、额定绝缘电压和额定脉冲电压。

1）额定工作电压：指与通断能力以及使用类别相关的电压值，对多相电路是指相间的电压值。

2）额定绝缘电压：通常情况下，额定绝缘电压就是断路器最大额定工作电压。

3）额定脉冲电压：开关电器工作时，要承受系统中所发生的过电压，因此开关电器（包括断路器）的额定电压参数中给定了额定脉冲电压值，其数值应大于或等于系统中出现的最大过电压峰值。

额定绝缘电压和额定脉冲电压共同决定了开关电器的绝缘水平。

（2）额定电流 对于低压断路器来说，额定电流即额定持续电流，也就是脱扣器能长期通过的电流。对带有可调式脱扣器的低压断路器为可长期通过的最大工作电流。

（3）额定短路分断能力 低压断路器的额定短路分断能力是指在规定的条件（电压、频率、功率因数及规定的试验程序等）下，能够分断的最大短路电流值。

3. 低压断路器的常用型号及电气符号

低压断路器按用途分有配电（照明）、限流、灭磁和漏电保护等几种；按动作时间分，有一般型和快速型；按结构分，有框架式（万能式DW系列）和塑料外壳式（装置式DZ系列），其实物图如图1-8所示。

a) DZ—15 万能低压断路器 b) 塑料外壳式低压断路器 c) 智能低压断路器

图1-8 各类低压断路器实物图

（1）框架式低压断路器 框架式低压断路器又称万能式断路器，它将所有构件组装在具有绝缘底衬的框架结构底座上。框架式低压断路器用于在配电网络中分配电能，并承担线路及电源设备的过载保护、欠电压保护和短路保护。也可用于不频繁起动的40～100kW电动机回路中，作为过载、欠电压和短路保护设备。

我国生产的框架式低压断路器有DW10系列、DW15系列。其中DW10系列由于其技术指标较低，现已逐渐被淘汰。

目前常用的框架式低压断路器还有引进国外技术制造的ME、3WE、AE、AH等系列产品。

（2）塑料外壳式低压断路器　塑料外壳式低压断路器又称装置式低压断路器，它将所有构件组装在用模压绝缘材料制成的封闭型外壳内。塑料外壳式低压断路器按性能分为配电用和电动机保护用两种。配电用塑料外壳式低压断路器在配电网络中用来分配电能，并且作为线路、电源设备的过负荷、欠电压和短路保护。电动机保护用塑料外壳式低压断路器用于笼型电动机的过负荷、欠电压和短路保护。

我国生产的塑料外壳式低压断路器主要有 DZ5、DZ10、DZ15、DZ20、DZ15L 以及 DZX10、DZX19 等系列产品。其中，DZX10、DZX19 系列为限流式低压断路器，它利用短路电流所产生的电动力使触头在 8～10ms 内迅速断开，从而限制了线路中可能出现的最大短路电流。DZ15L 系列为漏电保护低压断路器，当电路或设备出现对地漏电或人身触电时，能迅速自动断开电路，从而有效地保证人身及线路安全。

目前常用的塑料外壳式低压断路器还有引进国外技术制造的 H、C45N（C65N）、S060、TH、AM1 和 3VE 等系列产品。

表 1-2 为 DZ15 系列低压断路器的技术数据。

表 1-2　DZ15 系列低压断路器的技术数据

型　号	壳架额定电流/A	额定电压/V	极数	脱扣器额定电流/A	额定短路分断能力/kA	电气、机械寿命/次
DZ15-40/1901	40	220	1	6、10、16、20、25、32、40	3（$\cos\varphi=0.9$）	15000
DZ15-40/2901		380	2			
DZ15-40/3901			3			
DZ15-40/3902			3			
DZ15-40/4901			4			
DZ15-63/1901	63	220	1	10、16、20、25、32、40、50、63	5（$\cos\varphi=0.7$）	10000
DZ15-63/2901		380	2			
DZ15-63/3901			3			
DZ15-63/3902			3			
DZ15-63/4901			4			

低压断路器的型号及含义如图 1-9 所示。

图 1-9　低压断路器的型号及其含义

低压断路器的图形符号和文字符号如图 1-10 所示。

4. 低压断路器的选用

1）额定电压和额定电流应不小于电路的正常工作电压和工作电流。

2）各脱扣器的整定：

①　热脱扣器的整定电流应与所控制的电动机的额定电流或负载额定电流相等。

②　失电压脱扣器的额定电压等于主电路额定电压。

③　电流脱扣器（过电流脱扣器）的整定电流应大于负载正常工作时的尖峰电流，对于电动机负载，通常按起动电流的1.7倍整定。

3）极数和结构形式应符合安装条件、保护性能及操作方式的要求。

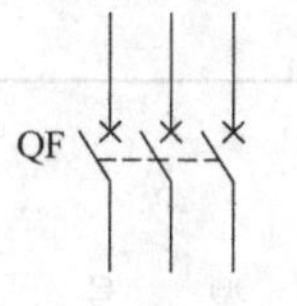

图1-10　低压断路器的图形符号和文字符号

1.1.3　转换开关

转换开关（又称组合开关）一般用于不频繁地通断电路、换接电源或负载、测量三相电压和控制小型电动机正反转。转换开关由多对触头组成，手柄可手动向任意方向旋转，每旋转一定角度，动触头就接通或分断电路。由于采用了扭簧贮能，开关动作迅速。

1. 转换开关的结构和工作原理

转换开关由动触头、静触头、转轴、手柄和定位机构等部分构成，其动、静触头分别叠装在多层绝缘壳体内。根据动触头和静触头的不同组合，转换开关有多种接线方式。图1-11所示为常用的HZ10-10/3型转换开关的外形与内部结构图。它有三对静触头，每个触头的一端固定在绝缘垫板上，另一端伸出盒外，连在接线柱上，三个动触头套在装有手柄的绝缘杆上。转动手柄就可将三对触头同时接通或分断。

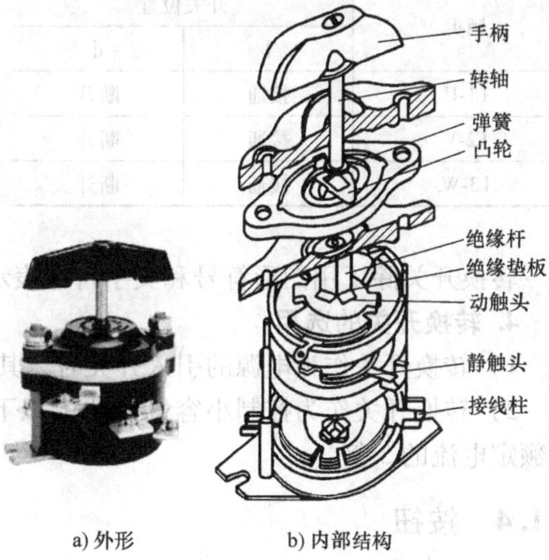

图1-11　HZ10-10/3型转换开关的外形和内部结构

2. 转换开关的主要技术参数

转换开关的主要技术参数包括：额定电压、额定电流和极数等。

转换开关分单极、双极和三极。

3. 转换开关的常用型号和电气符号

常用的转换开关有HZ5、HZ10和HZ15等系列。其中，HZ10系列为全国统一设计产品，HZ15系列为全国统一设计的新型产品。表1-3为HZ10系列转换开关的主要技术数据。

转换开关的型号及含义如图1-12所示。

转换开关的图形符号和文字符号如图1-13所示。

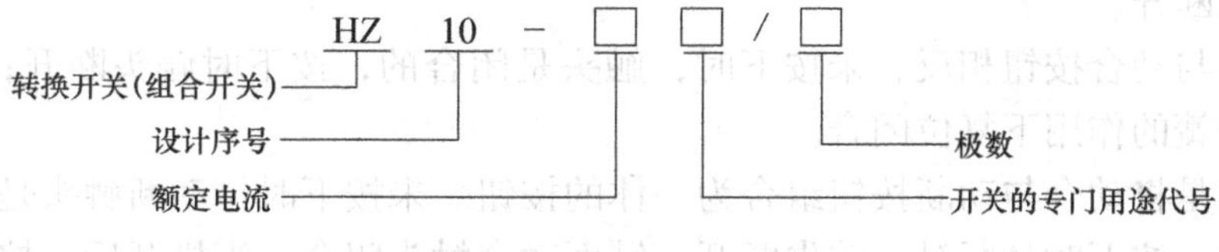

图1-12　转换开关的型号及含义

表 1-3　HZ10 系列转换开关的主要技术数据

型　号	额定电压/V	额定电流/A	极数	极限操作电流/A		可控制电动机最大容量和额定电流		额定电压及额定电流下的通断次数			
								AC cosφ		直流时间常数/s	
				接通	分断	容量/kW	额定电流/A	≥0.8	≥0.3	≤0.0025	≤0.01
HZ10-10	DC 220 AC 380	6	单极	94	62	3	7	20000	10000	20000	10000
		10	2、3								
HZ10-25		25		155	108	5.5	12				
HZ10-60		60									
HZ10-100		100						10000	5000	10000	5000

表 1-4　触头通断表

触头	开关位置	
	I	II
L1-U	接通	断开
L2-V	接通	断开
L3-W	接通	断开

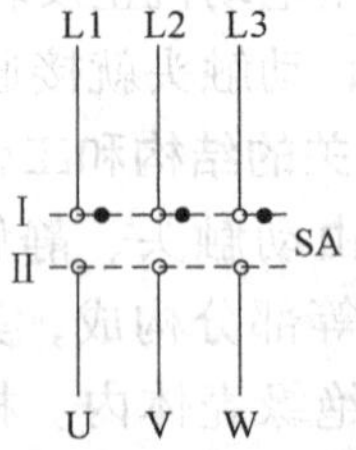

图 1-13　转换开关的图形符号和文字符号

转换开关除了用图形符号和文字符号表示外还可用触头通断表表示，见表 1-4。

4. 转换开关的选用

1）转换开关作为电源的引入开关时，其额定电流应大于电动机的额定电流。

2）转换开关作为控制小容量（5kW 以下）电动机起动、停止时，其额定电流应为电动机额定电流的 3 倍。

1.1.4　按钮

按钮是一种结构简单、应用广泛的主令电器，一般情况下它不直接控制主电路的通断，而在控制电路中发出手动“指令”去控制接触器、继电器等电器，再由它们去控制主电路，也可用来转换各种信号电路与电气联锁电路等。

1. 按钮的结构和工作原理

按钮的实物图和结构示意图如图 1-14 所示。按钮一般由按钮帽、复位弹簧、触头和外壳等组成，通常分为动合（常开）按钮、动断（常闭）按钮和复合按钮。

动合按钮未按下时，触头是断开的，按下时触头闭合接通；当松开后，按钮在复位弹簧的作用下复位断开。

动断按钮与动合按钮相反，未按下时，触头是闭合的，按下时触头断开；当手松开后，按钮在复位弹簧的作用下复位闭合。

复合按钮是将动合与动断按钮组合为一体的按钮。未按下时，动断触头是闭合的，动合触头是断开的。按下时动断触头首先断开，继而动合触头闭合；当松开后，按钮在复位弹簧的作用下，首先将动合触头断开，继而将动断触头闭合。复合按钮在控制电路中常用于电气

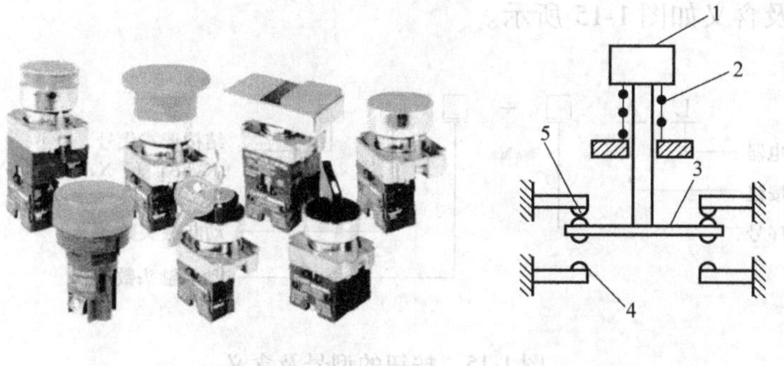

a) 实物图　　b) 结构示意图

图1-14　按钮实物图和结构示意图

1—按钮帽　2—复位弹簧　3—动触头　4—动合触头静触头　5—动断触头静触头

联锁。

按钮的结构形式很多。紧急式按钮装有凸出的蘑菇形钮帽，用于紧急操作；旋钮式按钮用于旋转操作；钥匙式按钮须插入钥匙方能操作，用于防止误动作；指示灯式按钮是在透明的按钮帽内装有信号灯，用于信号指示。

为了明示按钮的作用，避免误操作，按钮帽通常采用不同的颜色以示区别，主要有红、绿、黑、蓝、黄、白等颜色。一般停止按钮采用红色，起动按钮采用绿色。

2. 按钮的主要技术参数

按钮的主要技术参数有规格、结构形式、触头对数和颜色等。

通常采用规格为额定电压 AC 500V、允许持续电流 5A 的按钮。

按用途或使用场合选择按钮的形式和颜色。

3. 按钮的常用型号和电气符号

常用的按钮型号有 LA18、LA19、LA20、LA25 和 LAY3 等系列。其中，LA25 系列为全国统一设计的按钮新型号，采用组合式结构，可根据需要任意组合触头数目；LAY3 系列是引进德国技术标准生产的产品，其规格品种齐全，有紧急式、钥匙式和旋转式等。表1-5为 LA25 系列按钮的主要技术数据。

表1-5　LA25 系列按钮的主要技术数据

型　号	触头组合	按钮颜色	型　号	触头组合	按钮颜色
LA25-10	一动合	白 绿 黄 蓝 橙 黑 红	LA25-33	三动合三动断	白 绿 黄 蓝 橙 黑 红
LA25-01	一动断		LA25-40	四动合	
LA25-11	一动合一动断		LA25-04	四动断	
LA25-20	二动合		LA25-41	四动合一动断	
LA25-02	二动断		LA25-14	一动合四动断	
LA25-21	二动合一动断		LA25-42	四动合二动断	
LA25-12	一动合二动断		LA25-24	二动合四动断	
LA25-22	二动合二动断		LA25-50	五动合	
LA25-30	三动合		LA25-05	五动断	
LA25-03	三动断		LA25-51	五动合一动断	
LA25-31	三动合一动断		LA25-15	一动合五动断	
LA25-13	一动合三动断		LA25-60	六动合	
LA25-32	三动合二动断		LA25-06	六动断	
LA25-23	二动合三动断				

按钮的型号及含义如图 1-15 所示。

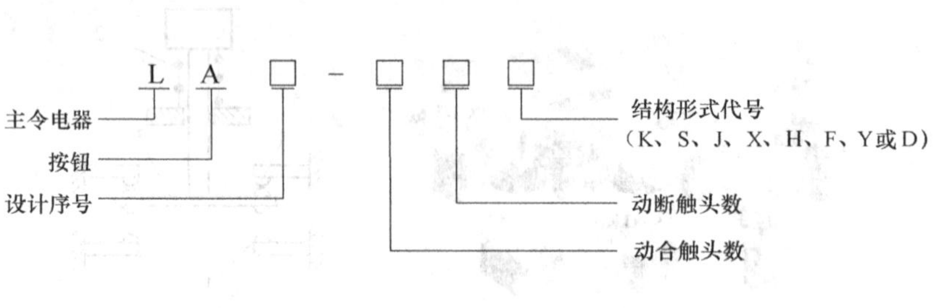

图 1-15　按钮的型号及含义

K—开启式　S—防水式　J—紧急式　X—旋钮式　H—保护式　F—防腐式　Y—钥匙式　D—带灯式

按钮的图形符号和文字符号如图 1-16 所示。

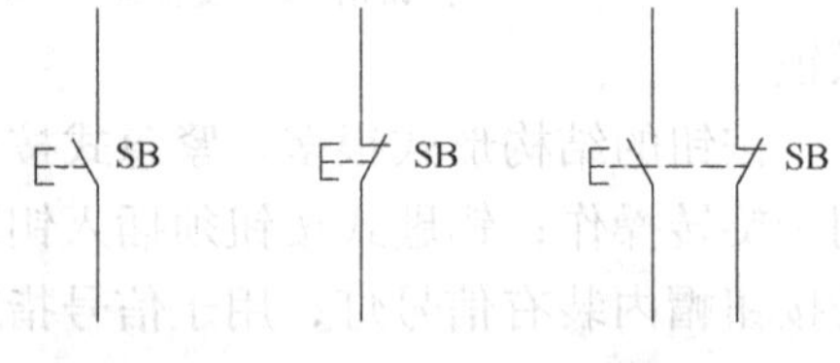

图 1-16　按钮的图形符号和文字符号

4. 按钮的选用及使用

按钮选用的主要依据是使用场所、所需要的触头数量、种类及颜色。

按钮使用时应注意触头间的清洁，防止油污、杂质进入造成短路或接触不良等事故，在高温下使用的按钮应加紧固垫圈或在接线柱螺钉处加绝缘套管。带指示灯的按钮不宜长时间通电，应设法降低指示灯电压以延长其使用寿命。在工程实践中，绿色按钮常用作起动，红色按钮常用作停止。

1.1.5　行程开关

行程开关的作用与按钮相似，是对控制电路发出接通或断开、信号转换等指令的。不同的是行程开关触头的动作不是靠手来完成，而是利用生产机械某些运动部件的碰撞使其触头动作，从而接通或断开某些控制电路，达到一定的控制要求。为适应各种条件下的碰撞，行程开关有多种结构形式，用来限制机械运动的位置或行程以及使运动机械按一定行程自动停车、反转或变速、循环等，以实现自动控制的目的。常见行程开关的外形如图 1-17 所示。

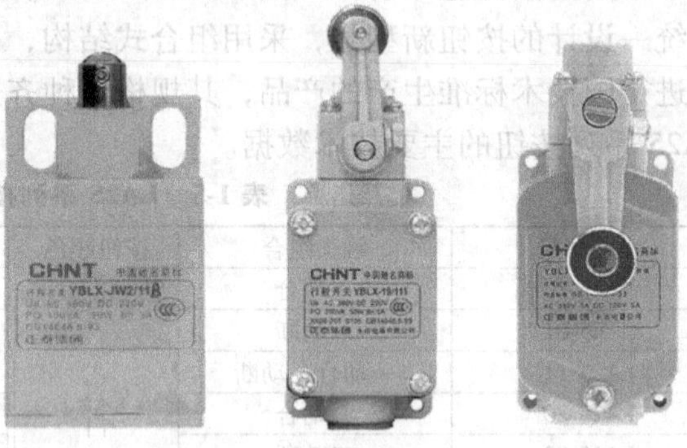

图 1-17　常见行程开关的外形

1. 行程开关的结构和工作原理

行程开关的种类很多，按结构可分为直动式、滚轮式和微动式。

（1）直动式行程开关　直动式行程开关主要由操作机构、触头系统和外壳等部分组成，直动式行程开关结构示意图如图 1-18 所示。直动式行程开关的动作原理与按钮类似，只是它采用运动部件上的撞块来碰撞行程开关的推杆。直动式行程开关的优点是结构简单、成本较低，缺点是触头的分合速度取决于撞块的运动速度。若撞块运动太慢，则触头就不能瞬时切断电路，使电弧在触头上停留的时间过长，易于烧蚀触头。

（2）滚轮式行程开关　滚轮式行程开关的内部结构如图1-19所示，采用能瞬时动作的滚轮旋转式结构，当滚轮1受到向左的外力作用时，上转臂2向左下方转动，推杆4向右转动，并压缩右边弹簧8，同时下面的滚珠5也很快沿着擒纵件6向右转动，滚珠5将压缩弹簧7压缩，当滚珠5运动至擒纵件6的中点时，盘形弹簧3和压缩弹簧7使擒纵件6迅速转动，从而使动触头迅速地与右边的静触头分断，并与左边的静触头闭合。

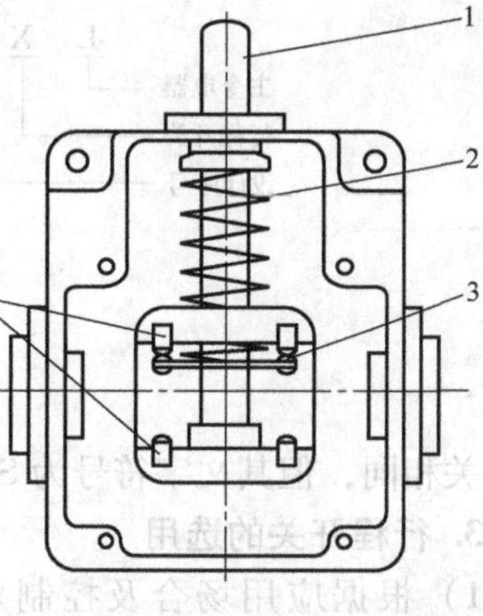

图1-18　直动式行程开关的结构示意图

1—推杆　2—复位弹簧　3—动触头　4—静触头

（3）微动开关　微动开关的结构如图1-20所示，是行程非常小的瞬时动作开关，其特点是操作力小及操作行程短，用于机械、纺织、轻工、电子仪器等各种机械设备和家用电器中作限位保护和联锁等。微动开关也可看成为尺寸甚小而又非常灵敏的行程开关。

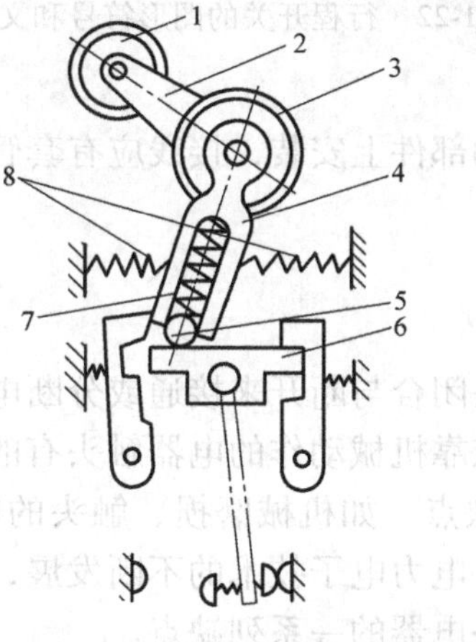

图1-19　滚轮式行程开关的内部结构示意图

1—滚轮　2—上转臂　3—盘形弹簧　4—推杆

5—滚珠　6—擒纵件　7—压缩弹簧　8—弹簧

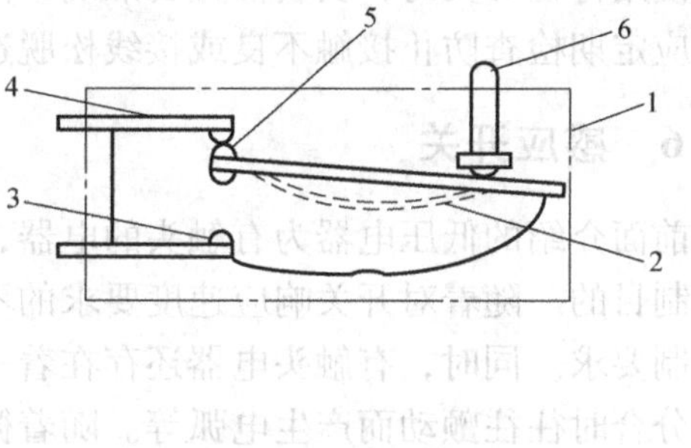

图1-20　微动开关的结构示意图

1—壳体　2—弓簧片　3—动合静触头

4—动断静触头　5—动触头　6—推杆

2. 行程开关的常用型号和电气符号

常用的行程开关有LX19、LXW5、LXK3、LX32和LX33等系列，其中LX19、、LX32、LX33系列为直动式行程开关，LXW5系列为微动式行程开关。表1-6为LX32系列行程开关的主要技术数据。

表1-6　LX32系列行程开关的主要技术数据

额定工作电压/V		额定发热电流/A	额定工作电流/A		额定操作频率/（次/h）
DC	AC		DC	AC	
220、110、24	380、220	6	0.046（220 V时）	0.79（380 V时）	1200

行程开关的型号及含义如图1-21所示。

行程开关的图形符号和文字符号如图1-22所示。限位开关的工作原理及图形符号与行

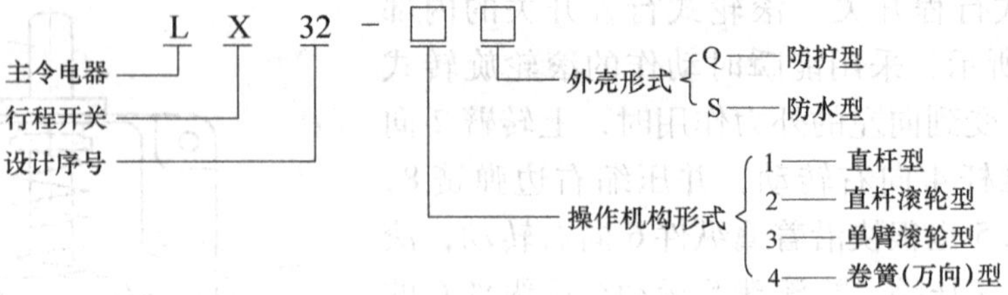

图 1-21　行程开关的型号及含义

程开关相同，但其文字符号为 SQ。

3. 行程开关的选用

1）根据应用场合及控制对象选择开关种类。

2）根据安装环境选择开关的防护形式。

3）根据控制回路的额定电压和电流选择开关的额定电压和电流。

4）根据机械行程或位置选择开关形式及型号。

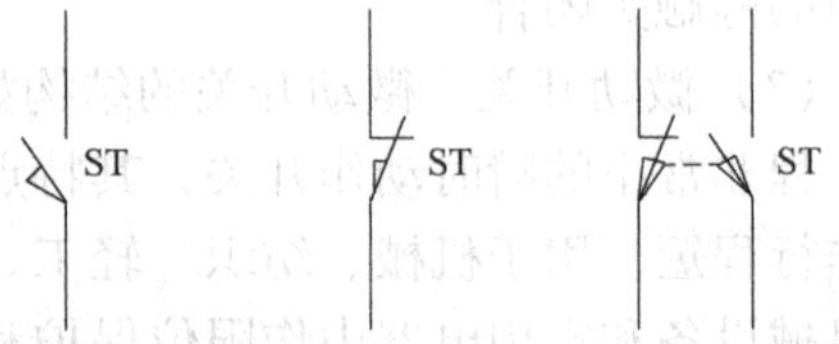

a) 动合触头　　b) 动断触头　　c) 复合触头

图 1-22　行程开关的图形符号和文字符号

使用行程开关时，安装位置要准确牢固，若在运动部件上安装，接线应有套管保护，使用时应定期检查防止接触不良或接线松脱造成误动作。

1.1.6　感应开关

前面介绍的低压电器为有触头的电器，利用其触头闭合与断开来接通或分断电路，以达到控制目的。随着对开关响应速度要求的不断提高，依靠机械动作的电器触头有的已难以满足控制要求。同时，有触头电器还存在着一些固有的缺点，如机械磨损、触头的电蚀损耗、触头分合时往往颤动而产生电弧等。随着微电子技术、电力电子技术的不断发展，人们应用电子元件组成各种新型低压控制电器，可以克服有触头电器的一系列缺点。

感应开关是随着半导体元器件的发展而产生的一种非接触式的物体检测装置，其实质上是一种无触头的行程开关，常见的有接近开关、光电开关等。

1. 接近开关

接近开关又称无触头位置开关，其实物如图 1-23 所示。接近开关的用途除行程控制和限位保护外，还可作为检测金属体的存在、高速计数、测速、定位、变换运动方向、检测零件尺寸、液面控制及用作无触头按钮等。

根据工作原理，接近开关可分为高频振荡型、电容型、霍尔效应型、感应电桥型等。其中以高频振荡型应用最广泛，占全部接近开关产量的 80% 以上，其电路形式多样，但电路结构大多由感应头、振荡器、开关器和输出器等组成。当安装在生产机械上的金属物体接近感应头时，由于感应作用，使处于高频振荡器线圈磁场中的金属物体内部产生涡流损耗，导致振荡回路因能耗增加而使振

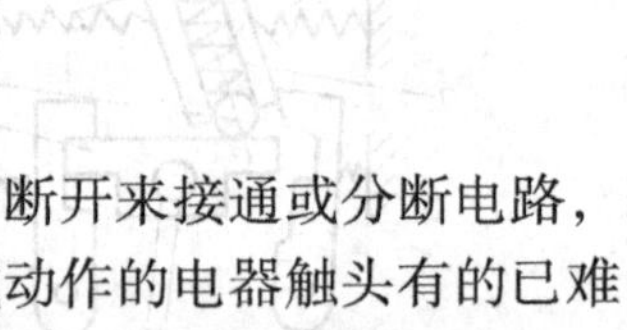

图 1-23　接近开关实物图

荡减弱，直至停止振荡。此时开关器导通，并通过输出器件发出信号，以起到控制作用。

接近开关具有定位精度高、操作频率高、功耗小、寿命长、适用面广、能适用于恶劣工作环境等优点，其主要技术参数有：工作电压、输出电流、动作距离、重复精度及工作响应频率等。

目前市场上常用的接近开关有 LJ2、LJ6、LXJ6、LXJ18 等系列产品。表 1-7 为 LXJ6 系列接近开关的主要技术数据。

表 1-7　LXJ6 系列接近开关的主要技术数据

型　号	作用距离 /mm	复位行程差 /mm	额定交流工作电压/V	输出能力		重复定位精度	开关交流压降/V
				长期	瞬时		
LXJ6-4/22	4 ± 1	≤2	100 ~ 250	30 ~ 200mA	1A (t < 20ms)	≤ ±0.15	≤9
LXJ6-6/22	6 ± 1	≤2					

接近开关的型号及含义如图 1-24 所示。

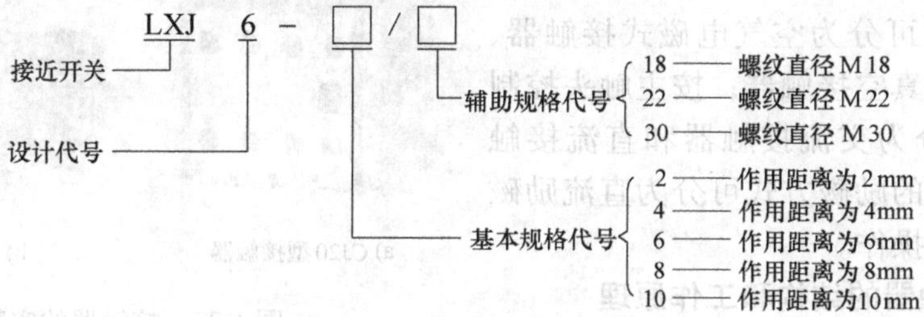

图 1-24　接近开关的型号及含义

接近开关的图形符号和文字符号如图 1-25 所示。

2. 光电开关

光电开关又称为无接触式检测和控制开关。它利用物质对光束的遮蔽、吸收或反射作用，检测物体的位置、形状、标志、符号等。光电开关的实物图如图 1-26 所示。

a) 动合触头　b) 动断触头

图 1-25　接近开关的图形符号和文字符号

图 1-26　光电开关的实物图

光电开关的核心器件是光电元件，这是将光照强弱的变化转换为电信号的传感元件。光电元件主要有发光二极管、光敏电阻、光敏晶体管、光耦合器等。

光电开关具有体积小、寿命长、功能多、功耗低、精度高、响应速度快、检测距离长和抗电磁干扰等优点。它广泛应用于各种生产设备中，可进行物体检测、液位检测、行程控制、计数、速度检测、产品外形尺寸检测、色斑与标志识别、人体接近开关和防盗警戒等。

1.2 控制电器

低压控制电器通常应用于电力拖动控制系统，这类电器主要有接触器、继电器和控制器等。对这类电器的要求是使用寿命长、体积小、重量轻，动作迅速准确、安全可靠。

1.2.1 接触器

接触器是一种适用于远距离频繁接通和分断交直流主电路和控制电路的自动控制电器。其主要控制对象是电动机，也可用于其他电力负载，如电热器、电焊机等。接触器具有欠电压保护、零电压保护、控制容量大、工作可靠且寿命长等优点，它是自动控制系统中应用最多的一种电器，其实物图如图 1-27 所示。

接触器的种类繁多，按操作方式可分为电磁接触器、气动接触器和电磁气动接触器；按灭弧介质可分为空气电磁式接触器、油浸式接触器和真空接触器；按主触头控制的电流性质可分为交流接触器和直流接触器；按电磁机构的励磁方式可分为直流励磁操作与交流励磁操作。

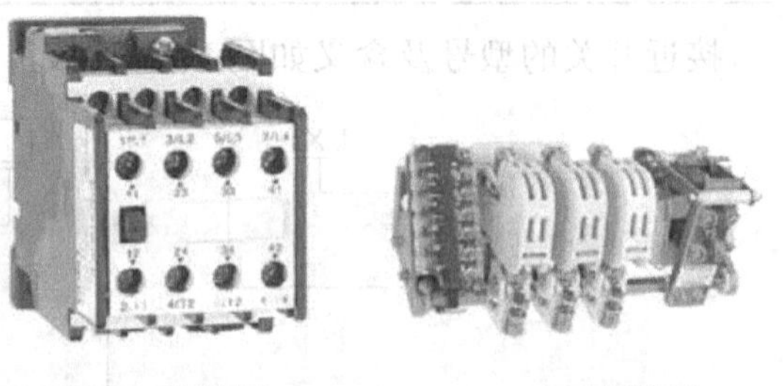

a) CJ20 型接触器　　b) CJ24 型接触器

图 1-27　接触器的实物图

1. 交流接触器的结构和工作原理

（1）交流接触器的结构组成　交流接触器由电磁机构、触头系统、灭弧装置、释放弹簧及基座等几部分构成，图 1-28 所示为交流接触器的结构示意图。

1）电磁机构。电磁机构由吸引线圈、铁心及衔铁组成。它的作用是将电磁能转换成机械能，带动触头使之闭合或断开。

2）触头系统。触头系统由主触头和辅助触头组成。主触头接在控制对象的主回路中（常常串在低压断路器之后）控制其通断，辅助触头一般容量较小，用来切换控制电路。每对触头均由静触头和动触头共同组成，动触头与电磁机构的衔铁相连，当接触器的电磁线圈得电时，衔铁带动动触头动作，使接触器的动合触头闭合，动断触头断开。

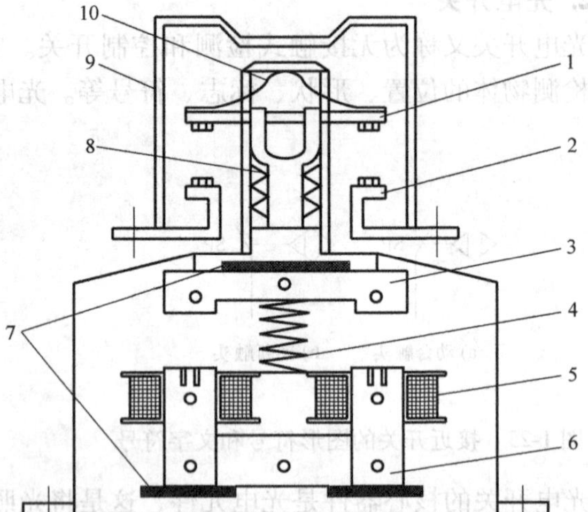

图 1-28　交流接触器的结构示意图

1—动触头　2—静触头　3—衔铁　4—缓冲弹簧　5—电磁线圈　6—铁心　7—垫毡　8—触头弹簧　9—灭弧罩　10—触头压力弹簧

触头有点接触、面接触、线接触三种，如图 1-29 所示。接触面越大则通电电流越大。触头材料有铜和银，银质触头更好。

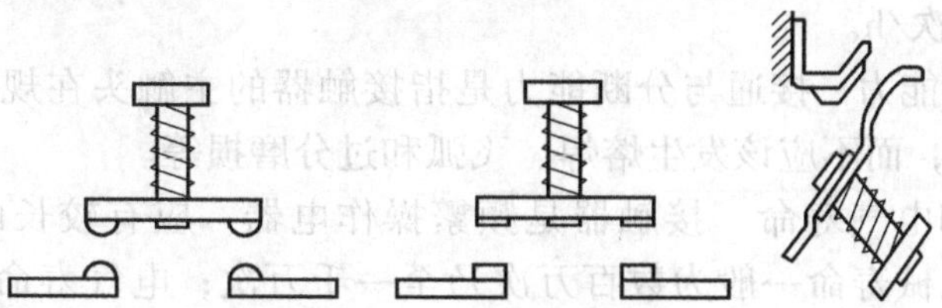

图1-29　常见的触头结构

3）电弧的产生与灭弧装置。当一个较大电流的电路突然断电时，如触头间的电压超过一定数值，触头间空气在强电场的作用下会产生电离放电现象，在触头间隙产生大量带电粒子，形成炽热的电子流，即电弧。电弧伴随高温、高热和强光，可能造成电路不能正常切断、烧毁触头、引起火灾等其他事故，因此对切换较大电流的触头系统必须采取灭弧措施。

常用的灭弧装置有：灭弧罩、灭弧栅和磁吹灭弧装置。主要用于熄灭触头在分断电流的瞬间动静触头间产生的电弧，以防止电弧的高温烧坏触头或出现其他事故。

直流接触器的工作原理与交流接触器基本相同，在结构上也由电磁机构、主触头、辅助触头和灭弧装置等组成，但在铁心结构、线圈形状、触头形状和数量、灭弧方式等方面有所不同。

（2）交流接触器的工作原理　当电磁线圈通电后，铁心被磁化产生磁通，由此在衔铁气隙处产生电磁力将衔铁吸合，主触头在衔铁的带动下闭合，接通主电路。同时衔铁还带动辅助触头动作，动断辅助触头首先断开，接着动合辅助触头闭合。当线圈断电或外加电压显著降低时，在反力弹簧的作用下衔铁释放，主触头和辅助触头又恢复到原来的状态。

2. 接触器的主要技术参数

接触器的主要技术参数有额定电压、额定电流、线圈的额定电压、额定操作频率、接通与分断能力、机械寿命和电气寿命等。

（1）额定电压　接触器铭牌上标注的额定电压是指主触头的额定工作电压，其电压等级如下：

1）交流接触器：36V、127V、220V、380V、500V、660V（特殊场合可高达1140V）。

2）直流接触器：24V、48V、110V、220V、440V。

（2）额定电流　接触器铭牌上标注的额定电流是指在正常工作条件下主触头中允许长期通过的工作电流，其电流等级如下：

1）交流接触器：6.3A、10A、16A、25A、40A、60A、100A、160A、250A、400A、630A、800A。

2）直流接触器：10A、25A、40A、60A、100A、150A、250A、400A、600A。

（3）线圈的额定电压　一般交流负载采用交流接触器，直流负载采用直流接触器。接触器线圈的常用电压等级如下：

1）交流接触器：36V、127V、220V、380V。

2）直流接触器：24V、48V、110V、220V、440V。

（4）额定操作频率　额定操作频率是指接触器每小时允许的接通次数，一般为 300 次/h、600 次/h 和 1200 次/h。

（5）接通与分断能力　接通与分断能力是指接触器的主触头在规定的条件下能可靠地接通和分断的电流值，而不应该发生熔焊、飞弧和过分磨损等。

（6）机械寿命和电气寿命　接触器是频繁操作电器，应有较长的机械寿命和电气寿命。目前接触器的机械寿命一般为数百万次乃至一千万次；电气寿命是机械寿命的 5% ~ 20%。

接触器的不同使用类别是根据其不同的控制对象（负载）和所需的控制方式决定的。按照 GB8871—2001 规定的电器使用类别，常见接触器的使用类别及其典型用途如表 1-8 所示。

表 1-8　常见接触器的使用类别及其典型用途

电流类型	类别代号	典型用途
交流（AC）	AC-1	无感或微感负载、电阻炉
	AC-2	绕线型电动机的起动、分断
	AC-3	笼型电动机的起动、分断
	AC-4	笼型电动机的起动、反接制动、反向和点动
直流（DC）	DC-1	无感或微感负载、电阻炉
	DC-3	并励电动机的起动、反接制动、反向和点动
	DC-5	串励电动机的起动、反接制动、反向和点动

根据接触器的使用类别不同，对接触器主触头的接通和分断能力的要求也不一样。AC-1 和 DC-1 允许接触器接通和分断额定电流；AC-2、DC-3 和 DC-5 允许接触器接通和分断 4 倍的额定电流；AC-3 允许接触器接通 8 ~ 10 倍的额定电流和分断 6 ~ 8 倍的额定电流；AC-4 允许接触器接通 10 ~ 12 倍的额定电流和分断 8 ~ 10 倍的额定电流。接触器的使用类别代号通常标注于产品的铭牌或使用手册中。

3. 接触器的常用型号及电气符号

目前我国常用的交流接触器主要有 CJ20、CJX1、CJX2、CJ12 和 CJ10 等系列，引进德国 BBC 公司制造技术生产的 B 系列，德国 SIEMENS 公司的 3TB 系列等。常用的直流接触器主要有 CZ0、CZ16、CZ18、CZ21、CZ22 等系列产品。

交流接触器、直流接触器型号及含义如图 1-30 和图 1-31 所示。

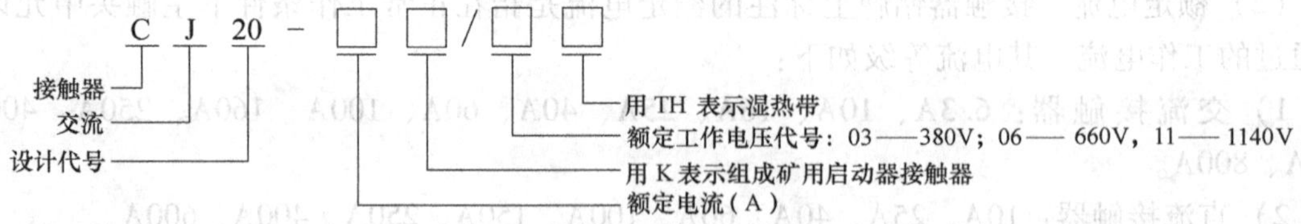

图 1-30　CJ20 系列交流接触器型号及含义

接触器的图形符号和文字符号如图 1-32 所示。

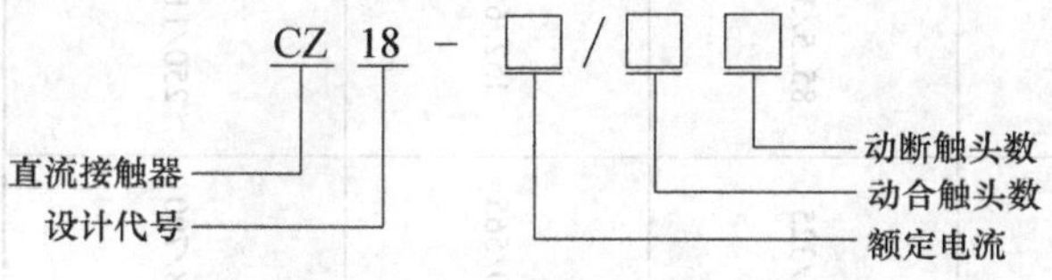

图1-31　CZ18系列直流接触器型号及含义

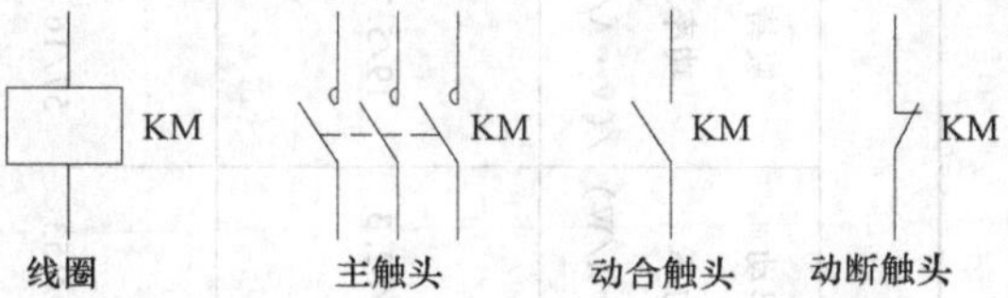

图1-32　接触器的图形符号和文字符号

4. 接触器的选用

1）根据负载性质确定使用类别，再按照使用类别选择相应系列的接触器。

2）根据负载额定电压确定接触器的电压等级。接触器主触头的额定电压应不小于负载的额定电压。

3）根据负载工作电流确定接触器的额定电流等级，对于电动机负载，应按照使用类别进行选择：用于AC-1、AC-3类别时，可按电动机的满载电流选择相应额定工作电流的接触器；用于AC-2、AC-4类别时，可采用降低控制容量的方法提高电气寿命。对于非电动机负载（如电阻炉、电焊机、照明设备等），应考虑使用时可能出现的过电流，宜选用AC-4类接触器。

4）交流接触器吸合线圈的额定电压一般直接选用220V或380V。如果控制电路比较复杂，为安全起见，线圈的额定电压可选低一些（如127V、36V等）。直流接触器线圈的额定电压一般与其所控制的直流电路的电压一致。

5）根据操作次数校验接触器所允许的操作频率（每小时触头通断次数），当通断电流较大且通断频率超过规定数值时，应选用额定电流大一级的接触器型号；否则会使触头严重发热，甚至熔焊在一起，造成电动机等负载缺相运行。

表1-9、表1-10分别为CZ18系列直流接触器和CJ20系列交流接触器的主要技术数据。

表1-9　CZ18系列直流接触器的主要技术数据

额定工作电压/V		440				
额定工作电流/A		40（20、10、5）	80	160	315	630
主触头通断能力		$1.1U_N$、$4I_N$、$T=15ms$				
额定操作频率/（次/h）		1200		600		
电气寿命（DC-2）/万次		50				30
机械寿命/万次		500				300
辅助触头	组合情况	二动合二动断				
	额定发热电流/A	6		10		
	电气寿命/万次	50				30
吸合电压		（85%～110%）U_N				
释放电压		（10%～75%）U_N				

注：5A、10A、20A为吹弧线圈的额定工作电流。

表 1-10　CJ20 系列交流接触器的主要技术数据

型号	额定电压/V	额定电流/A	可控制电动机最大功率/kW	$1.1U_N$ 及 $\cos\varphi=(0.35\pm0.05)$ 时的接通能力/A	$1.1U_N$，$f(1\pm10\%)$ 和 $\gamma\pm0.05$ 时的分断能力/A	操作频率/(次/h)		电气寿命/万次		机械寿命/万次	吸引线圈				
						AC-3	AC-4	AC-3	AC-4		额定电压/V	吸合电压	释放电压	起动功率/(V·A/W)	吸持功率/(V·A/W)
CJ20-40	380	40	22	40×12	40×10	1200	300	100	5	1000	36、127、220、380	$(0.85\sim1.1)U_N$	$0.75U_N$	175/82.3	19/5.7
CJ20-40	660	25	22	25×12	25×10	600	120								
CJ20-63	380	63	30	63×12	63×10	1200	300	200 (120)	8	1000 (600)		$(0.8\sim1.1)U_N$	$0.7U_N$	480/153	57/16.5
CJ20-63	660	40	35	40×12	40×10	600	120								
CJ20-160	380	160	85	160×12	160×10	1200	300		1.5					855/325	85.5/34
CJ20-160	660	100	85	100×12	100×10	600	120								
CJ20-160/11	1140	80	85	80×12	80×10	300	60								
CJ20-250	380	250	132	250×10	250×8	600	120	120 (60)	1	600 (300)	127、220、380	$(0.85\sim1.1)U_N$	$0.75U_N$	1710/565	152/65
CJ20-250/06	660	200	190	200×10	200×8	300	60								
CJ20-630	380	630	300	630×10	630×8	600	120		0.5					3578/790	250/118
CJ20-630/11	660	400	350	400×10	400×8	300	60								
CJ20-630/11	1140	400	400	400×10	400×8	120	30								

1.2.2 继电器

继电器是一种根据某种输入信号的变化接通或分断控制电路，实现控制目的的电器。继电器的输入信号可以是电流、电压等电量，也可以是温度、速度、时间和压力等非电量，而输出通常是触头的接通或断开。继电器一般不直接控制有较大电流的主电路，而是通过控制接触器或其他电器对主电路进行间接控制。因此，同接触器相比较，继电器的触头断流容量较小，一般不需灭弧装置，但对继电器动作的准确性则要求较高。

继电器的种类很多，按其用途可分为控制继电器、保护继电器和中间继电器；按动作时间可分为瞬时继电器、延时继电器；按输入信号的性质可分为电压继电器、电流继电器、时间继电器、温度继电器、速度继电器和压力继电器等；按工作原理可分为电磁式继电器、感应式继电器、电动式继电器、热继电器和电子式继电器等；按输出形式可分为有触头继电器、无触头继电器。在电力拖动系统中，电磁式继电器是应用最早同时也是应用最广泛的一种继电器。

1. 电磁式继电器的结构和工作原理

电磁式继电器由电磁机构和触头系统组成，如图1-34所示。铁心和铁轭的作用是加强工作气隙内的磁场；衔铁的作用主要是实现电磁能与机械能的转化；极靴的作用是增大工作气隙的磁导；反力弹簧和簧片是用来提供反作用力。当线圈通电后，线圈的励磁电流就产生磁场，从而产生电磁吸力吸引衔铁。一旦磁力大于弹簧反作用力，衔铁就开始运动，并带动与之相连的触头向下移动，使动触头与上面的动断静触头分断，而与下面的动合静触头吸合。最后，衔铁被吸合在与极靴相接触的最终位置上。若在衔铁处于最终位置时切断线圈电源，磁场便逐渐消失，衔铁会在弹簧反作用力的作用下脱离极靴，并再次带动触头脱离动合静触头，返回到初始位置。电磁式继电器的种类很多，如电压继电器、电流继电器和中间继电器等都属于这一类。其实物图如图1-33所示。

a) 电压继电器　　b) 电流继电器　　c) 中间继电器

图1-33　电磁式继电器实物图

（1）电磁式电压继电器　电磁式电压继电器的动作与线圈所加电压大小有关，使用时和负载并联。电压继电器的线圈匝数多、导线细、阻抗大。电压继电器又分过电压继电器、欠电压继电器和零电压继电器。

1）过电压继电器。在电路中用于过电压保护，当其线圈为额定电压值时，衔铁不产生吸合动作，只有当电压为额定电压的105%～115%时才产生吸合动作，当电压降低到释放

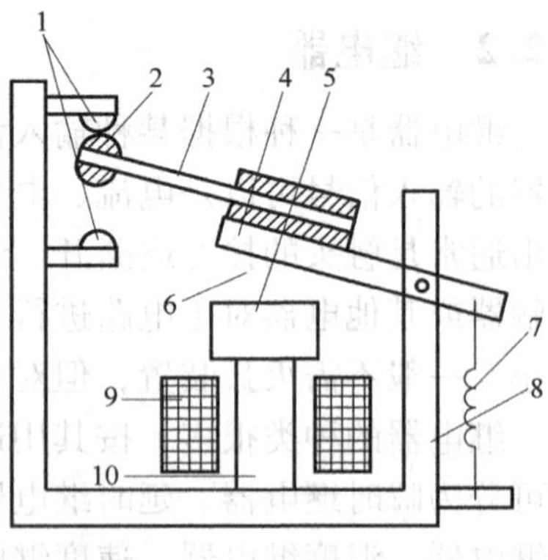

图 1-34　电磁式继电器的结构图
1—静触头　2—动触头　3—簧片　4—衔铁　5—极靴　6—空气气隙　7—反力弹簧　8—铁轭　9—线圈　10—铁心

电压时，触头复位。

2）欠电压继电器。在电路中用于欠电压保护，当其线圈在额定电压下工作时，欠电压继电器的衔铁处于吸合状态。如果电路出现电压降低，并且低于欠电压继电器线圈的释放电压时，其衔铁打开，触头复位，从而控制接触器及时切断电气设备的电源。

通常，欠电压继电器的吸合电压的整定范围是额定电压的 30% ~50%，释放电压的整定范围是额定电压的 10% ~35%。

3）零电压继电器。零电压继电器主要作用是零电压保护，当电压降低至额定电压的 5% ~25% 时，继电器动作。

（2）电磁式电流继电器　电磁式电流继电器的动作与线圈通过的电流大小有关，使用时和负载串联。电流继电器的线圈匝数少、导线粗、阻抗小。电流继电器又可分为欠电流继电器和过电流继电器。

1）欠电流继电器。正常工作时，欠电流继电器的衔铁处于吸合状态。如果电路中负载电流过低，并且低于欠电流继电器线圈的释放电流时，其衔铁打开，触头复位，从而切断电气设备的电源。

通常，欠电流继电器的吸合电流为额定电流值的 30% ~65%，释放电流为额定电流值的 10% ~20%。

2）过电流继电器。过电流继电器线圈工作在额定电流值时，衔铁不产生吸合动作，只有当负载电流超过一定值时才产生吸合动作。过电流继电器常用于电力拖动控制系统中起保护作用。

通常，交流过电流继电器的吸合电流整定范围为额定电流的 110% ~400%，直流过电流继电器的吸合电流整定范围为额定值的 70% ~350%。

（3）中间继电器　中间继电器实质上是一种电压继电器，其触头数量多，触头容量大（额定电流 5 ~10A）。当一个输入信号需要变成多个输出信号或信号容量需放大时，可通过中间继电器来扩大信号的数量和容量。

2. 电磁式继电器的主要技术参数

（1）额定电压和额定电流　对于电压继电器，线圈的额定电压为该继电器的额定电压；对于电流继电器，线圈的额定电流为该继电器的额定电流。

（2）吸合电压和释放电压、吸合电流和释放电流　对于电压继电器，使衔铁开始运动时线圈的电压称为吸合电压，使衔铁开始释放时线圈的电压称为释放电压；对于电流继电器，使衔铁开始运动时线圈的电流称为吸合电流，使衔铁开始释放时线圈的电流称为释放电流。

（3）吸合时间和释放时间　吸合时间是从线圈接受电信号到衔铁完全吸合所需要的时间。释放时间是从线圈失电到衔铁完全释放所需要的时间。一般继电器的吸合与返回时间为 0.05 ~0.15s，快速继电器为 0.005 ~0.05s，该值的大小影响着继电器的操作频率。

3. 电磁式继电器的常用型号和电气符号

常用的交直流过电流继电器有 JL14、JL15 和 JL18 等系列，其中 JL18 正在逐渐取代 JL14 和 JL15 系列；交流过电流继电器常用的有 JT14、JT17 等系列；直流电磁式电流继电器常用的有 JT13、JT18 等系列；电磁式中间继电器常用的有 JDZ1、JZ15、JZ18 等系列。表 1-11 为 JZ15 系列中间继电器的技术数据。

表 1-11　JZ15 系列中间继电器的技术数据

型　号	触头额定电压 U_N/V		额定发热电流 I/A	触头组合形式		触头额定控制容量		额定操作频率/(次/h)	吸引线圈额定电压 U_N/V		线圈吸持功率		动作时间/s
	交流	直流		动合	动断	交流 S_N/(V·A)	直流 P/W		交流	直流	交流 S/(V·A)	直流 P/W	
JZ15-62	127	48		6	2				127	48			
JZ15-26	220	110	10	2	6	1000	90	1200	220	110	12	11	≤0.05
JZ15-44	380	220		4	4				380	220			

电磁式中间继电器的型号及含义如图 1-35 所示。

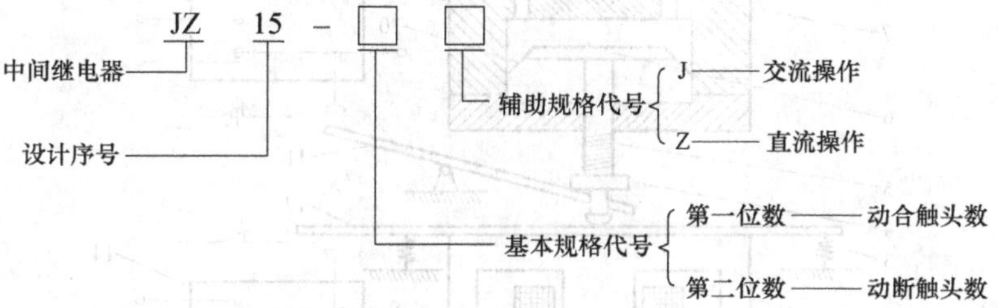

图 1-35　电磁式中间继电器的型号及含义

继电器的图形符号如图 1-36 所示，其中电压继电器的文字符号为 KV，电流继电器的文字符号为 KI，中间继电器的文字符号为 KA。

4. 电磁式继电器的选用

选用时应综合考虑继电器的功能特点、使用条件、额定工作电压和额定工作电流等因素，合理地选择，从而保证控制系统正常工作。

图 1-36　继电器线圈及触头的图形符号

1）继电器线圈电压或电流应满足控制电路的要求。

2）按用途区别选择欠电压继电器、过电压继电器、欠电流继电器、过电流继电器及中间继电器等。

3）按电流类别选用交流继电器和直流继电器。

4）根据控制电路的要求选择触头的数量和类型（动合或动断）。

1.2.3　时间继电器

在生产中经常需要按一定的时间间隔来对生产机械进行控制，时间控制通常是利用时间继电器来实现的。

时间继电器是一种根据电磁原理或机械动作原理，实现触头延时接通或断开的控制电器。

时间继电器在控制系统中用来控制动作时间，有两种延时方式：通电延时和断电延时。通电延时是指从继电器线圈得电开始，延时一定时间后触头闭合或分断，当线圈断电时，触头立即恢复到初始状态。断电延时是指当继电器线圈得电时，触头立即闭合或分断，从线圈断电开始，延时一定时间后触头恢复到初始状态。

1. 时间继电器的结构和工作原理

时间继电器的种类很多，按其动作原理与构造的不同可分为电磁式、空气阻尼式、电动式和电子式时间继电器。下面主要介绍空气阻尼式和电子式时间继电器。

（1）空气阻尼式时间继电器　图 1-37 所示为 JS7-A 系列空气阻尼式通电延时型时间继电器的结构原理图，它是利用空气的阻尼作用获得延时的。其结构简单，价格低廉，延时范围较宽（0.4～180s），但精度低，延时误差大（±20%），因此在要求延时精度高的场合不宜采用。

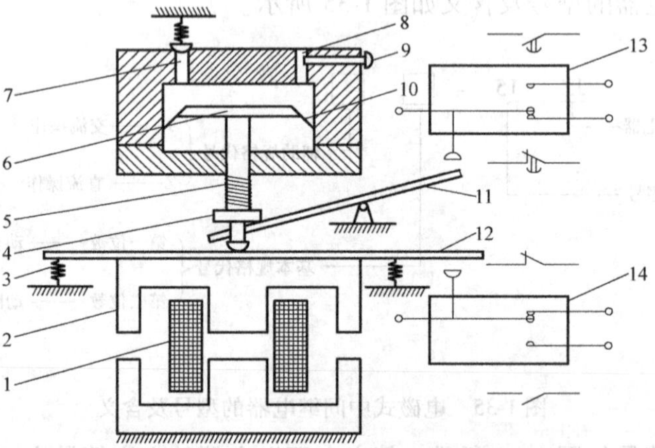

图 1-37　JS7-A 系列空气阻尼式通电延时型时间继电器的结构原理图

1—线圈　2—铁心　3—复位弹簧　4—活塞杆　5—弹簧　6—伞形活塞　7—出气孔　8—进气孔　9—调节螺钉　10—橡皮膜　11—杠杆　12—推板　13—延时动作触头机构　14—瞬时动作触头机构

JS7-A 系列空气阻尼式通电延时型时间继电器的工作原理：线圈 1 通电后，铁心 2 在电磁力的作用下被吸引向下运动，一方面，推板 12 在铁心 2 的作用下立即下降，触碰瞬时动作触头机构 14，使其动断触头断开，动合触头闭合；另一方面，活塞杆 4 在弹簧 5 的作用下带动伞形活塞 6 及固定在其上的橡皮膜 10 一起下降，由于在橡皮膜上方形成空气稀薄的空间，橡皮膜受到下方空气的压力，只能缓慢下降。经过一定时间后，杠杆 11 才能触碰延时动作触头机构 13，使其动断触头断开，动合触头闭合。可见，空气阻尼式时间继电器电磁线圈通电后，瞬时动作触头机构的触头状态立即改变，而延时触头机构经过一段延时后，触头的状态才会改变。延时长短可以通过进气调节螺钉 9 调节进气孔的大小来改变。当电磁线圈断电后，活塞杆在复位弹簧 3 的作用下迅速复位，气室内的空气经由出气孔 7 及时排出，因此，断电不延时。

（2）电子式时间继电器　电子式时间继电器的种类很多，最基本的有延时吸合和延时释放两种，它们大多是利用电容充放电原理来达到延时的目的，其实物图如图 1-38 所示。JS20 系列电子式时间继电器具有延时长、线路简单、延时调节方便、性能稳定、延时误差小和触头容量较大等优点。

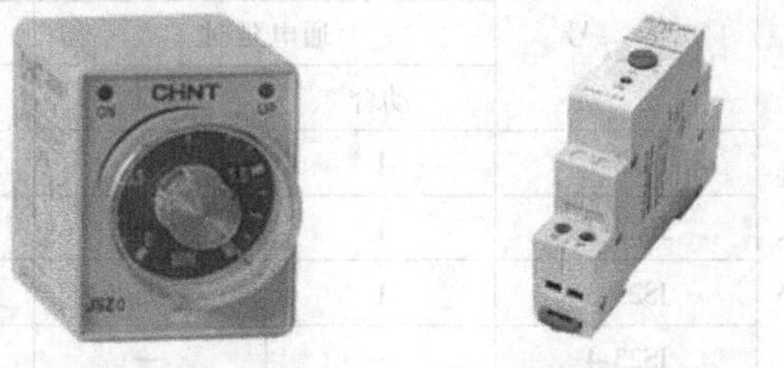
a) JS20 系列时间继电器　　b) NTE8 系列时间继电器

图 1-38　电子式时间继电器实物图

图 1-39 所示为 JS20 系列电子式时间继电器原理图。刚接通电源时，电容器 $C2$ 尚未充电，此时 $U_G=0$，场效应晶体管 VF 的栅极与源极之间电压 $U_{GS}=-U_S$。此后，直流电源经电阻 $R10$、RP1、$R2$ 向 $C2$ 充电，电容 $C2$ 上电压逐渐上升，直至 U_G 上升至 $|U_G-U_S|<|U_P|$（U_P 为场效应晶体管的夹断电压）时，VF 开始导通。由于 I_D 在 $R3$ 上产生压降，D 点电位开始下降，一旦 D 点电压降到 VT 的发射极电位以下时，VT 开始导通，VT 的集电极电流 I_C 在 $R4$ 上产生压降，使场效应晶体管的 U_S 降低。$R4$ 起正反馈作用，VT 迅速地由截止变为导通，并触发晶闸管 VH 导通，继电器 KA 动作。由上可知，从时间继电器接通电源开始至 $C2$ 被充电到 KA 动作为止的这段时间为通电延时动作时间。KA 动作后，$C2$ 经 KA 动合触头对电阻 $R9$ 放电，同时氖泡 Ne 起辉，并使场效应晶体管 VF 和晶体管 VT 都截止，为下次工作做准备。此时晶闸管 VH 仍保持导通，除非切断电源，使电路恢复到初始状态，继电器 KA 才释放。

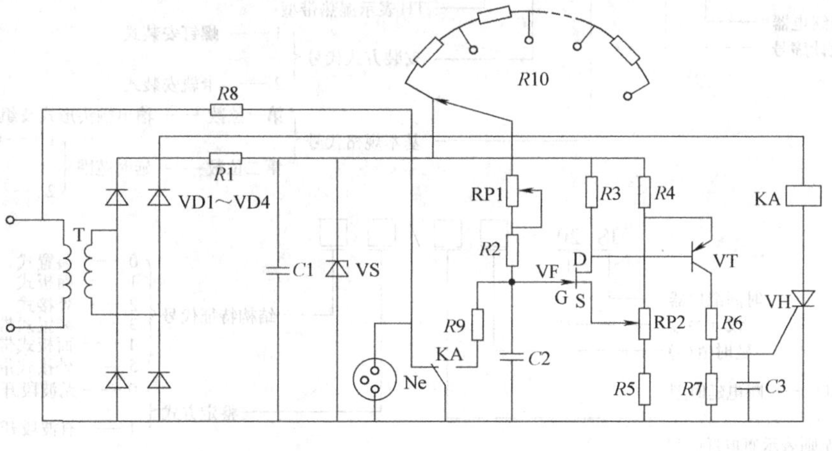

图 1-39　JS20 系列电子式时间继电器原理图

2. 时间继电器的常用型号和电气符号

目前常用的空气阻尼式时间继电器有 JS7-A 系列和 JS23 系列，常用的电动式时间继电器有 JS11 系列，常用的电子式时间继电器有 JS20 系列。表 1-12 为 JS23 系列时间继电器的技术数据。

时间继电器的常用型号及含义如图 1-40 所示。

时间继电器的图形符号和文字符号如图 1-41 所示。

表 1-12　JS23 系列时间继电器的技术数据

额定工作电压/V		AC 380　DC 220					
额定工作电流/A		AC 380V 时瞬时动作 0.79；DC 220V 时瞬时动作 0.27					
触头数	型　号	延时动作触头数量				瞬时动作触头数量	
		通电延时		断电延时			
		动合	动断	动合	动断	动合	动断
	JS23-1	1	1	—	—	4	0
	JS23-2	1	1	—	—	3	1
	JS23-3	1	1	—	—	2	2
	JS23-4	—	—	1	1	4	0
	JS23-5	—	—	1	1	3	1
	JS23-6	—	—	1	1	2	2
延时范围		0.2～30s；10～180s（气囊延时）					
线圈额定电压/V		AC 110、220、380					
电气寿命		瞬时动作触头 100 万次（AC、DC）；延时动作触头 100 万次（AC）、50 万次（DC）					
操作频率/（次/h）		1200					
安装方式		卡轨安装式、螺钉安装式					

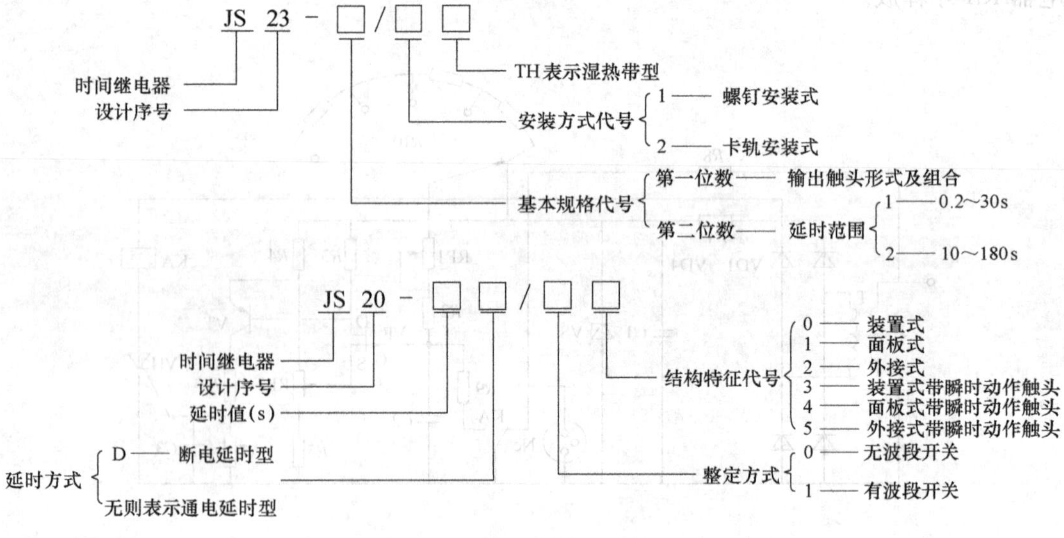

图 1-40　时间继电器的常用型号及含义

3. 时间继电器的选用

1）根据控制电路对延时触头的要求选择延时方式，即通电延时型或断电延时型。

2）根据延时范围和延时精度要求选用合适的时间继电器。

3）根据工作条件选择时间继电器的类型。如环境温度变化大的场合不宜选用空气阻尼式和电子式时间继电器；电源频率不稳定的场合不宜选用电动式时间继电器；电源电压波动大的场合可选用空气阻尼式或电动式时间继电器。

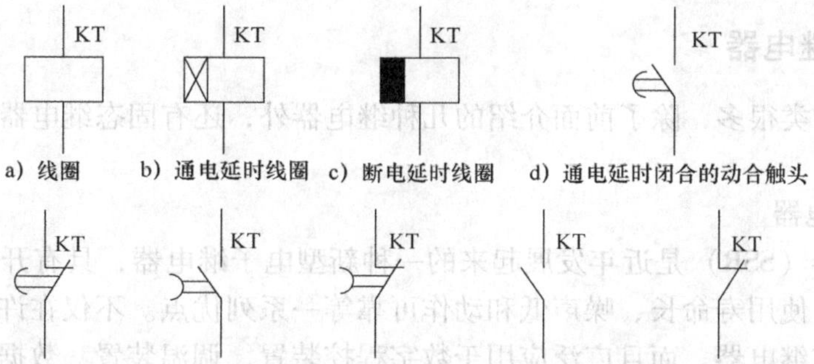

a）线圈 b）通电延时线圈 c）断电延时线圈 d）通电延时闭合的动合触头

e）通电延时断开的动断触头 f）断电延时断开的动合触头 g）断电延时闭合的动断触头 h）瞬动动合触头 i）瞬动动断触头

图1-41 时间继电器的图形符号和文字符号

1.2.4 速度继电器

1. 速度继电器的结构和工作原理

速度继电器是一种当转速达到规定值时动作的继电器。它是根据电磁感应原理制成的，主要用于笼型异步电动机的反接制动控制，所以也称反接制动继电器。

速度继电器主要由转子、定子和触头三部分组成，转子是一个圆柱形永久磁铁，定子是一个笼形空心圆环，由硅钢片叠成，并装有笼型绕组。图1-42为速度继电器的结构示意图。

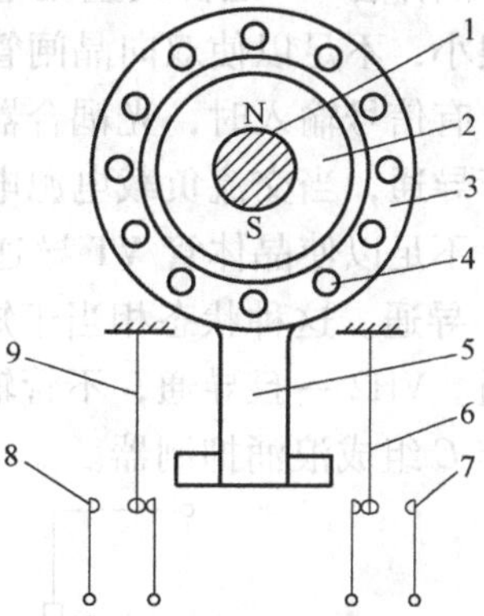

图1-42 速度继电器的结构示意图

1—转轴 2—转子 3—定子 4—绕组 5—摆锤 6、9—簧片 7、8—静触头

速度继电器工作原理：速度继电器转子的转轴与被控电动机的轴连接，而定子空套在转子上。当电动机转动时，速度继电器的转子随之转动，定子内的短路导体便切割磁场，产生感应电动势，从而产生电流，此电流与旋转的转子磁场作用产生转矩，于是定子开始转动，当转到一定角度时，装在定子轴上的摆锤推动簧片动作，使动断触头分断，动合触头闭合。当电动机转速低于某一值时，定子产生的转矩减小，触头在弹簧作用下复位。速度继电器工作转速为130～3600r/min，一般在100r/min以下转速时触头复位。

2. 速度继电器的常用型号及电气符号

目前常用的速度继电器有JY1系列和JFZ0系列两种。JY1系列在3000r/min以下能可靠工作，JFZ0-1型适用于300～1000r/min，JFZ0-2型适用于1000～3600r/min。

速度继电器一般具有两对动合、动断触头，触头额定电压为380V，额定电流为2A。通常速度继电器动作转速为130r/min，复位转速在100r/min以下。

速度继电器的图形和文字符号如图1-43所示。

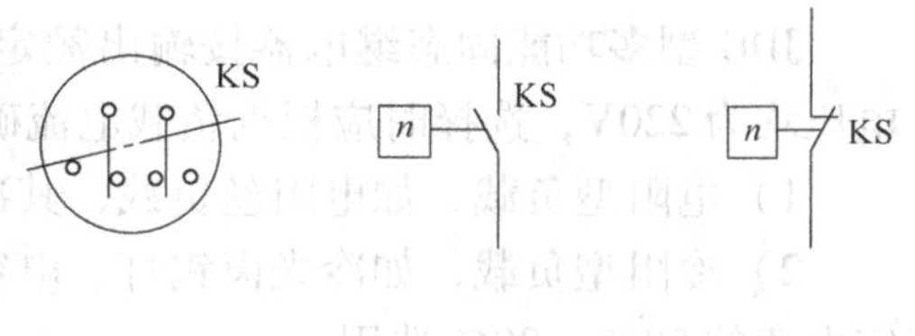

a）转子 b）动合触头 c）动断触头

图1-43 速度继电器的图形和文字符号

1.2.5 其他继电器

继电器的种类很多，除了前面介绍的几种继电器外，还有固态继电器、温度继电器、压力继电器等。

1. 固态继电器

固态继电器（SSR）是近年发展起来的一种新型电子继电器，具有开关速度快、工作频率高、质量轻、使用寿命长、噪声低和动作可靠等一系列优点。不仅在许多自动化装置中代替了常规电磁式继电器，而且广泛应用于数字程控装置、调温装置、数据处理系统及计算机 I/O 接口电路，其实物图如图 1-44 所示。

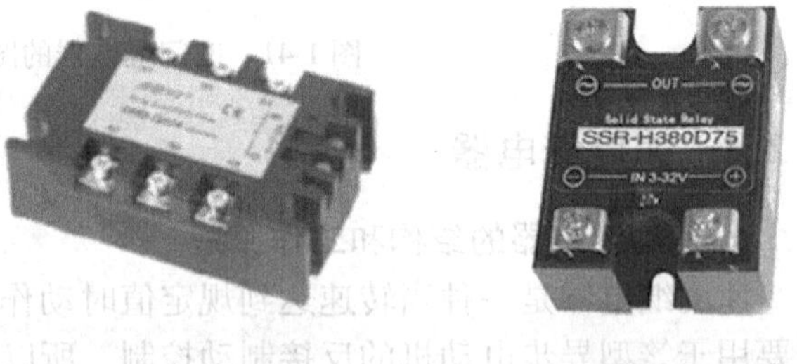

a) 三相固态继电器　　b) 单相固态继电器

图 1-44　三相及单相固态继电器实物图

固态继电器按其负载类型分类，可分为直流型（DC-SSR）和交流型（AC-SSR）。常用的 JGD 系列多功能交流固态继电器的工作原理如图 1-45 所示。当无信号输入时，光耦合器中的光敏晶体管截止，晶体管 VT 饱和导通，晶闸管 VH1 截止，晶体管 VT 经桥式整流电路引入的电流很小，不足以使双向晶闸管 VH2 导通。

有信号输入时，光耦合器中的光敏晶体管导通，当交流负载电源电压接近零时，电压值较低，经过 VD1 ~ VD4 整流，*R*3 和 *R*4 分压，不足以使晶体管 VT 导通。而整流电压却经过 *R*5 为晶闸管 VH1 提供了触发电流，故 VH1 导通。这种状态相当于短路，电流很大，只要达到双向晶闸管 VH2 的导通值，VH2 便导通。VH2 一旦导通，不管输入信号存在与否，只有当电流过零才能恢复关断。电阻 *R*7 和电容 *C* 组成浪涌抑制器。

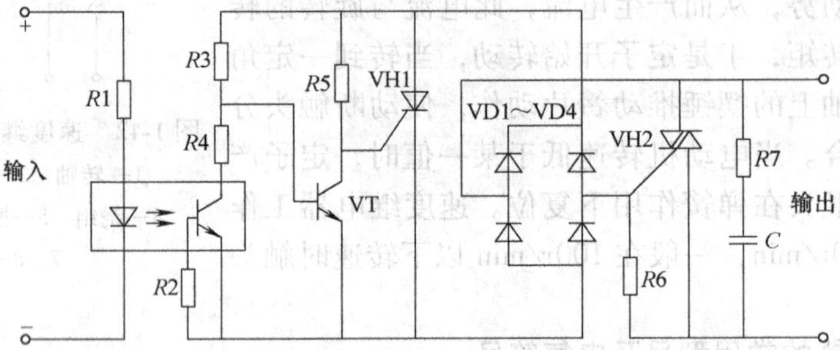

图 1-45　多功能交流固态继电器工作原理图

JDG 型多功能固态继电器按输出额定电流划分共有 4 种规格，即 1A、5A、10A、20A，电压均为 220V，选择时应根据负载电流确定规格。

1）电阻型负载，如电阻丝负载，其冲击电流较小，按额定电流 80% 选用。

2）冷阻型负载，如冷光卤钨灯、电容负载等，浪涌电流比工作电流高几倍，一般按额定电流的 50% ~30% 选用。

3）电感性负载，其瞬变电压及电流均较高，额定电流要按冷阻型负载选用。

固态继电器用于控制直流电动机时，应在负载两端接入二极管，以阻断反电动势。控制交流负载时，则必须估计过电压冲击的程度，并采取相应保护措施（如加装 *RC* 吸收电路或压敏电阻等）。当控制电感性负载时，固态继电器的两端还需加压敏电阻。

2. 温度继电器

在温度自动控制或报警装置中，常采用带电触头的汞温度计或热敏电阻、热电偶等制成的各种形式的温度继电器，其实物图如图 1-46 所示。

图 1-47 所示为用热敏电阻作为感温元件的温度继电器。晶体管 VT1、VT2 组成射极耦合双稳态电路。晶体管 VT3 之前串联接入稳压管 VS，可提高反相器开始工作的输入电压值，使整个电路的开关特性更好。适当调整电位器 RP2 的阻值，可减小双稳态电路的回差。RT 采用负温度系数的热敏电阻器，当温度超过极限值时，使 A 点电位上升到 2～4V，触发双稳态电路翻转。

图 1-46　温度继电器

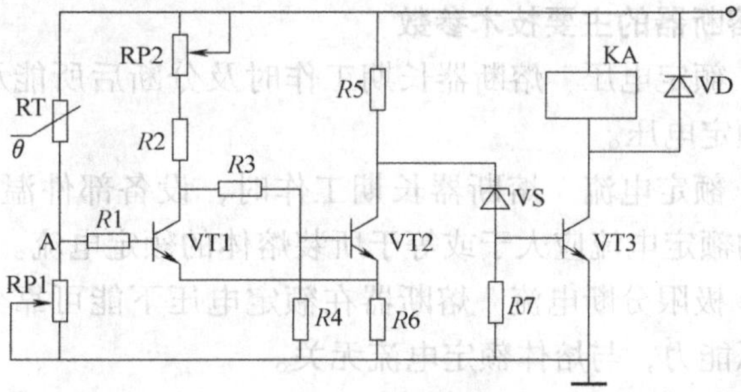

图 1-47　电子式温度继电器的原理图

电路的工作原理：当温度在极限值以下时，RT 呈现很大电阻值，使 A 点电位在 2V 以下，则 VT1 截止，VT2 导通，VT2 的集电极电位约 2V，远低于稳压管 VS 的 5～6.5V 的稳定电压值，VT3 截止，继电器 KA 不吸合。当温度上升到超过极限值时，RT 阻值减小，使 A 点电位上升到 2～4V，VT1 立即导通，迫使 VT2 截止，VT2 集电极电位上升，VS 导通，VT3 导通，KA 吸合。该温度继电器可利用 KA 的动合或动断触头对加热设备进行温度控制，对电动机能实现过热保护等，可通过调整电位器 RP1 的阻值来实现对不同温度的控制。

1.3　保护电器

低压保护电器通常用于电路与电气设备的安全保护，主要有熔断器、热继电器和漏电保护开关等。

1.3.1　熔断器

熔断器是一种结构简单、使用维护方便、体积小、价格便宜的保护电器，它采用金属导体为熔体，串联于电路中，当电路发生短路或严重过载时，熔断器的熔体自身发热而熔断，从而分断电路，广泛用于照明电路中的过载和短路保护及电动机电路中的短路保护。

1. 熔断器的结构和工作原理

熔断器由熔体（熔丝或熔片）和安装熔体的外壳两部分组成，起保护作用的是熔体，低压熔断器按形状可分为管式、插入式和螺旋式等；按结构可分为半封闭插入式、无填料封闭管式和有填料封闭管式等，其实物图如图 1-48 所示。

a) 螺旋式熔断器　　b) 插入式熔断器　　c) 半导体器件保护熔断器

图 1-48　熔断器实物图

2. 熔断器的主要技术参数

（1）额定电压　熔断器长期工作时及分断后所能承受的电压值，一般大于或等于电气设备的额定电压。

（2）额定电流　熔断器长期工作时，设备部件温升不超过规定值时所能承受的电流。熔断器的额定电流应大于或等于所装熔体的额定电流。

（3）极限分断电流　熔断器在额定电压下能可靠分断的最大短路电流。它取决于熔断器的灭弧能力，与熔体额定电流无关。

3. 熔断器的型号及电气符号

熔断器的常用型号有 RL6、RL7、RT12、RT14、RT15、RT16（NT）、RT18、RT19（AM3）、RO19、RO20 和 RTO 等。表 1-13 为 RT18 系列熔断器的主要技术数据。

表 1-13　RT18 系列熔断器的主要技术数据

型　号	熔断器额定电流/A	重量/kg
RT18-32	2，4，6，10，16，20，25，32	0.075
RT18-32X	2，4，6，10，16，20，25，32	0.075
RT18-63	2，4，6，10，16，20，25，32，40，50，63	0.18
RT18-63X	2，4，6，10，16，20，25，32，40，50，63	0.18

熔断器的型号及含义如图 1-49 所示。

熔断器的图形符号和文字符号如图 1-50 所示。

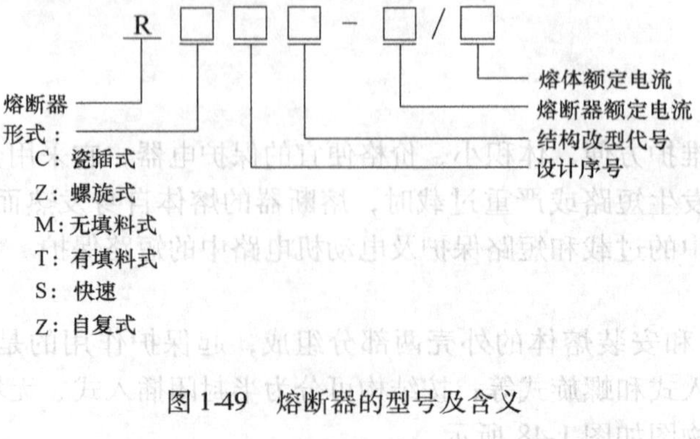

图 1-49　熔断器的型号及含义

图 1-50　熔断器的图形符号和文字符号

4. 熔断器的选用

1）熔断器类型的选择主要根据使用场合来选择不同的类型。例如，作电网配电用，应选择一般工业用熔断器；作硅元件保护用，应选择保护半导体器件熔断器；供家庭使用，宜选用螺旋式或半封闭插入式熔断器。

2）熔断器的额定电压必须大于或等于熔断器安装处的电路额定电压。

3）电路保护用熔断器熔体的额定电流基本上可按电路的额定负载电流来选择，但其极限分断能力必须大于电路中可能出现的最大故障电流。

4）在电动机回路中作短路保护时，应考虑电动机的起动条件，按电动机的起动时间长短选择熔体的额定电流。

①　单台电动机长期工作时，可按下式决定熔体的额定电流：

$$I_{fu} = I_Q/(2.5 \sim 3)$$

或

$$I_{fu} = I_N(1.5 \sim 2.5)$$

式中，I_Q 为电动机的起动电流，I_N 为电动机的额定电流。

②　单台电动机频繁起动时，可按下式决定熔体的额定电流：

$$I_{fu} = I_Q/(1.6 \sim 2)$$

③　多台电动机直接起动时，故熔体的电流可按下式计算：

$$I_{fu} = I_{Nmax}(1.5 \sim 2.5) + \sum I_N$$

或

$$I_{fu} = I_{QN}/(2.5 \sim 3) + \sum I_N$$

式中，I_{Nmax} 为功率最大的一台电动机的额定电流；I_{QN} 为功率最大的一台电动机的起动电流；$\sum I_N$ 为其余电动机额定电流之和。

1.3.2　热继电器

热继电器是利用电流通过发热元件产生热量使双金属片弯曲，推动执行机构动作的保护电器。电动机在实际运行中，常常遇到过载的情况。若过载电流不太大且过载时间较短，电动机绕组温升不超过允许值，这种过载是允许的。但若过载电流大且过载时间长，电动机绕组温升就会超过允许值，就会加剧绕组绝缘材料的老化，缩短电动机的使用年限，严重时会使电动机绕组烧毁，这种过载是电动机不能承受的。因此，常用热继电器做电动机的过载保护以及作为三相电动机的断相保护。图1-51所示为热继电器的外形图。

1. 热继电器的结构和工作原理

热继电器主要由热元件（驱动元件）、双金属片、触头和动作机构等组成。双金属片是由两种热膨胀系数不同的金属片碾压而成，受热后热膨胀系数较高的主动层向热膨胀系数小的被动层方向弯曲。热继电器的结构示意图如图1-52所示。

热元件串接于电动机的定子绕组中，绕组电流即为流过热元件的电流。当电动机正常工作时，热元件产生的热量虽能使双金属片弯曲，但不足以使其触头动作。当过载时，流过热元件的电流增大，使其产生的热量增加，使主双金属片产生的弯曲位移增大，从而推动导板3，带动温度补偿双金属片4和与之相连的动作机构使热继电器动触头8动作，切断电动机

图 1-51　热继电器的外形图

控制电路。图 1-52 中凸轮 10 可用来调节动作电流；补偿双金属片 4 则用于补偿周围环境温度变化的影响，当周围环境温度变化时，主双金属片 1 和与之采用相同材料制成的补偿双金属片 4 会产生同一方向的弯曲，可使导板与补偿双金属片之间的推动距离保持不变。此外，热继电器可通过调节螺钉 5 选择自动复位或手动复位。

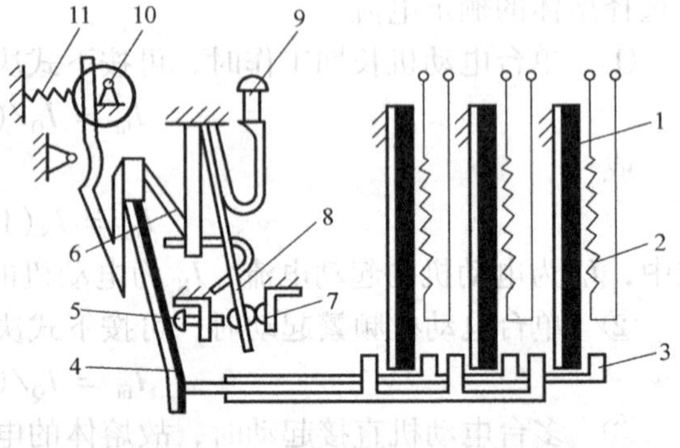

图 1-52　热继电器的结构示意图

1—主双金属片　2—电阻丝　3—导板　4—补偿双金属片　5—调节螺钉　6—推杆　7—静触头　8—动触头　9—复位按钮　10—调节凸轮　11—弹簧

由于热惯性，当电路短路时，热继电器不能立即动作使电路立即断开。因此，在控制系统主电路中，热继电器只能用作电动机的过载保护，而不能起到短路保护的作用。在电动机起动或短时过载时，热继电器也不会动作，这可避免电动机不必要的停车。

2. 热继电器的主要技术参数

热继电器的主要技术参数是整定电流，主要根据电动机的额定电流来确定。热继电器的整定电流是指热继电器长期不动作的最大电流，超过此值即开始动作。热继电器可以根据过载电流的大小自动调整动作时间，具有反时限保护特性。一般过载电流是整定电流的 1.2 倍时，热继电器动作时间小于 20min；过载电流是整定电流的 1.5 倍时，动作时间小于 2min；过载电流是整定电流的 6 倍时，动作时间小于 5s。热继电器的整定电流通常与电动机的额定电流相等或是额定电流的 0.95 ~ 1.05 倍。如果电动机拖动的是冲击性负载或电动机的起动时间较长时，热继电器整定电流要比电动机额定电流高一些。但对于过载能力较差的电动机，则热继电器的整定电流应适当小些。

热继电器的其他技术参数还包括额定电压、额定电流、相数以及热元件编号等。

3. 热继电器的常用型号及电气符号

目前国内生产的热继电器品种较多，常用的有 JR20、JR16、JR15 和 JR14 等系列产品。引进产品有德国 ABB 公司的 T 系列、法国 TE 公司的 LR1-D 系列、德国西门子公司的 3UA 系列等。

JR20 系列热继电器具有过载保护、断相保护、温度补偿、整定电流值可调、手动脱扣、手动复位、动作脱扣指示等功能。安装方式上除采用分立结构外，还增设了组合式结构，通过导电杆与挂钩直接插接，可直接连接在 CJ20 型接触器上。表 1-14 所示为 JR20 系列热继电器的主要技术数据。

热继电器的型号及含义如图1-53所示。

表1-14 JR20系列热继电器的主要技术数据

型　号	额定电流/A	热元件号	整定电流调节范围/A
JR20-10	10	1R～15R	0.1～11.6
JR20-16	16	1S～6S	3.6～18
JR20-25	25	1T～4T	7.8～29
JR20-63	63	1U～6U	16～71
JR20-160	160	1W～9W	33～176

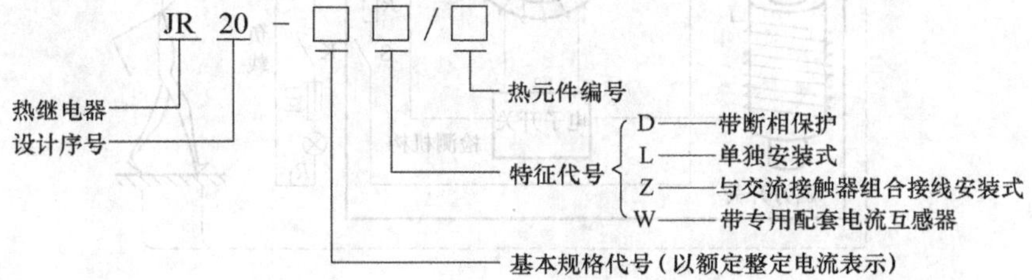

图1-53 热继电器的型号及含义

热继电器的图形符号和文字符号如图1-54所示。

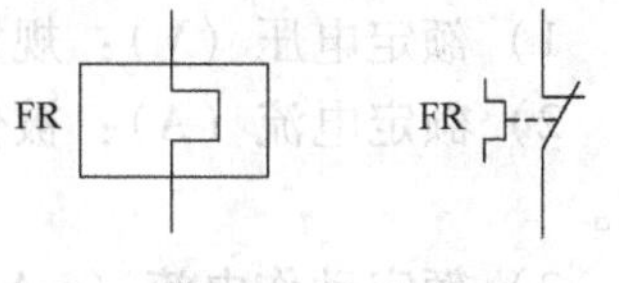

a) 驱动元件　　b) 动断触头

图1-54 热继电器的图形符号和文字符号

4. 热继电器的选用

热继电器型号的选用应根据电动机的接法和工作环境决定。当定子绕组采用星形联结时，选择通用的热继电器即可；如果绕组为三角形联结，则应选用带断相保护装置的热继电器。在一般情况下，可选用两相结构的热继电器；在电网电压的均衡性较差、工作环境恶劣或维护较少的场所，可选用三相结构的热继电器。

1.3.3 剩余电流断路器

剩余电流断路器俗称漏电保护开关，是一种最常用的漏电保护电器，其实物图如图1-55所示。它既能控制电路的通与断，又能保证其控制的线路或设备发生漏电或人身触电时迅速自动掉闸，切断电源，从而保证线路或设备的正常运行及人身安全。

1. 剩余电流断路器的结构和工作原理

剩余电流断路器由零序电流互感器、漏电脱扣器和开关装置等组成。零序电流互感器用于检测漏电电流；漏电脱扣器将检测到的漏电电流与一个预定基准值比较，从而判断剩余电流断路器是否动作；开关装置通过漏电脱扣器的动作来控制被保护电路的闭合或分断。

a) 三相塑料外壳剩余电流断路器　　b) 单相剩余电流断路器

图1-55 三相及单相剩余电流断路器实物图

剩余电流断路器的原理图如图1-56所示。正常情况下，剩余电流断路器所控制的电路没有发生漏电和人身触电等接地故障时，$I_{相}=I_{零}$（$I_{相}$为相线上的电流，$I_{零}$为零线上的电流）。故零序电流互感器的二次回路没有感应电流信号输出，也就是检测到的漏电电流为零，开关保持在闭合状态，线路正常供电。当电路中有人触电或设备发生漏电时，因为$I_{相}=I_{负}+I_{人}$，而$I_{零}=I_{负}$，所以，$I_{相}>I_{零}$，通过零序电流互感器铁心的磁通$\varphi_{相}-\varphi_{零}\neq 0$，故零序电流互感器的二次线圈感应出漏电信号，漏电信号输入到电子开关输入端，促使电子开关导通，磁力开关通电产生吸力断开电源，完成人身触电或漏电保护。

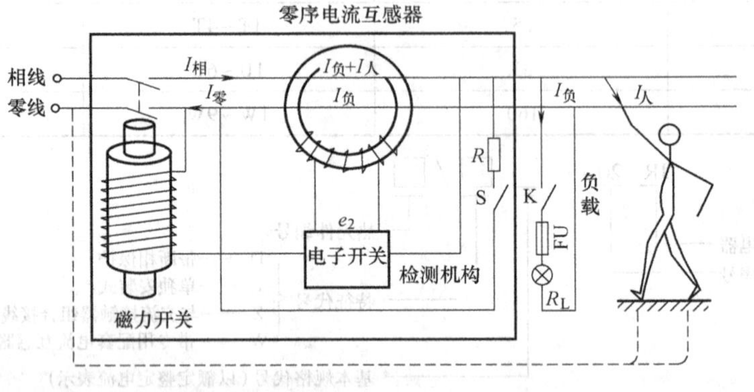

图 1-56　剩余电流断路器的原理图

2. 剩余电流断路器的主要技术参数

1）额定电压（V）：规定为 220V 或 380V。

2）额定电流（A）：被保护电路允许通过的最大电流，即开关主触头允许通过的最大电流。

3）额定动作电流（mA）：剩余电流断路器必须动作时的漏电电流。

4）额定不动作电流（mA）：开关不应动作的漏电电流，一般为额定动作电流的一半。

5）动作时间（s）：从发生漏电到剩余电流断路器动作断开的时间，快速型在 0.2s 以下，延时型一般为 0.2～2s。

6）消耗功率（W）：开关内部元件正常情况下所消耗的功率。

3. 剩余电流断路器的选用

剩余电流断路器的选用主要根据其额定电压、额定电流以及额定动作电流和动作时间等几个主要参数来选择。选用剩余电流断路器时，其额定电压应与电路工作电压相符。剩余电流断路器额定电流必须大于电路最大工作电流。对于带有短路保护装置的剩余电流断路器，其极限通断能力必须大于电路的短路电流。漏电动作电流及动作时间的选择可按线路泄漏电流大小选择，也可按分级保护方式选择。

1.4　其他电器

1.4.1　控制变压器

变压器是具有两个以上的绕组，通过各自的电磁导电作用改变电压的大小的装置。变压器由缠绕在铁心上的一次及二次绕组构成，两个绕组的匝数比就是一次侧及二次侧的电压比。单相控制变压器的图形符号和文字符号如图 1-57 所示。

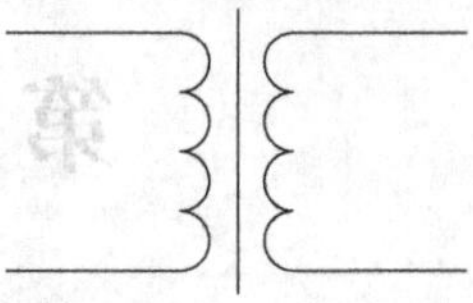

图1-57　单相控制变压器的图形符号和文字符号

控制变压器主要用于控制系统中，为机床及其他机械设备中的控制电器、指示灯等提供工作电源和照明电源。在继电器-接触器控制系统中，控制变压器的负载主要是交流接触器和继电器的吸引线圈。

选用控制变压器时，首先应满足二次绕组的个数和电压值以及一次电源电压的数值，控制变压器的一次电压一般为220V、380V、440V、660V，二次电压有6V、12V、24V、36V、110V、127V、220V。

在选择变压器容量时，应考虑两个方面：第一，从发热和温升考虑，应使变压器的容量等于或大于二次侧各绕组连续负载之总和；第二，从变压器的输出端压降考虑，应使变压器在最大冲击负荷的情况下，输出端电压下降不超过允许值。一般情况下，根据经验可将二次侧连续负载的总量乘以1.2~1.5的系数，选用额定容量等于或大于这个数值的控制变压器即可。

我国目前生产的控制变压器主要有BK系列、JBK系列和DBK系列等产品，其中JBK系列为机床专用控制变压器，DBK系列为低损耗单相控制变压器。

1.4.2　开关稳压电源

开关稳压电源的功能是将非稳定交流电源变成稳定直流电源。在数控机床电气控制系统中，需要稳压电源给驱动器、控制单元、直流继电器及信号指示灯等提供直流电源。

开关稳压电源被称为高效节能电源，因为其内部电路工作在高频开关状态，所以自身消耗的能量很低，电源效率可达80%左右，比普通线性稳压电源高近一倍。目前生产的无工频变压器的中、小功率开关稳压电源，仍普遍采用脉冲宽度调节器（简称脉宽调制器，PWM）或脉冲频率调节器（简称脉频调制器，PFM）专用集成电路。它们是利用体积很小的高频变压器来实现电压变化及电网的隔离，代替笨重且损耗较大的工频变压器。

选择开关稳压电源时需要考虑电源的输出电压路数、电源的尺寸和环境条件等因素。

习　题

1-1　什么是低压电器？按用途如何分类？其主要的技术参数有哪些？

1-2　低压断路器具有哪些脱扣机构？试分别说明其功能。

1-3　刀开关的安装要注意哪些问题？

1-4　组合开关的用途是什么？有什么特点？

1-5　按钮和行程开关的作用分别是什么？如何确定按钮的结构形式？

1-6　接触器由哪几部分组成？其主要作用是什么？

1-7　常用的继电器有哪些？分别画出它们的图形和文字符号。

1-8　电磁式电流继电器和电压继电器有什么区别？

1-9　中间继电器的作用是什么？它和交流接触器有何异同？

1-10　空气阻尼式时间继电器、速度继电器的工作原理是什么？

1-11　常用熔断器有哪些？如何选择熔体的额定电流？

1-12　在电动机控制回路中，热继电器和熔断器各起什么作用？两者能否互相替换，为什么？

第2章　机床电气控制电路的基本控制环节

【本章教学重点】

(1) 机床电气原理图的画法及阅读分析方法。

(2) 三相异步电动机的起动控制电路。

(3) 三相异步电动机的运行控制电路。

(4) 三相异步电动机的制动控制电路。

(5) 电动机的保护环节。

【本章能力要求】

通过本章的学习,读者应掌握机床电气原理图的画法及阅读分析方法;掌握三相异步电动机的起动控制电路、运行控制电路和制动控制电路的工作原理;掌握电气控制系统中常用的保护环节。

机床是由电动机拖动的,它的动作是通过电动机的各种运动实现的。控制了电动机就能实现对机床的控制,电动机应按照机床的生产工艺要求运转,所以必须配备相应的电气控制和保护设备组成电动机控制电路,从而满足机床的工作要求。

机床的种类繁多、加工工艺各异,因此所要求的电气控制电路也多种多样,但它们都遵循一定的原则和规律,一般都是由一些基本控制环节构成的,只要分析、研究这些基本控制电路,掌握其规律,就能阅读和设计电气控制电路。因此掌握电气控制电路的基本环节,对分析机床电气控制电路的工作原理及机床维修有着重要意义。

本章主要介绍机床中常用的继电器—接触器控制电路,包括异步电动机的起动、运行、制动及保护等基本控制环节。

2.1　机床电气原理图的画法及阅读方法

为了清晰地表达生产机械电气控制系统的工作原理,便于系统的安装、调试、使用和维修,将电气控制系统中的各电气元器件用一定的图形符号和文字符号来表示,再将其连接情况用一定的图形表达出来,这种图形就是电气控制系统图(工程图)。

常用的电气控制系统图主要有三种:电气原理图、电气元器件布置图和电气安装接线图。为了便于阅读,在绘制电气控制系统图时,必须采用国家统一规定的图形符号、文字符号和绘图方法。

2.1.1　电气原理图

电气原理图是直接反映电气控制系统电气连接关系的表达形式。电气控制系统是由许多电气元器件按一定的要求和方法连接而成的。为了便于电气控制系统的设计、安装、调试、使用和维护，将电气控制系统中各电气元器件及其连接电路用一定的图形表达出来，这就是电气原理图。在画图时，应根据简明易懂的原则，采用统一规定的图形符号、文字符号和标准画法来绘制。

1. 常用电气图形符号和文字符号的标准

在电气原理图中，电气元器件的图形符号和文字符号必须使用国家统一规定的图形及文字符号，统一采用 GB/T 4728《电气简图用图形符号》。一些常用的电气用图形符号、文字符号见附录 A。

2. 电气原理图的画法规则

电气原理图是为了便于阅读和分析控制电路，根据简单清晰的原则，采用电气元器件展开的形式绘制成的表示电气控制电路工作原理的图形。电气原理图只表示所有电气元器件的导电部件和接线端之间的相互关系，并不是按照各电气元器件的实际布置位置和实际接线情况来绘制的，也不反映电气元器件的大小。下面结合图 2-1 所示的某机床电气原理图说明绘制电气原理图的基本规则和应注意的事项。

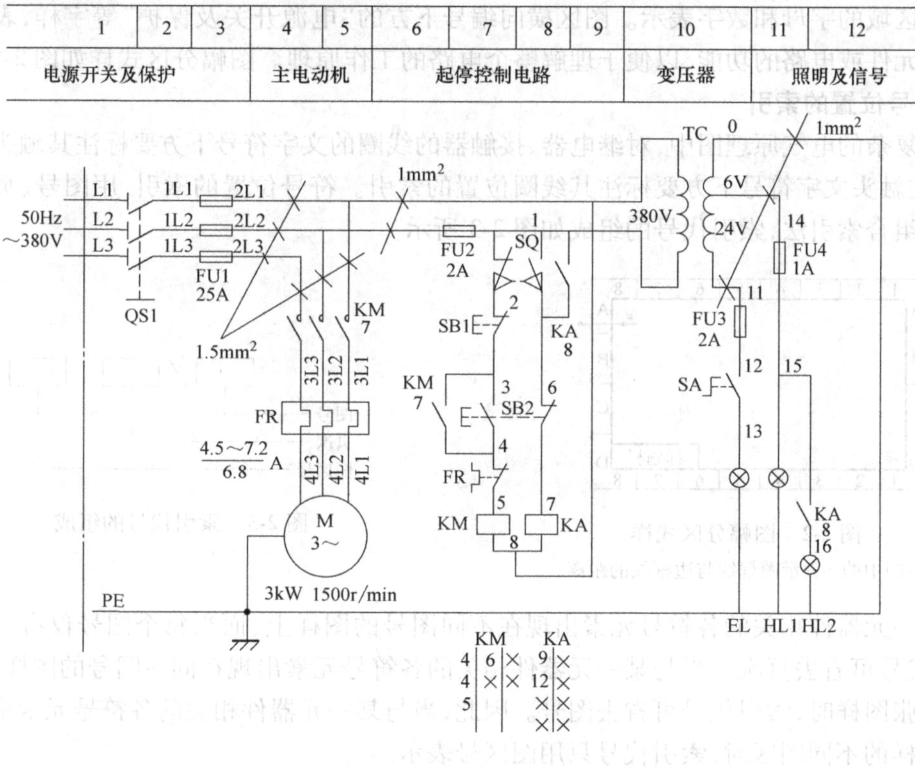

图 2-1　某机床的电气原理图

绘制电气原理图的基本规则如下：

1）电气原理图一般分为主电路、控制电路和辅助电路。主电路就是从电源到电动机绕组的大电流通过的路径；控制电路是由接触器、继电器的吸引线圈和辅助触头以及热继电器、按钮的触头等组成；辅助电路包括照明灯、信号灯等电气元件。控制电路、辅助电路中通过的电流较小。一般主电路用粗实线表示，画在左边（或上面）；辅助电路用细实线表示，画在右边（或下面）。

2）在电气原理图中，各电气元器件不画实际的外形图，而采用国家规定的统一标准来画，文字符号也要符合国家标准。

3）同一电气元器件的各个部件可以不画在一起，但必须采用同一文字符号标明。若有多个同一种类的电气元件，可在文字符号后加上数字序号来区分，如 KM1、KM2。

4）元器件和设备的可动部分在图中通常均以自然状态画出。所谓自然状态是指各种电器在没有通电和不受外力作用时的状态。对于接触器、电磁式继电器等是指其线圈未加电压，而对于按钮、限位开关等，则是指其尚未被压合。

5）在电气原理图中，有直接电联系的交叉导线的连接点，要用黑圆点表示。无直接电联系的交叉导线，交叉处不能画黑圆点。

6）在电气原理图中，无论是主电路还是辅助电路，各电气元器件一般应按动作顺序从上到下、从左到右依次排列，可水平布置或垂直布置。

3. 图面区域的划分

图面分区时，竖边从上到下用大写英文字母，横边从左到右用阿拉伯数字分别编号，分区代号用该区域的字母和数字表示。图区横向编号下方的“电源开关及保护”等字样，表明它对应的下方元件或电路的功能，以便于理解整个电路的工作原理。图幅分区式样如图 2-2 所示。

4. 符号位置的索引

在较复杂的电气原理图中，对继电器、接触器的线圈的文字符号下方要标注其触头位置的索引；而在触头文字符号下方要标注其线圈位置的索引。符号位置的索引，用图号、页次和图区编号的组合索引法，索引代号的组成如图 2-3 所示。

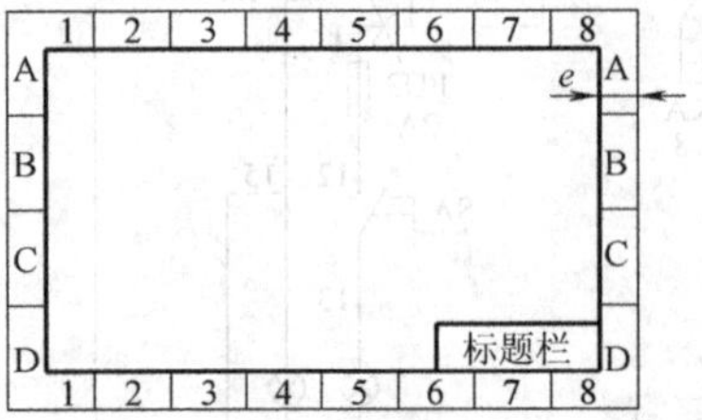

图 2-2 图幅分区式样

注：图中的 e 表示图框线与边框线的距离。

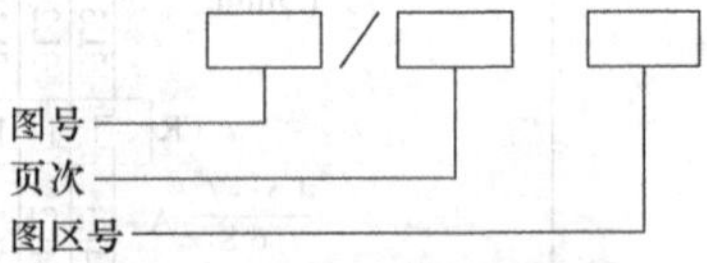

图 2-3 索引代号的组成

当某一元器件相关的各符号元素出现在不同图号的图样上，而当每个图号仅有一页图样时，索引代号可省去页次。当与某一元器件相关的各符号元素出现在同一图号的图样上，而该图号有几张图样时，索引代号可省去图号。因此，当与某一元器件相关的各符号元素出现在只有一张图样的不同图区时，索引代号只用图区号表示。

图 2-1 所示图区 9 中触头 KA 下面的 8，即为最简单的索引代号，它指出继电器 KA 的线圈位置在图区 8；图区 5 中接触器主触头 KM 下面的 7 指出 KM 的线圈位置在图区 7。

在电气原理图中，接触器和继电器线圈与触头的从属关系，应用附图表示。即在原理图中相应线圈的下方，给出触头的文字符号，并在其下面注明相应触头的索引代号，对未使用的触头用“×”表明。有时也可采用上述省去触头的表示法。图 2-1 的图区 7 中 KM 线圈和图区 8 中 KA 线圈下方的是接触器 KM 和继电器 KA 相应触头的位置索引。

对于接触器，图中各栏的含义如下：

KM 左栏	中栏	右栏
主触头所在图区号	辅助动合触头所在图区号	辅助动断触头所在图区号

对于继电器,图中各栏的含义如下:

KA 左栏	右栏
动合触头所在图区号	动断触头所在图区号

5. 技术数据的标注

电气元器件的技术数据,除在电气元器件明细表中标明外,有时也可用小号字体标在其图形符号的旁边。如:主电路、控制电路、辅助电路的进线规格;电动机功率;变压器一次、二次电压;熔断器的额定电流;热继电器的电流整定范围、整定值等,例如图 2-1 图区 4 中热继电器 FR 的动作电流值范围为 4.5 ~ 7.2A,整定值为 6.8A。

2.1.2 电气元器件布置图

电气元器件布置图表示各种电气设备或电气元器件在机械设备或控制柜中的实际安装位置,为机械电气控制设备的制造、安装、维护及维修提供必要的资料。

各电气元器件的安装位置是由机床的结构和工作要求决定的。如行程开关应布置在要取得信号的地方,电动机要和被拖动的机械部件在一起,一般电气元器件应放在控制柜内。

机床电气元器件布置图主要包括机床电气设备布置图、控制柜及控制面板布置图、操作台及悬挂操纵箱电气设备布置图等。图 2-4 所示为 CW6132 型车床电气元器件布置图。

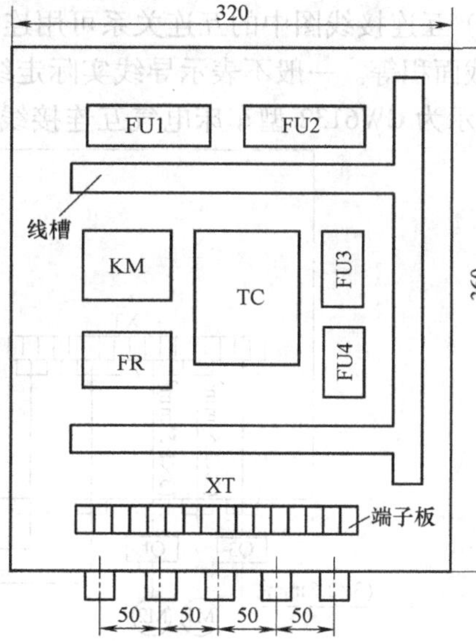

图 2-4 CW6132 型车床电气元器件布置图

电气元器件的布置应注意以下几方面:

1) 体积大和较重的电气元器件应安装在电器安装板的下方,而发热元件应安装在电器安装板的上方。

2) 强电、弱电应分开,弱电应屏蔽,防止外界干扰。

3) 需要经常维护、检修、调整的电气元器件安装位置不宜过高或过低。

4) 电气元器件的布置应考虑整齐、美观、对称。外形尺寸与结构类似的电器安装在一起,以便于安装和配线。

5) 电气元器件布置不宜过密,应留有一定间距。如用走线槽,应加大各排电器间距,以便于布线和维修。

6）机械设备轮廓用双点画线，所有电气元器件用粗实线绘出其简单外形轮廓，无需标注尺寸。

2.1.3 电气安装接线图

电气安装接线图是用规定的图形符号，按各电气元器件相对位置绘制的实际接线图，它清楚地表明了各电气元器件的相对位置和它们之间的电路连接。电气安装接线图要求将同一电器的各个部件画在一起，而且各个部件的布置尽可能符合这个电器的实际情况，但对比例和尺寸没有严格的要求。电气安装接线图中的文字符号和数字符号应与电气原理图中的符号一致。

电气安装接线图表明了各电气元器件之间电气连接的详细信息，主要用来进行电气元器件、电气设备和装置间的布线或布缆，也是检查电路和维修电路不可缺少的技术文件。

GB/T6988. 3—1997《电气技术用文件的编制第 3 部分　接线图和接线表》中详细规定了电气安装接线图的编制规则，主要包括：

1）在接线图中，一般都应标出项目的相对位置、项目代号、端子间的电气连接关系、端子号、线号、线缆类型和线缆截面积等。

2）一个元件中所有的带电部件均画在一起，并用点画线框起来，即采用集中表示法。

3）同一控制盘上的电气元器件可以直接连接，而盘内元器件与外部元器件连接时必须通过接线端子板。

4）接线图中各电气元器件的图形符号与文字符号均应以原理图为准，并保持一致。

5）互连接线图中的互连关系可用连续线、中断线或线束表示，连接导线应注明导线根数、导线截面积等。一般不表示导线实际走线路径，施工时根据实际情况选择最佳走线方式。图 2-5 所示为 CW6132 型车床电气互连接线图。

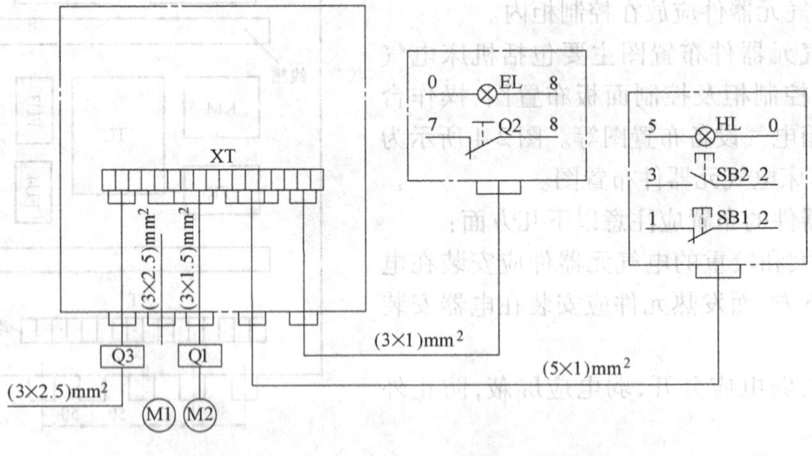

图 2-5　CW6132 型车床电气互连接线图

2.1.4 电气原理图的阅读和分析方法

阅读电气原理图的方法主要有两种：查线读图法和逻辑代数法。

1. 查线读图法

查线读图法又称直接读图法或跟踪追击法。它是按照线路根据生产过程的工作步骤依次读图。其读图步骤如下：

1）了解生产工艺与执行电器的关系。在分析电气线路之前，应该熟悉生产机械的工艺情况，充分了解生产机械要完成哪些动作，这些动作之间又有什么联系；然后进一步明确生产机械的动作与执行电器的关系，必要时可以画出简单的工艺流程图，为分析电气线路提供方便。

2）分析主电路。在分析电气线路时，一般应先从电动机着手，根据主电路中有哪些控制元件的主触头、电阻等元器件大致判断电动机是否有正反转控制、制动控制和调速要求等。

3）分析控制电路。通常对控制电路按照由上往下或从左往右的顺序依次阅读，可以按主电路的构成情况，把控制电路分解成与主电路相对应的几个基本环节，依次分析，然后将各个基本环节结合起来综合分析。首先应了解各信号元件、控制元件或执行元件的初始状态；然后设想按动了操作按钮，线路中有哪些元件受控动作；这些动作元件的触头又是如何控制其他元件动作，进而查看受驱动的执行元件有何运动；再继续追查执行元件带动机械运动时，会使哪些信号元件状态发生变化。在读图过程中，特别要注意电气元器件之间的相互联系和制约关系，注意主电路和控制电路相结合，直至将线路全部看懂。

查线读图法的优点是直观性强，容易掌握，因而得到广泛应用。其缺点是分析复杂线路时容易出错，叙述也较长。

2. 逻辑代数法

逻辑代数法又称间接读图法，是通过对电路的逻辑表达式的运算来分析控制电路的，其关键是正确写出电路的逻辑表达式。

逻辑变量及其函数只有“1”、“0”两种取值，用来表示两种不同的逻辑状态。继电器—接触器控制电路的元件都是两态元件，即它们只有“通”和“断”两种状态，如开关的接通和断开，线圈的通电或断电，触头的闭合或断开等均可用逻辑代数表示。因此继电器—接触器控制电路的基本规律是符合逻辑代数的运算规律的，是可以用逻辑代数来帮助设计和分析的。

通常把继电器、接触器和电磁阀等线圈通电或按钮、行程开关受力（其动合触头闭合接通），用逻辑“1”表示；把线圈失电或按钮、行程开关未受力（其动合触头断开），用逻辑“0”表示。

在继电器—接触器控制电路中，把表示触头状态的逻辑变量称为输入逻辑变量；把表示继电器、接触器等受控元件的逻辑变量称为输出逻辑变量。输出逻辑变量是根据输入逻辑变量经过逻辑运算得出的。输入、输出逻辑变量的这种相互关系称为逻辑函数关系，也可用真值表来表示。

（1）逻辑与　逻辑与用触头串联来实现。图 2-6a 所示的 KA1 和 KA2 触头串联电路可实现逻辑与运算，只有当触头 KA1 和 KA2 都闭合，即 KA1 = 1 与 KA2 = 1 时，线圈 KM 才得电，KM = 1。否则，若 KA1 或 KA2 有一个断开，即有一个为“0”，电路就断开，KM = 0。其逻辑关系为

$$KM = KA1 \cdot KA2$$

（2）逻辑或　逻辑或用触头并联电路实现。图 2-6b 所示的 KA1 和 KA2 触头并联电路可实现逻辑或运算，当触头 KA1 或 KA2 任一闭合，即 KA1 = 1 或 KA2 = 1 时，线圈 KM 即得电，KM = 1。其逻辑关系为

$$KM = KA1 + KA2$$

（3）逻辑非　逻辑非实际上就是触头状态取反。图 2-6c 所示电路可实现逻辑非运算，当

动断触头 KA 闭合，则 KM = 1，线圈 KM 得电吸合。当动断触头 KA 断开，则 KM = 0，线圈不得电。其逻辑关系为

$$KM = \overline{KA}$$

基本逻辑电路图如图 2-6 所示。

逻辑代数法读图的优点是：各电气元器件之间的联系和制约关系在逻辑表达式中一目了然；通过对逻辑函数的具体运算，一般不会遗漏或看错电路的控制功能；而且采用逻辑代数法后，为电气线路采用计算机辅助分析提供方便。该方法的主要缺点是：对于复杂的电气线路，其逻辑表达式繁琐、冗长。

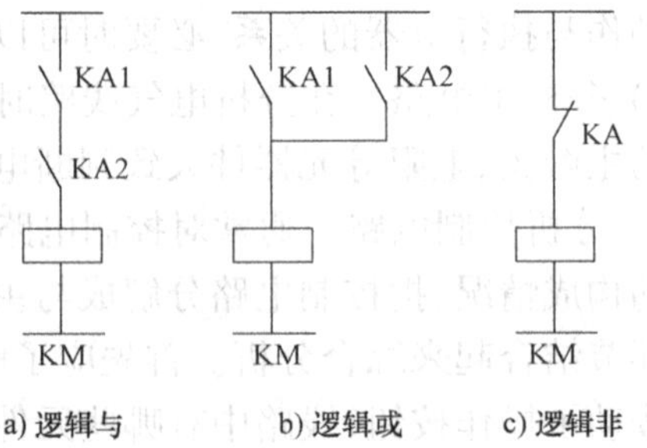

图 2-6　基本逻辑电路图

2.2　三相异步电动机的起动控制电路

2.2.1　直接起动控制电路

中小型异步电动机可采用直接起动方式，起动时将电动机的定子绕组直接接在额定电压的交流电源上。通常容量小于 10kW 的笼型异步电动机可采用直接起动方法。

1. 点动控制电路

图 2-7 所示为电动机点动控制电路。图中刀开关 QS、熔断器 FU、交流接触器 KM 的主触头、热继电器 FR 的热元件与电动机组成主电路，主电路中通过的电流较大。控制电路由起动按钮 SB、接触器 KM 的线圈及热继电器 FR 的动断触头组成，控制电路中流过的电流较小。

控制电路的工作原理如下：接通电源开关 QS，按下起动按钮 SB，接触器 KM 的吸引线圈通电，主触头闭合，电动机定子绕组接通三相电源，电动机起动；松开起动按钮，接触器线圈断电，主触头分断，切断三相电源，电动机停止。

电路中，所有电器的触头都按电器没有通电和没有外力作用时的初始状态画出，如接触器、继电器的触头，按线圈不通电时的状态画出；按钮、行程开关等按不受外力作用时的状态画出。

2. 长动控制电路

图 2-8 所示为长动控制电路。它的工作原理如下：接通电源开关 QS，按下起动按钮 SB2 时，接触器 KM 吸合，主触头闭合，主电路接通，电动机 M 起动运行。同时并联在起动按钮 SB2 两端的接触器辅助动合触头也闭合，故即使松开按钮 SB2，控制电路也不会断电，电动机仍能继续运行，按下停止按钮 SB1 时，KM 线圈断电，接触器所有的触头断开，切断主电路，电动机停转。这种依靠接触器自身的辅助触头来使其线圈保持通电的现象称为自锁或自保。

3. 长动和点动控制电路

在实际生产中，往往需要既可以点动又可以长动的控制电路。其主电路与前面的相同，但控制电路有多种，如图 2-9 所示。

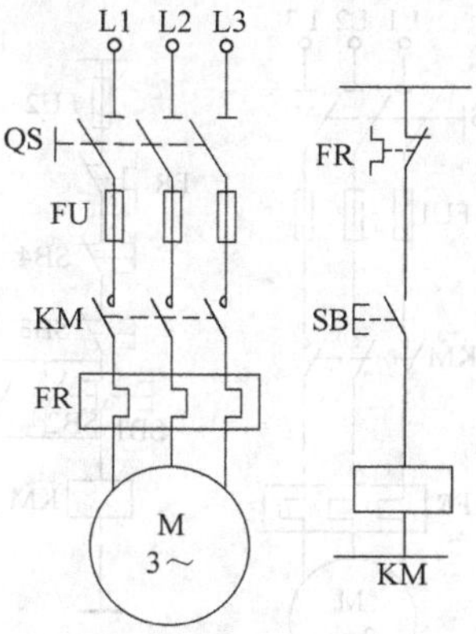

图2-7　电动机点动控制电路

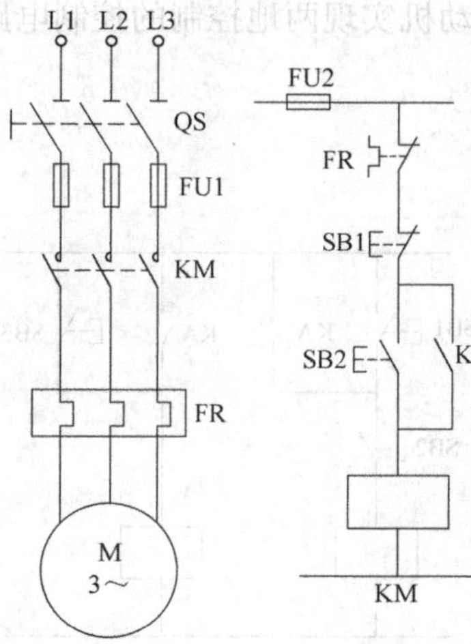

图2-8　长动控制电路

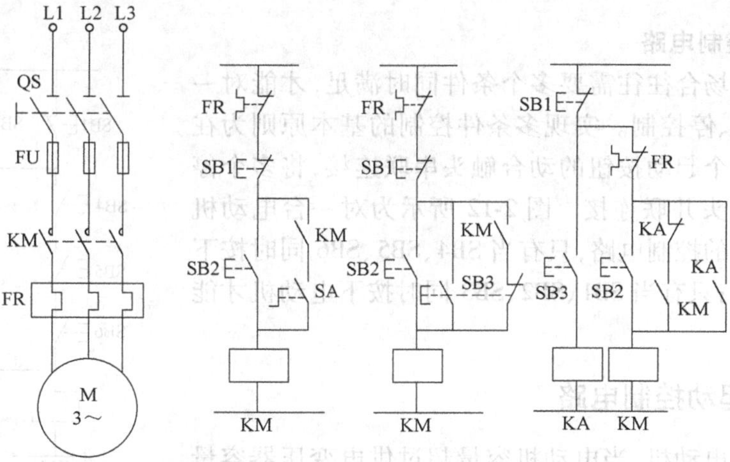

图2-9　点动和长动控制电路

比较图2-9所示三种控制电路，图2-9b比较简单，它是以开关SA的预选来实现点动与长动的。由于起动均由按钮SB2控制，SA若接通，按下SB2，则为长动控制，SA若分断，按下SB2则为点动控制；图2-9c虽然将点动按钮SB3与长动按钮SB2分开了，但当接触器铁心因油腻或剩磁而发生缓慢释放时，点动可能变成长动，故虽简单但并不可靠；图2-9d采用中间继电器实现点动控制，可靠性大大提高，点动时按SB3，中间继电器KA的动断触头断开接触器KM的自锁触头，KA的动合触头使KM通电，电动机点动，长动控制时，按SB2即可。

试分析图2-10所示电路，如何实现点动、长动控制？

4. 两地控制电路

在实际控制中往往要求对一台电动机能实现两地控制，即在甲、乙两个地方都能对电动机实现起动与停止控制，或在一地起动另一地停止。实现两地控制的基本原则为在控制电路中将两个起动按钮的动合触头并联连接，将两个停止按钮的动断触头串联连接。图2-11所示为对一台电动机实现两地控制的控制电路，其中按钮 SB1、SB3 位于甲地，按钮 SB2、SB4 位于乙地。

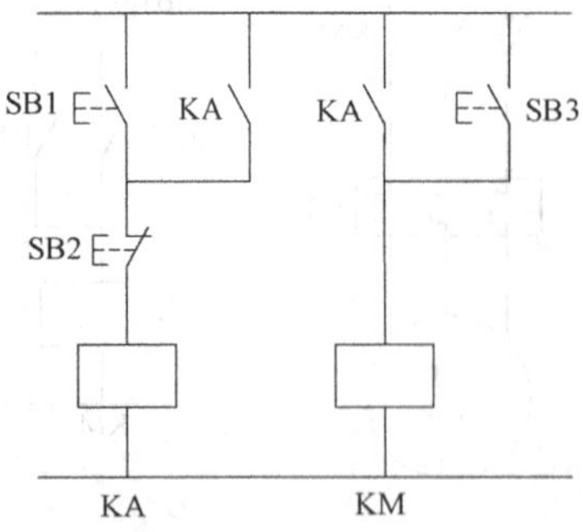

图 2-10　点动和长动控制电路

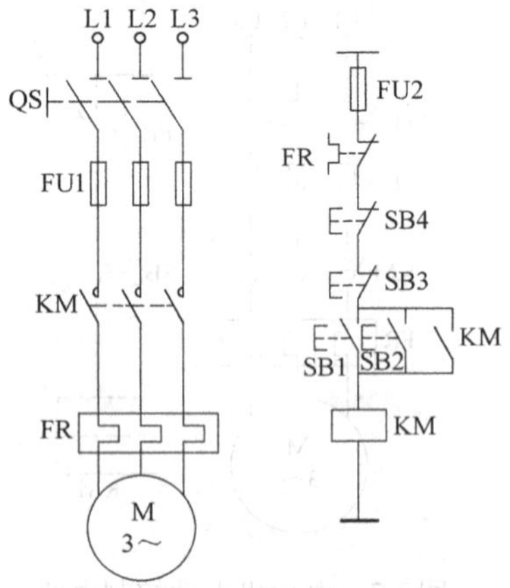

图 2-11　两地控制电路

5. 多条件控制电路

在某些应用场合往往需要多个条件同时满足，才能对一台电动机实现起、停控制。实现多条件控制的基本原则为在控制电路中将多个起动按钮的动合触头串联连接，将多个停止按钮的动断触头并联连接。图 2-12 所示为对一台电动机实现多条件控制的控制电路，只有当 SB4、SB5、SB6 同时按下电动机才能运转；只有当 SB1、SB2、SB3 同时按下电动机才能停止运转。

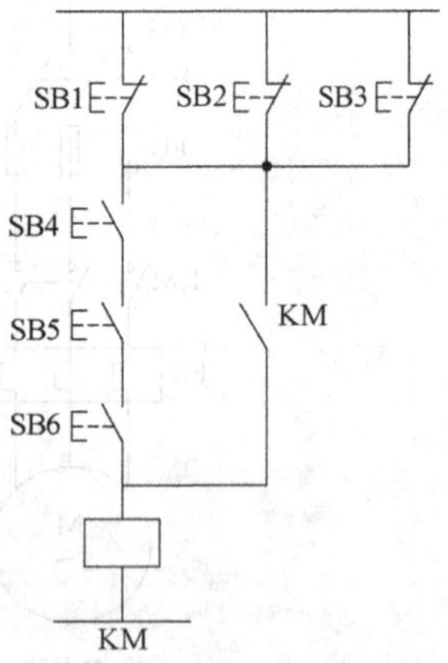

图 2-12　多条件控制电路

2.2.2　减压起动控制电路

对于大型的电动机，当电动机容量超过供电变压器容量的一定比例时，一般都应采用减压起动，以防止过大的起动电流引起电源电压的下降。对于起动频繁的电动机，允许直接起动电动机容量不大于变压器容量的 20%；对于不经常起动者，允许直接起动电动机容量不大于变压器容量的 30%。定子侧减压起动常用的方法有Y－△减压起动、定子串电阻减压起动及自耦变压器减压启动等。

1. Y－△减压起动控制电路

Y－△减压起动仅用于正常运行时定子绕组为△联结的电动机。Y－△起动时，电动机绕组先接成Y形，待转速增加到一定程度时，再将电路切换成△形联结。这种方法可使每相定子绕组所承受的电压在起动时降低到电源电压的 $1/\sqrt{3}$，其电流为直接起动时的 1/3。由于起动电流减小，起动转矩也同时减小到直接起动的 1/3，所以这种方法一般只适合于空载或轻载起动的场合。

(1) 适用于 13kW 以下电动机Y－△减压起动的控制电路　适用于 13kW 以下电动机Y－△减压起动的控制电路如图 2-13 所示。

工作原理如下：合上电源开关QS，按下起动按钮SB2，接触器KM1、时间继电器KT线圈得电，KM1的主触头闭合使电动机定子绕组接成星形联结，接入三相电源进行减压起动，同时KM1的辅助动合触头闭合自锁。经一段延时后，时间继电器的动合触头KT闭合，KM2线圈得电，主电路中KM2辅助动断触头断开，主触头闭合，电动机绕组接成三角形联结全压运行。控制电路中，KM2辅助动断触头断开，KT线圈断电，KM2辅助动合触头闭合自锁。

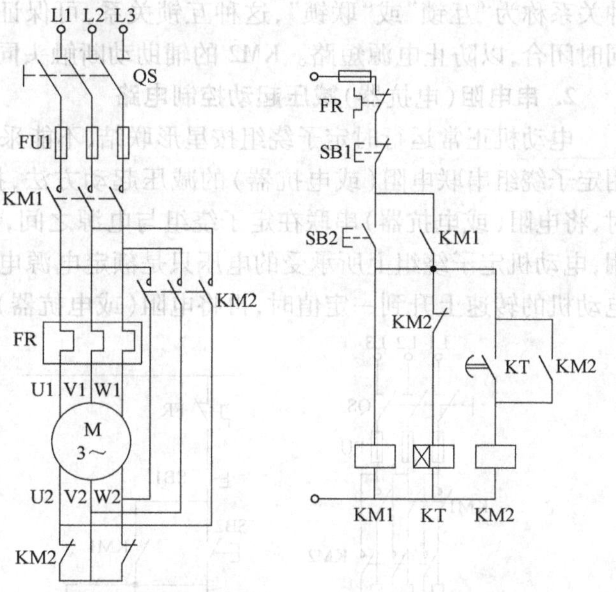

图2-13　13kW以下电动机Y-△减压起动的控制电路

上述电路中电动机主电路中采用KM2辅助动断触头来短接电动机的三相绕组末端，因触头容量小，故该电路仅适用于13kW以下的电动机的起动控制。因此，对于13kW以上的电动机可以采用下述电路。

（2）适用于13kW以上电动机Y-△减压起动电路　适用于13kW以上电动机Y-△减压起动电路如图2-14所示，由于采用了三个接触器的主触头来对电动机进行Y-△转换，故工作更为可靠。

工作原理如下：先合上电源开关QS，按下起动按钮SB2，接触器KM1、KM3线圈得电，KM1、KM3的主触头闭合使电动机定子绕组接成星形联结，接入三相电源进行减压起动。同时，时间继电器KT线圈得电，经一段延时后，其延时断开动断触头KT断开，KM3线圈失电，而延时闭合动合触头KT闭合，KM2线圈得电并自锁，电动机绕组联结成三角形全压运行。

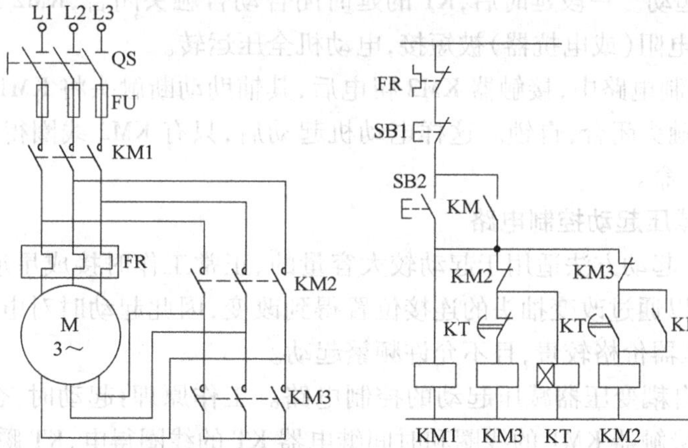

图2-14　13kW以上电动机Y-△减压起动电路

图中，KM3线圈得电后，其辅助动断触头断开，防止KM2线圈同时得电；同样KM2线圈得电后，其辅助动断触头断开，防止KM3线圈同时得电。接触器利用其辅助触头相互制约的这种关系称为“互锁”或“联锁”，这种互锁关系，可保证起动过程中 KM2 与 KM3 的主触头不能同时闭合，以防止电源短路。KM2 的辅助动断触头同时也使时间继电器 KT 线圈断电。

2. 串电阻（电抗器）减压起动控制电路

电动机正常运行时定子绕组按星形联结，不能采用Y－△减压起动方法，这种情况下可采用定子绕组串联电阻（或电抗器）的减压起动方法，控制路线如图 2-15 所示。在电动机起动时，将电阻（或电抗器）串联在定子绕组与电源之间，由于串联电阻（或电抗器）起到了分压作用，电动机定子绕组上所承受的电压只是额定电源电压的一部分，这样就限制了起动电流，当电动机的转速上升到一定值时，再将电阻（或电抗器）短接，电动机全压运转。

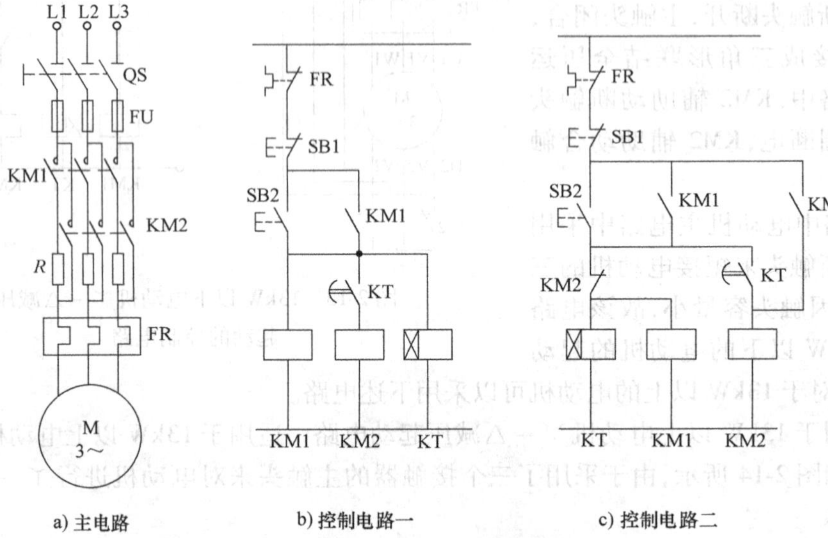

图 2-15　定子串电阻减压起动控制电路

图 2-15b 所示控制电路中，合上电源开关 QS，按下按钮 SB2，接触器 KM1 和时间继电器 KT 的线圈同时得电，KM1 辅助动合触头闭合自锁，KM1 主触头闭合，电动机定子绕组串联电阻（或电抗器）减压起动。一段延时后，KT 的延时闭合动合触头闭合，KM2 线圈得电，KM2 主触头闭合，主电路中电阻（或电抗器）被短接，电动机全压运转。

图 2-15c 所示控制电路中，接触器 KM2 得电后，其辅助动断触头将 KM1 和 KT 线圈断电，同时 KM2 辅助动合触头闭合，自锁。这样电动机起动后，只有 KM2 线圈得电，既节约能源又延长了电器的使用寿命。

3. 自耦变压器减压起动控制电路

自耦变压器减压起动方法适用于起动较大容量的、正常工作时接成星形或三角形联结的电动机；起动转矩可以通过改变抽头的连接位置得到改变，因此起动时对电网的电流冲击小；它的缺点是自耦变压器价格较贵，且不允许频繁起动。

图 2-16 所示为自耦变压器减压起动的控制电路。工作原理：起动时，合上电源开关 QS，按下起动按钮 SB2，接触器 KM1 的线圈和时间继电器 KT 的线圈得电，KT 瞬时动作触头闭合，自锁，接触器 KM1 主触头闭合，电流从电源经自耦变压器二次侧接至电动机定子绕组，减压起动开始。当电动机的转速接近额定转速时，时间继电器延时时间到，其动断触头断开，使接触器 KM1 线圈断电，KM1 主触头断开，将自耦变压器从电网上切除，同时时间继电器动合触头

延时闭合,使接触器 KM2 线圈得电,将电动机直接接至电网正常运行。

一般工厂常用的自耦变压器起动方法是采用成品的补偿减压起动器。这种成品的补偿减压起动器包括手动、自动操作两种形式。手动操作的补偿器有 QJ3、QJ5 等型号,自动操作的补偿器有 XJ01 型和 CTZ 系列等。XJ01 型补偿减压起动器适用于 14 ~ 28kW 电动机,其控制电路如图 2-17 所示,试自行分析其工作原理。

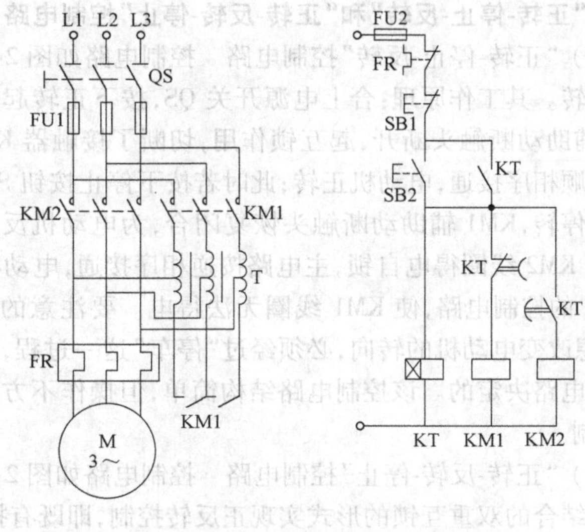

图 2-16　自耦变压器降压起动控制电路

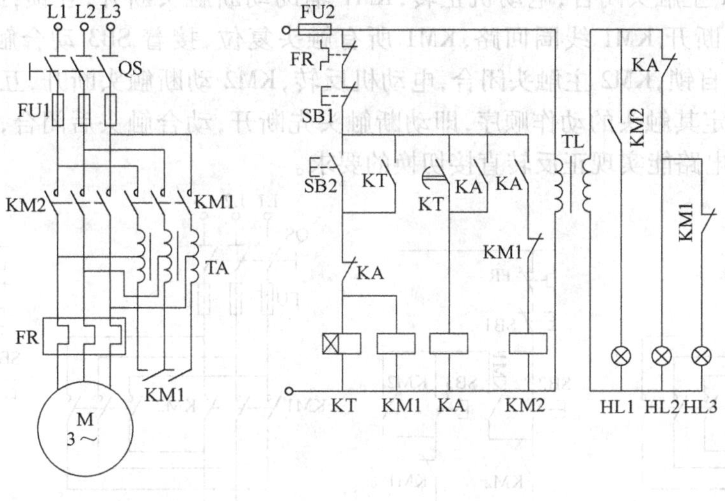

图 2-17　XJ01 型补偿器减压起动控制电路

2.3　三相异步电动机的运行控制电路

2.3.1　正反转控制电路

许多生产机械需要正、反两个方向的运动,例如机床工作台的前进与后退,主轴的正转与反转,起重机吊钩的上升与下降等,要求电动机可以正、反转。只需将接至交流电动机的三相电源进线中任意两相对调,即可实现反转。在电路中可由两个接触器 KM1、KM2 控制。必须指出的是 KM1 和 KM2 的主触头决不允许同时接通,否则将造成电源短路的事故。因此,在正转接触器的线圈 KM1 通电时,不允许反转接触器的线圈 KM2 通电;同样在线圈 KM2 通电时,也不允许线圈 KM1 通电,可通过"互锁"电路实现上述制约关系。

1.“正转-停止-反转”和“正转-反转-停止”控制电路

（1）“正转-停止-反转”控制电路　控制电路如图 2-18 所示，其实质是利用接触器互锁实现正反转。其工作原理：合上电源开关 QS，按下正转起动按钮 SB2，接触器 KM1 线圈得电自锁，其辅助动断触头断开，起互锁作用，切断了接触器 KM2 的控制电路，KM1 主触头闭合，主电路按顺相序接通，电动机正转；此时若按下停止按钮 SB1，KM1 线圈断电，其所有触头复位，电动机停转，KM1 辅助动断触头恢复闭合，为电动机反转做好准备；若再按下反转起动按钮 SB3，则 KM2 线圈得电自锁，主电路按逆相序接通，电动机反转，同理，KM2 辅助动断触头切断了 KM1 的控制电路，使 KM1 线圈无法得电。要注意的是，无论在正转或是反转的运行过程中，若想改变电动机的转向，必须经过“停车”这一过程，这是由 KM1、KM2 辅助动断触头构成的互锁电路决定的。该控制电路结构简单，但操作不方便，这种工作方式即为“正转-停止-反转”控制。

（2）“正转-反转-停止”控制电路　控制电路如图 2-19 所示，其实质是利用接触器及复合按钮相结合的双重互锁的形式实现正反转控制，即既有接触器的电气互锁，又有复合按钮的机械联锁的正反转控制电路。其工作原理：合上电源开关 QS，按下 SB2，接触器 KM1 线圈得电吸合并自锁，KM1 主触头闭合，电动机正转，KM1 辅助动断触头断开，互锁；此时若按下 SB3，其动断触头首先断开 KM1 线圈回路，KM1 所有触头复位，接着 SB3 动合触头闭合，接触器 KM2 得电吸合并自锁，KM2 主触头闭合，电动机反转，KM2 动断触头断开，互锁。由于复合按钮的机械结构决定其触头的动作顺序，即动断触头先断开，动合触头后闭合，因此这种“正转-反转-停止”控制电路能实现正反转直接切换的要求。

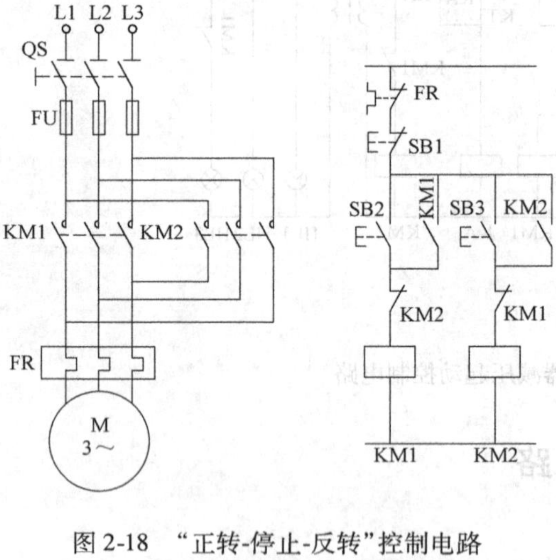

图 2-18　“正转-停止-反转”控制电路

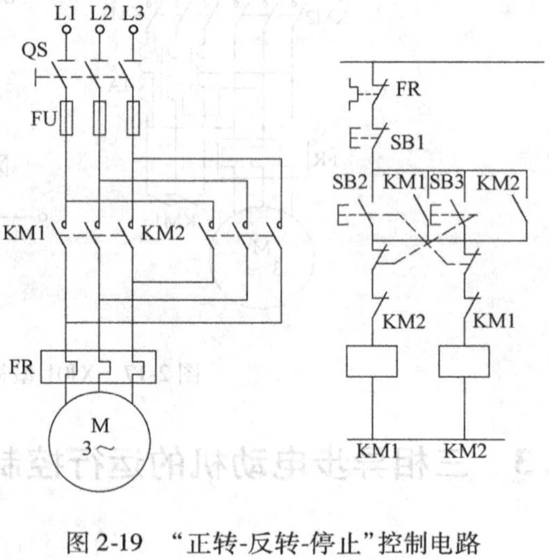

图 2-19　“正转-反转-停止”控制电路

利用接触器来控制电动机与用开关直接控制相比，其优点是减轻了劳动强度，操纵小电流的控制电路就可以控制大电流的主电路，可以实现远距离控制与自动控制。

2. 正反转自动循环控制电路

在实际生产过程中，有时需要控制生产机械运动部件的行程，例如铣床的工作台、组合机床的滑台等，并要求在一定的行程范围内自动往复循环。实现运动部件位置的控制，称为行程控制。在行程控制中所使用的主要电气元件是行程开关。

图 2-20 所示为正反转自动循环控制电路元件布置示意图。SQ1、SQ2 分别安装在床身两

端，反映工作台行程的两个极限位置。撞块 A、B 安装在工作台上，当撞块随着工作台运动到行程开关位置时，压下行程开关，使其触头动作，从而改变控制线路，使电动机正反转，实现工作台的自动往返运动。

图 2-21 所示为利用行程开关实现电动机正反转的自动循环控制电路图，机床工作台的往返循环运动由电动机正反转实现，图中 SQ1 与 SQ2 分别为工作台右限位行程开关和左限位行程开关，SB2 与 SB3 分别为电动机正转与反转起动按钮。

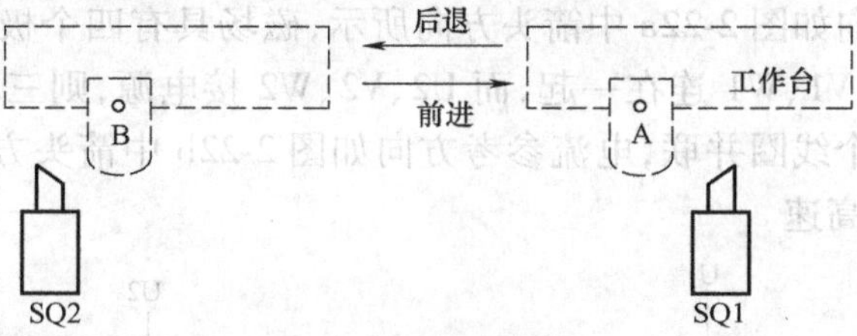

图 2-20　正反转自动循环控制电路元件布置示意图

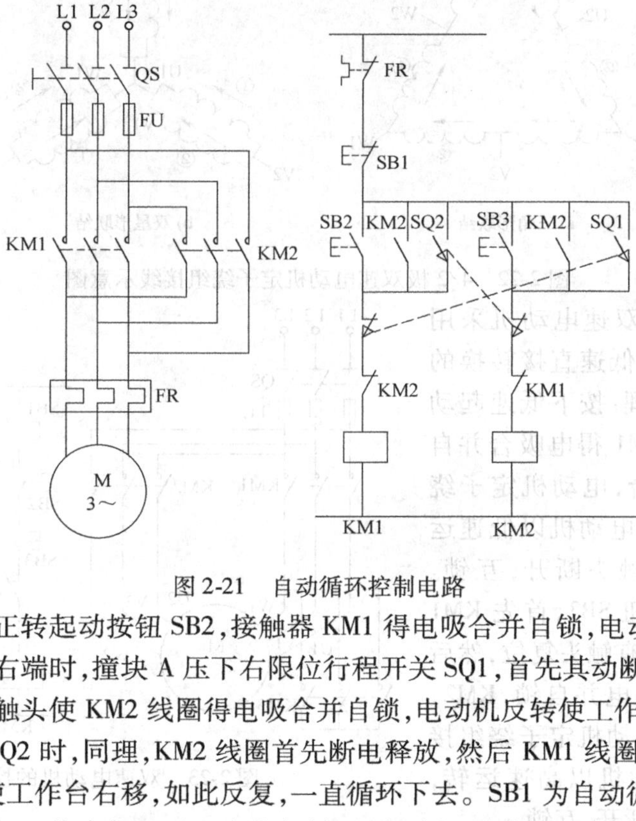

图 2-21　自动循环控制电路

工作原理：按下正转起动按钮 SB2，接触器 KM1 得电吸合并自锁，电动机正转使工作台右移，当工作台运动到右端时，撞块 A 压下右限位行程开关 SQ1，首先其动断触头使 KM1 线圈断电释放，然后其动合触头使 KM2 线圈得电吸合并自锁，电动机反转使工作台左移，当撞块 B 压下左限位行程开关 SQ2 时，同理，KM2 线圈首先断电释放，然后 KM1 线圈又得电吸合并自锁，电动机又开始正转使工作台右移，如此反复，一直循环下去。SB1 为自动循环停止按钮。

从上述分析来看，工作台每经过一个往复循环，电动机要进行两次转向改变，所以电动机的轴将受到很大的冲击力，电动机容易损坏。此外，当循环周期很短时，电动机由于频繁地换向和起动，会因过热而损坏。因此，上述电路只适合于循环周期长且电动机的轴有足够强度的传动系统中。

2.3.2 双速电动机控制电路

采用双速电动机能简化齿轮传动的变速箱，在车床、磨床、镗床等机床中应用很多。双速电动机是通过改变定子绕组接线的方法，以获得两个同步转速。

图 2-22 所示为 4/2 极双速电动机定子绕组接线示意图，图 2-22a 将定子绕组的 U1、V1、W1 接电源，而 U2、V2、W2 接线端悬空，则三相定子绕组接成三角形联结，每相绕组中的两个线圈串联，电流参考方向如图 2-22a 中箭头方向所示，磁场具有四个极（即两对极），电动机为低速。若将接线端 U1、V1、W1 连在一起，而 U2、V2、W2 接电源，则三相定子绕组接成双星形联结，每相绕组中的两个线圈并联，电流参考方向如图 2-22b 中箭头方向所示，磁场为两个极（即一对极），电动机为高速。

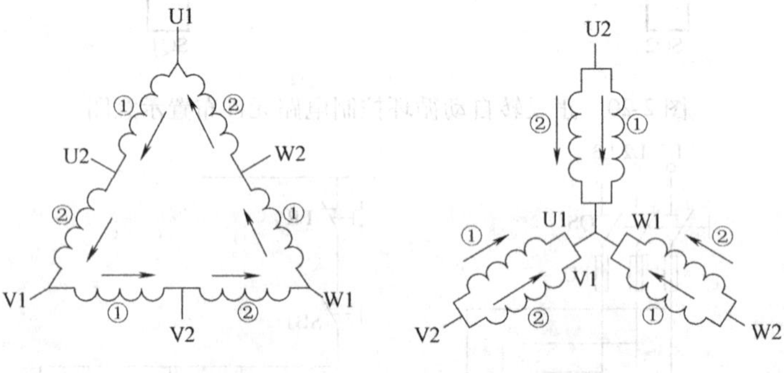

图 2-22 4/2 极双速电动机定子绕组接线示意图

图 2-23 所示为双速电动机采用复合按钮联锁的高、低速直接转换的控制电路。工作原理：按下低速起动按钮 SB2，接触器 KM1 得电吸合并自锁，KM1 主触头闭合，电动机定子绕组接成三角形联结，电动机以低速运转，KM1 辅助动断触头断开，互锁。若按下高速起动按钮 SB3，首先 KM1 线圈断电释放，其所有触头复位，然后 KM2 和 KM3 线圈得电并自锁，KM2、KM3 主触头闭合，电动机定子绕组接成双星形联结，电动机以高速运转，KM2 辅助动断触头断开，互锁。

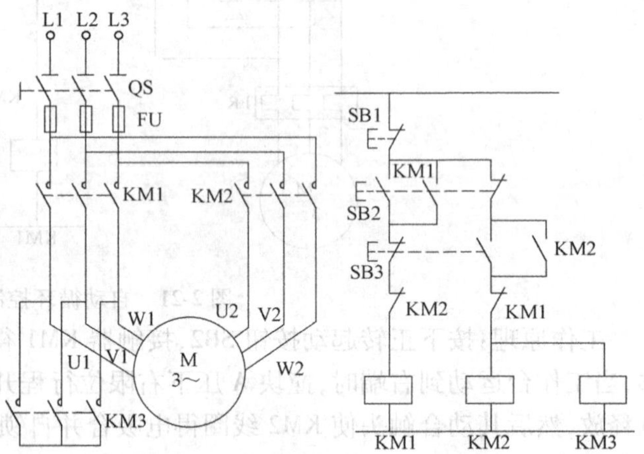

图 2-23 双速电动机的控制电路

2.3.3 顺序起动控制电路

在机床运行时，多台电动机起动往往有先后顺序要求，如主轴电动机起动前先起动润滑油泵电动机等顺序控制要求。

图 2-24 所示为两台电动机顺序起动控制电路。图 2-24b 所示为顺序起动方案一，采用单个 KM1 的辅助动合触头进行顺序起动。工作原理：先按下按钮 SB2，KM1 线圈得电，主电路中

KM1 主触头闭合,电动机 M1 先运转,KM1 辅助动合触头闭合自锁,再按下按钮 SB4,KM2 线圈得电,主电路中 KM2 主触头闭合,电动机 M2 运转,KM2 辅助动合触头闭合自锁。图 2-24c 所示为顺序起动方案二,采用两对 KM1 的辅助动合触头进行顺序起动。工作原理:先按下按钮 SB2,KM1 线圈得电,主电路中 KM1 主触头闭合,电动机 M1 先运转,KM1 线圈回路中的 KM1 辅助动合触头闭合自锁,同时,KM2 线圈回路中的 KM1 辅助动合触头闭合为 KM2 线圈得电提供条件,再按下按钮 SB4,KM2 线圈得电,主电路中 KM2 主触头闭合,电动机 M2 运转,KM2 辅助动合触头闭合自锁。

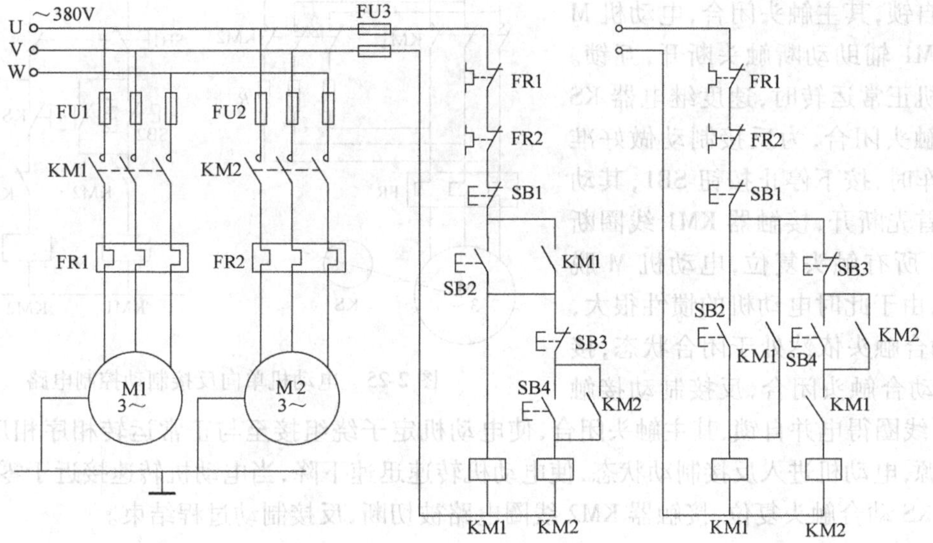

a) 主电路　　b) 顺序起动方案一　　c) 顺序起动方案二

图 2-24　两台电动机顺序起动控制电路

2.4　三相异步电动机的制动控制电路

三相异步电动机切断电源后,由于惯性,总要经过一段时间才能完全停止旋转,这往往不能适应某些生产机械工艺的要求,如卷扬机、机床设备等,无论是从提高生产效率,还是从安全及工艺要求等方面考虑,都要求能对电动机进行制动控制,即能迅速使电动机停机、定位。三相异步电动机的制动方法一般有两大类,机械制动和电气制动。机械制动时用机械装置来强迫电动机迅速停车,如电磁抱闸、电磁离合器等;电气制动实质上是在电动机接到停车命令时,同时产生一个与原来旋转方向相反的制动转矩,迫使电动机转速迅速下降。电气制动控制电路包括反接制动控制电路和能耗制动控制电路。

2.4.1　反接制动控制电路

反接制动是利用改变电动机电源的相序,使定子绕组产生相反方向的旋转磁场,从而产生制动转矩的一种制动方法。反接制动的特点是制动迅速,效果好,但电流冲击较大,通常仅适用于 10kW 以下的小容量电动机。为了减小冲击电流，通常要求在电动机主电路中串联一定阻值的电阻以限制反接制动电流，该电阻称为反接制动电阻。反接制动电阻的接线方式有对称和不对称两种接法，采用对称接法在限制制动转矩的同时，也限制了制动电流，而采用不对称接法，只限制了制动转矩，未加制动电阻的那一相，仍具有较大的电流。反接制动需要注意的是在电动机转速接近于零时，要及时切断反相序电源，以防止反向再起动。

图 2-25 所示为一种电动机单向反接制动控制电路。工作原理：起动时，按下起动按钮 SB2，接触器 KM1 线圈得电并自锁，其主触头闭合，电动机 M 运转，KM1 辅助动断触头断开，互锁。在电动机正常运转时，速度继电器 KS 的动合触头闭合，为反接制动做好准备。停车时，按下停止按钮 SB1，其动断触头首先断开，接触器 KM1 线圈断电，KM1 所有触头复位，电动机 M 脱离电源，由于此时电动机的惯性很大，KS 的动合触头依然处于闭合状态，接着 SB1 动合触头闭合，反接制动接触器 KM2 线圈得电并自锁，其主触头闭合，使电动机定子绕组接至与正常运转相序相反的三相交流电源，电动机进入反接制动状态，使电动机转速迅速下降，当电动机转速接近于零时，速度继电器 KS 动合触头复位，接触器 KM2 线圈电路被切断，反接制动过程结束。

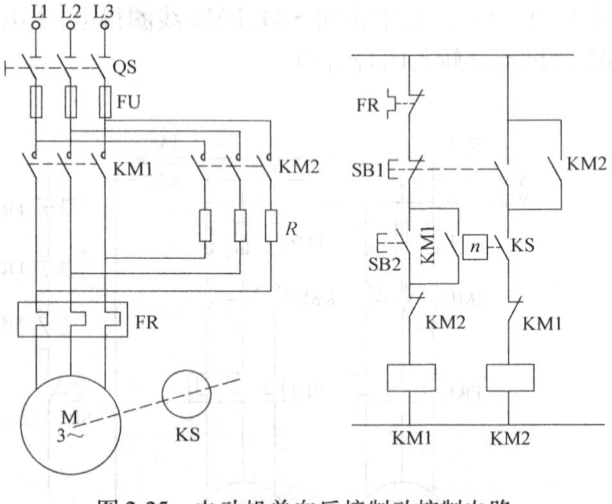

图 2-25　电动机单向反接制动控制电路

2.4.2　能耗制动控制电路

所谓能耗制动，就是在电动机脱离三相交流电源后，在电动机定子绕组上立即加一个直流电压，利用转子感应电流与静止磁场的相互作用产生制动转矩以达到制动的目的。能耗制动可用时间继电器进行控制，也可用速度继电器进行控制。

1. 时间继电器控制的单向能耗制动控制电路

图 2-26 所示为时间继电器控制的单向能耗制动控制电路。工作原理：在电动机正常运行的时候，若按下停止按钮 SB1，首先接触器 KM1 断电释放，电动机脱离三相交流电源，然后接触器 KM2 线圈得电，直流电源经接触器 KM2 的主触头加入电动机定子绕组。时间继电器 KT 线圈与接触器 KM2 线圈同时得电并自锁，电动机进入能耗制动状态。当电动机转速接近零时，时间继电器延时动断触头断开，KM2 线圈断电释放。由于 KM2 辅助动合触头复位，时间继电器 KT 线圈断电，电动机能耗制动过程结束。

2. 速度继电器控制的单向能耗制动控制电路

图 2-27 所示为速度继电器控制的单向能耗制动控制电路。工作原理：在电动机正常运行的时候，速度继电器 KS 动合触头闭合，为能耗制动做好准备，若要停车，按下停止按钮 SB1，首先接触器 KM1 断电释放，电动机脱离三相交流电源，随后接触器 KM2 线圈得电，直流电源经接触器 KM2 的主触头加入电动机定子绕组，电动机进入能耗制动状态。当电动机转子的惯性速度低于速度继电器动作转速时，速度继电器 KS 动合触头复位从而断开接触器 KM2 线圈电路，KM2 所有

触头复位，电动机能耗制动过程结束。图中 KM1、KM2 的辅助动断触头为互锁触头。

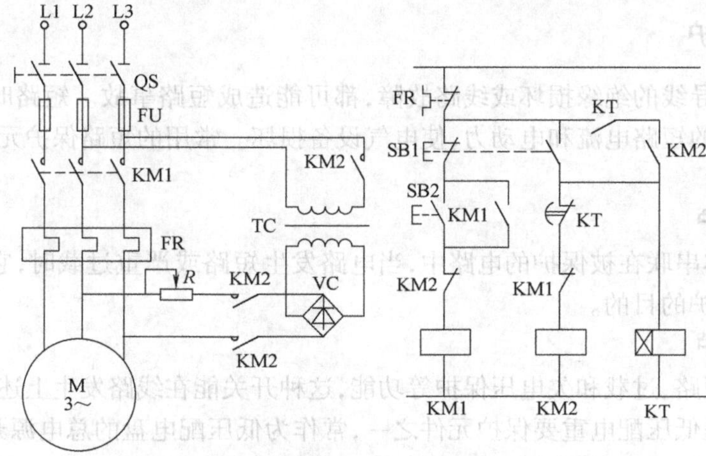

图 2-26　时间继电器控制的单向能耗制动控制电路

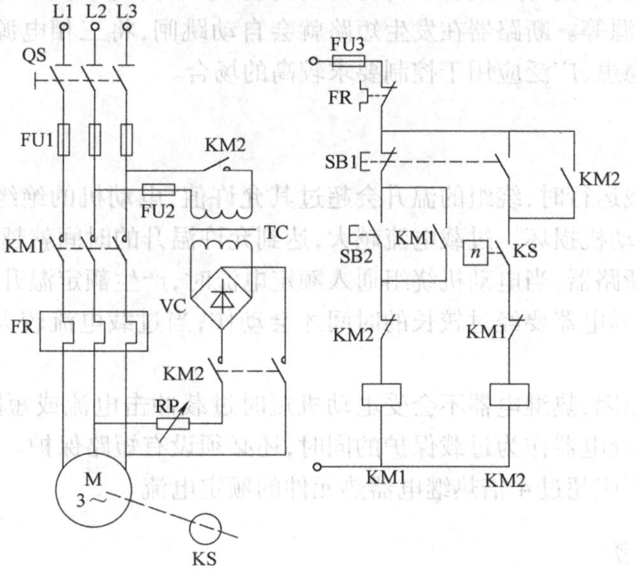

图 2-27　速度继电器控制的单向能耗制动控制电路

能耗制动比反接制动消耗的能量少，其制动电流也比反接制动电流小得多，但能耗制动的制动效果不及反接制动的明显，同时需要一个直流电源，控制电路相对比较复杂，通常能耗制动适用于电动机容量较大和起、制动频繁的场合。

2.5　电动机的保护环节

电气控制系统除了满足生产机械的加工工艺要求外，还要求长期、正常、无故障地运行，这就需要各种保护措施。保护环节是所有生产机械电气控制系统不可缺少的组成部分，用来保护电动机、电网、电气控制设备以及人身安全等。

电气控制系统中常用到的保护环节有短路保护、过载保护、过电流保护、零电压与欠电压保护以及弱磁保护等。

2.5.1 短路保护

电动机绕组、导线的绝缘损坏或线路故障，都可能造成短路事故。短路时，若不迅速切断电源，会产生很大的短路电流和电动力，使电气设备损坏。常用的短路保护元件有熔断器和断路器。

1. 熔断器保护

熔断器的熔体串联在被保护的电路中，当电路发生短路或严重过载时，它自行熔断，从而切断电路，达到保护的目的。

2. 断路器保护

断路器兼有短路、过载和欠电压保护等功能，这种开关能在线路发生上述故障时快速地自行切断电源。它是低压配电重要保护元件之一，常作为低压配电盘的总电源开关及电动机、变压器的合闸开关。

通常熔断器适用于对动作准确性和自动化程度要求不高的系统中，如小容量的笼型异步电动机、普通交流电源等。断路器在发生短路就会自动跳闸，将三相电源同时切断，故可减少电动机缺相运行的隐患，广泛应用于控制要求较高的场合。

2.5.2 过载保护

电动机长期过载运行时，绕组的温升会超过其允许值，电动机的绝缘材料就会变脆，寿命降低，严重时会使电动机损坏。过载电流越大，达到允许温升的时间就越短。常用的过载保护元件是热继电器或断路器，当电动机绕组通入额定电流时，产生额定温升，热继电器不动作；当过载电流较小时，热继电器要经过较长的时间才会动作；当过载电流较大时，热继电器经过较短的时间就会动作。

由于热惯性的原因，热继电器不会受电动机短时过载冲击电流或短路电流的影响而瞬时动作，所以在使用热继电器作为过载保护的同时，还必须设有短路保护。选作短路保护的熔断器熔体的额定电流不应超过 4 倍热继电器热元件的额定电流。

2.5.3 过电流保护

过电流保护广泛应用于直流电动机或绕线转子异步电动机，对于三相笼型异步电动机，由于其短时过电流不会产生严重后果，故不采用过电流保护而采用短路保护。过电流保护元件是过电流继电器。

过电流往往是由于操作不当或由于过大的负载转矩引起的，一般比短路电流要小。在电动机运行中产生过电流要比发生短路的可能性更大，尤其是在频繁正、反转和频繁起、制动的重复短时工作制的电动机中更是如此。直流电动机和绕线转子异步电动机电路中过电流继电器也起着短路保护的作用，一般过电流的动作值为起动电流的 1.2 倍左右。

2.5.4 零电压与欠电压保护

当电动机正在运行时，如果电源电压因某种原因消失，那么在电源电压恢复时，电动机就将自行起动，这就可能造成生产设备的损坏，甚至造成人身伤害事故。对电网来说，许多电动机同时自行起动会引起太大的过电流及电压降。防止电压恢复时电动机自行起动的保护称为零电压保护。

在电动机运转时,电源电压过分地降低会引起电动机转速下降甚至停转,另外,电源电压降低会引起一些电器的释放,造成控制电路工作不正常,甚至产生事故。因此,需要在电压下降至一定值时将电动机电源自动切除,即采用欠电压保护措施。

一般采用电压继电器来进行零电压和欠电压保护。

2.5.5　弱磁保护

直流电动机磁通的过度减少会引起电动机的超速,产生飞车,因此需要采取弱磁保护措施。弱磁保护采用的元件为电磁式电流继电器。

对并励和复励直流电动机来说,弱磁保护继电器的吸合电流一般整定在 0.8 倍的额定励磁电流,释放电流对于调速的并励电动机来说应该整定在 0.8 倍的最小励磁电流。

除上述主要保护外,控制系统中还有其他各种保护,如行程保护、油压保护和油温保护等,通常是在控制电路中串联一个这些参量控制的动合触头或动断触头来实现对控制电路的电源控制。前面所介绍的互锁控制,在某种意义上也是一种保护作用。

习　题

2-1　绘制电气原理图的基本规则是什么?

2-2　什么是逻辑代数法?有哪些基本逻辑函数关系?

2-3　什么是自锁、互锁?举例说明各自的作用。

2-4　设计时间继电器控制笼型异步电动机定子串电阻减压起动的控制电路。

2-5　分析异步电动机星形—三角形减压起动控制电路,并指明该起动方法的优缺点及适用场合。

2-6　画出笼型异步电动机用自耦变压器起动的控制电路。

2-7　什么是反接制动?什么是能耗制动?各具有什么特点及适用场合?

2-8　电气控制系统有哪些常用的保护环节?

2-9　设计一个采取两地操作的既可点动又可连续运行的控制电路。

2-10　有两台笼型异步电动机 M1 和 M2,要求它们既可以分别起动和停止,也可以同时起动和停止,设计其控制电路。

2-11　某机床主轴由一台笼型异步电动机拖动,润滑油泵由另一台笼型异步电动机拖动。要求:

1)主轴必须在油泵起动后,才能起动。

2)主轴能正反转,并能单独停车。

3)有短路及过载保护。

2-12　设计一控制电路,三台笼型异步电动机起动时,M1 先起动,经过 10s 后,M2 自行起动,运行 10s 后,M1 停止并同时使 M3 自行起动,再运行 10s 后,所有电动机全部停止运行。

2-13　设计一小车运行的控制电路,小车由笼型异步电动机拖动,其动作顺序如下:

1)小车由原位开始前进,到终端后自动停止运行。

2)在终端停留 2min 后自动返回原位停止。

3)要求在前进或后退途中任意位置都能停止或再次起动。

第3章　机床电气控制电路的分析与设计

【本章教学重点】

(1) C650 型卧式车床电气控制电路分析。

(2) Z3050 型摇臂钻床电气控制电路分析。

(3) 机床电气控制电路的设计原则和设计步骤。

(4) 机床电气控制电路的设计注意要点。

【本章能力要求】

通过本章的学习，了解几种典型普通机床的基本结构，掌握其电气控制原理；熟练掌握阅读分析电气控制原理图的方法与步骤，培养读图能力；掌握机床电气控制电路的设计原则和设计步骤，为机床及其他生产机械电气控制系统的设计、安装、调试和维护打下基础。

机床的电气控制电路是由各种主令电器、接触器、继电器、保护装置和电动机等，按照一定的控制要求用导线连接而成的。机床电气控制，不仅要求能够实现起动、正反转、制动和调速等基本要求，而且要满足生产工艺的各项要求，保证机床各运动的相互协调和准确，并具有各种保护装置，工作可靠，实现自动控制。

3.1　机床电气控制电路的分析基础

3.1.1　电气控制电路分析的内容

电气控制电路是电气控制系统的核心技术资料，通过对技术资料的分析可以掌握机床电气控制电路的工作原理、技术指标、使用方法和维护要求等。分析的具体内容和要求如下。

1. 设备说明书

设备说明书由机械（包括液压部分）与电气两部分组成。在分析时首先要阅读这两部分说明书，了解以下内容。

1）设备的构造，主要技术指标，机械、液压和气动部分的工作原理。

2）电气传动方式，电动机、执行电器的数目、规格型号、安装位置、用途及控制要求。

3）设备的使用方法，各操作手柄、开关、旋钮、指示装置的布置以及在控制电路中的作用。

4）清楚了解与机械、液压部分直接关联的电器（行程开关、电磁阀、电磁离合器、传感器等）的位置、工作状态及与机械、液压部分的关系和在控制中的作用。

2. 电气控制原理图

这是分析控制电路的核心内容。在分析电气原理图时，必须阅读其他技术资料，例如只有通过阅读设备说明书才能了解各种电动机及执行元件的控制方式、位置及作用，各种与机械有关的行程开关和主令电器的状态等。

在电气原理图分析中还可以通过所选用的电气元器件的技术参数，分析出控制电路的主要参数和技术指标，估算出各部分的电流、电压值，以便在调试及检修设备中合理地选用仪表。

3. 电气设备总装接线图

阅读分析电气设备总装接线图，可以了解系统的组成分布状况、各部分的连接方式、主要电气部件的布置和安装要求、导线和穿线管的规格型号等。这是安装设备不可缺少的资料。阅读分析电气设备总装接线图要和阅读分析设备说明书、电气原理图结合起来。

4. 电气元器件布置图与接线图

这是制造、安装、调试和维护电气设备必须具备的技术资料。在调试和检修中可通过布置图和接线图方便地找到各种电气元器件和测试点，进行必要的调试、检测和维修保养。

3.1.2 电气原理图阅读和分析的步骤

在详细阅读设备说明书，了解电气控制系统的总体结构、电动机和电气元器件的分布状况及控制要求等内容后，便可以阅读分析电气原理图了。

1. 分析主电路

从主电路入手，根据每台电动机和执行电器的控制要求去分析它们的控制内容。控制内容包括起动、转向控制、调速和制动等。

2. 分析控制电路

根据主电路中各种电动机和执行电器的控制要求，逐一找出控制电路中的控制环节，利用前面学过的典型控制环节的知识，按功能不同将控制电路“化整为零”来进行分析。

3. 分析辅助电路

辅助电路包括电源指示、各执行元件的工作状态显示、参数测定、照明和故障报警等部分，它们大多由控制电路中的元器件来控制，因此在分析辅助电路时，要结合控制电路进行分析。

4. 分析联锁及保护环节

机床对于安全性及可靠性有很高的要求，为实现这些要求，除了合理地选择拖动和控制方案外，在控制电路中还设置了一系列电气保护和必要的电气联锁。

5. 总体检查

经过“化整为零”，逐步分析了每一局部电路的工作原理以及各部分之间的控制关系后，还必须用“集零为整”的方法，检查整个控制电路，以免遗漏，特别要从整体角度去进一步检查和理解各控制环节之间的联系，清晰地理解原理图中每一个电气元器件的作用、工作过程及主要参数。

3.2 C650型卧式车床的电气控制电路分析

在金属切削机床中，车床所占的比例最大，而且应用也最广泛。车床能够车削外圆、内圆、端面、螺纹等，并可用钻头、铰刀等刀具对工件进行加工。

3.2.1 主要结构与运动分析

图 3-1 所示为 C650 型卧式车床结构示意图。它主要由床身、主轴变速箱、尾座、进给箱、丝杠、光杠、刀架和溜板箱等组成。

车削加工的主运动是主轴通过卡盘或顶尖带动工件的旋转运动，它承受切削加工时的主要切削功率。进给运动时溜板箱带动刀架做纵向或横向直线运动。车床的辅助运动包括刀架的快速进给与快速退回，尾座的移动与工件的夹紧、松开等。

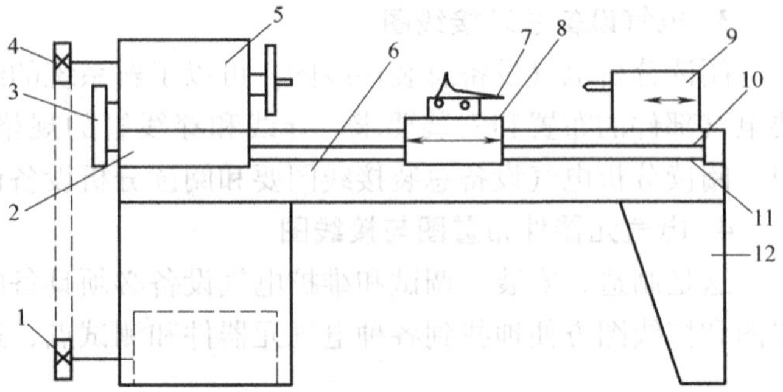

图 3-1 C650 型卧式车床结构示意图

1、4—带轮 2—进给箱 3—交换齿轮架 5—主轴变速箱 6—床身 7—刀架 8—溜板箱 9—尾座 10—丝杠 11—光杠 12—床腿

车削加工时，根据工件材料、刀具种类、工件尺寸和工艺要求等来选择不同的切削速度，这就要求主轴能在相当大的范围内调速。目前大多数中小型车床采用三相笼型异步电动机拖动，主轴的变速是靠齿轮箱的机械有级调速来实现的。

车削加工时，一般不要求反转，但在车螺纹时，为避免乱扣，要反转退刀，所以，C650 型车床通过主电动机的正反转实现主轴的正反转；为保证螺纹的加工质量，要求工件的旋转速度与刀具的移动速度之间具有严格的比例关系，为此，C650 型卧式车床溜板箱与主轴变速箱之间通过齿轮传动来连接，用同一台电动机拖动。

C650 型车床的车身较长，为了提高工作效率，车床刀架的快速移动由一台单独的电动机来拖动，并采用点动控制。

进行车削加工时，刀具的温度高，需要切削液来进行冷却。为此，车床配备一台冷却泵电动机，拖动冷却泵，实现刀具的冷却。

3.2.2 电力拖动形式及控制要求

1. 主轴的旋转运动

C650 型车床的主运动是工件的旋转运动，由主电动机拖动，其功率为 30kW。主电动机由接触器控制实现正反转，其调速通过主轴变速机构的操作手柄，可使主轴获得各种不同的速度。为提高工作效率，主电动机采用了反接制动。

2. 刀架的进给运动

溜板箱带着刀架的直线运动为进给运动。刀架的进给运动由主轴电动机带动，加工时的纵向和横向进给量由进给箱调节。

3. 刀架的快速移动

为了提高工作效率，车床刀架的快速移动由一台单独的快移电动机拖动，其功率为 2.2kW，采用点动控制。

4. 冷却系统

车床内装有一台不调速、单向旋转的三相异步电动机拖动冷却泵，供给刀具切削时使用的切削液。

3.2.3　电气控制电路分析

C650 型卧式车床的电气控制原理图如图 3-2 所示。

1. 主电路

在图 3-2 中，为开关 QS 为电源开关。FU1 为主电动机的短路保护用熔断器。FR1 为其过载保护用热继电器。*R* 为限流电阻，在主轴点动时，限制起动电流，在停车时，又起到限制过大的反向制动电流的作用。电流表 PA 用来监视主电动机的绕组电流，由于主电动机功率很大，故 PA 接入电流互感器 TA 回路。当主电动机起动时，电流表 PA 被短接，只有当正常工作时，电流表 PA 才指示绕组电流。机床工作时，可调整切削用量，使电流表的电流接近主电动机额定电流的对应值（经 TA 后减小了的电流量），以便提高工作效率和充分利用电动机的潜力。KM1、KM2 为正反转接触器，KM3 是用于短接电阻 *R* 的接触器，由它们的主触头控制主电动机。KM4 为控制冷却泵电动机 M2 的接触器，FR2 为 M2 的过载保护用热继电器。KM5 为控制快速移动电动机 M3 的接触器，由于 M3 点动短时运转，故不设置热继电器。

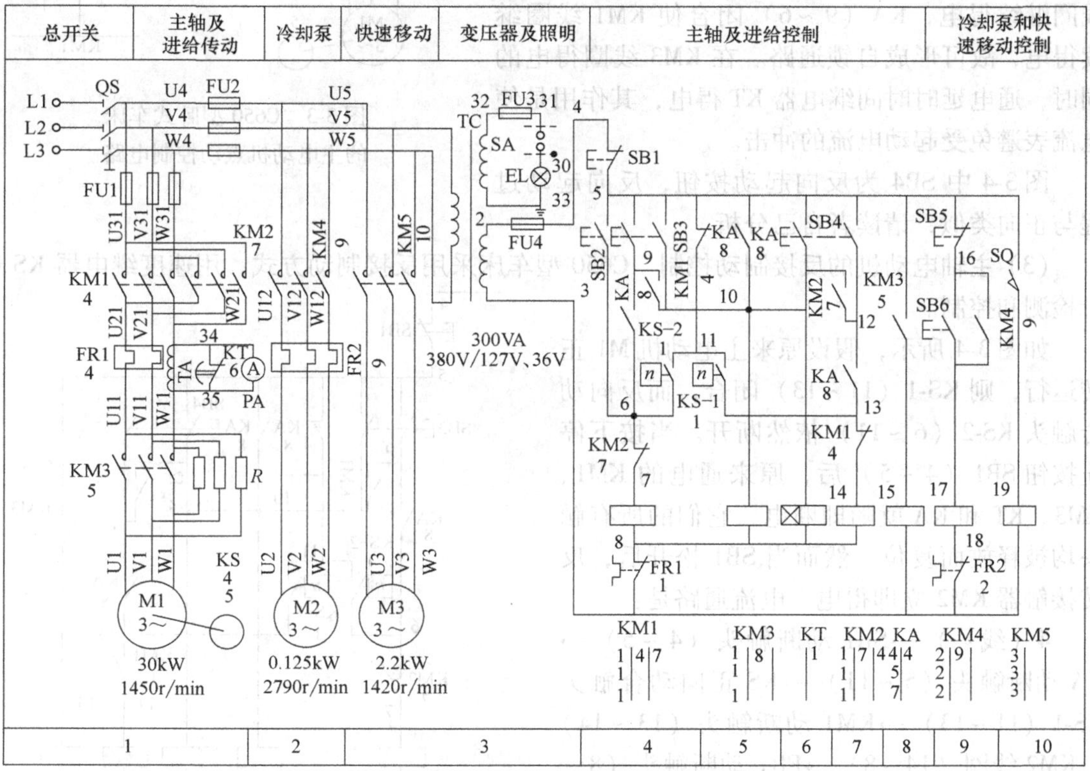

图 3-2　C650 型卧式车床的电气控制原理图

2. 控制电路

（1）主轴电动机的点动控制　C650 型卧式车床的主电动机点动控制电路如图 3-3 所示，当按下点动按钮 SB2 不松手，接触器 KM1 线圈得电，KM1 主触头闭合，主轴电动机 M1 进行减压起动和低速运转（限流电阻 *R* 串联在电路中）。当松开 SB2，KM1 线圈随即断电，主轴电动机 M1 停转。

（2）主轴电动机的正反转控制　主电动机的额定功率为 30kW，但只是切削时消耗功率较大，起动时负载很小，起动电流并不很大，所以在非频繁点动的一般工作时，采用全压直接起动。

如图 3-4 所示，按下正向起动按钮 SB3，KM3 线圈得电，KM3 主触头闭合，短接限流电阻 R，另一对辅助动合触头 KM3（5～15，此号表示触头两端的线号，下同）闭合，KA 线圈得电，KA 动合触头（5～10）闭合，KM3 线圈自锁，同时 KA 线圈也保持通电。另一方面，当 SB3 尚未松开时，由于 KA 的另一动合触头（9～6）已闭合，KM1 线圈得电，KM1 主触头闭合，KM1 的辅助动合触头（9～10）也闭合自锁，主电动机 M1 全压正向起动运行。这样，当松开 SB3 后，由于 KA 的两对动合触头闭合，其中 KA（5～10）闭合使 KM3 线圈继续得电，KA（9～6）闭合使 KM1 线圈继续得电，故可形成自锁通路。在 KM3 线圈得电的同时，通电延时时间继电器 KT 得电，其作用是使电流表避免受起动电流的冲击。

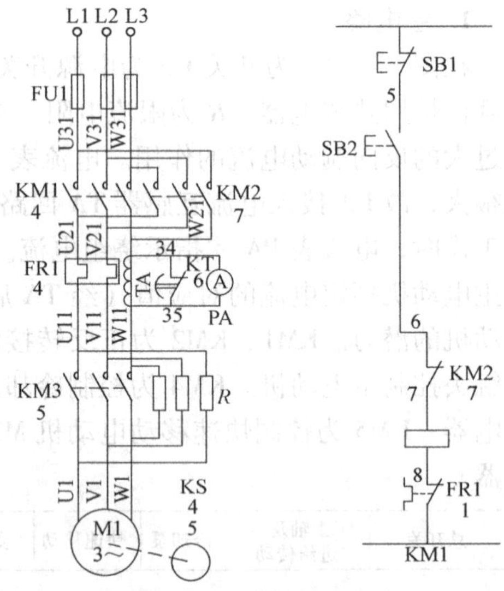

图 3-3　C650 型卧式车床的主电动机点动控制电路

图 3-4 中 SB4 为反向起动按钮，反向起动过程与正向类似，请读者自己分析。

（3）主轴电动机的反接制动控制　C650 型车床采用反接制动方式，用速度继电器 KS 进行检测和控制。

如图 3-4 所示，假设原来主电动机 M1 正转运行，则 KS-1（11～13）闭合，而反向动合触头 KS-2（6～11）依然断开。当按下停止按钮 SB1（4～5）后，原来通电的 KM1、KM3、KT 和 KA 就随即断电，它们的所有触头均被释放而复位。然而当 SB1 松开后，反转接触器 KM2 立即得电，电流通路是：

4（线号）→SB1 动断触头（4～5）→KA 动断触头（5～11）→KS 正向动合触头 KS-1（11～13）→KM1 动断触头（13～14）→KM2 线圈（14～8）→FR1 动断触头（8～3）→3（线号）。

这样，主电动机 M1 就串联电阻 R 进行反接制动，正向速度很快降下来，当速度降到很低时（$n \leqslant 100$r/min），KS 的正向动合触头 KS-1（11～13）断开复位，从而切断了上

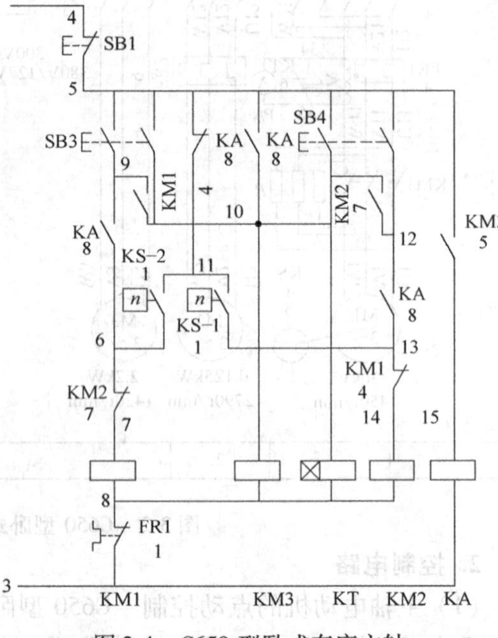

图 3-4　C650 型卧式车床主轴电动机正反转及反接制动控制电路

述电流通路。至此，正向反接制动就结束了。

反向反接制动过程同正向类似，请读者自己分析。

（4）主轴电动机负载检测及保护环节　C650 型车床采用电流表检测主轴电动机定子电流。为防止起动电流的冲击，采用时间继电器 KT 的通电延时断开动断触头连接在电流表的两端，为此，KT 延时应稍长于起动时间。而当制动停车时，当按下停止按钮 SB1 时，KM3、KA、KT 线圈相继释放，KT 的触头立即复位，将电流表短接，使其免受反接制动电流的冲击。

（5）刀架快速移动控制　在图 3-2 中，转动刀架手柄，限位开关 SQ（5～19）被压动而闭合，使接触器 KM5 线圈得电，快移动电动机 M3 就起动运转，而当刀架手柄复位时，M3 随即停转。

（6）冷却泵控制　在图 3-2 中，按下按钮 SB6（16～17），接触器 KM4 线圈得电自锁，KM4 主触头闭合，冷却泵电动机 M2 起动运转；按下 SB5（5～16），接触器 KM4 线圈断电，M2 停转。

3. 辅助电路（照明电路和控制电源）

在图 3-2 中，TC 为控制变压器，二次侧有两路，一路为 127V，提供给控制电路；另一路为 36V（安全电压），提供给照明电路。置灯开关 SA（30～31）为“通”状态时，照明灯 EL（30～33）点亮；置 SA 为“断”状态时，EL 就熄灭。

3.2.4　C650 型卧式车床电气控制电路的特点

从上述分析中可知，C650 型卧式车床的电气控制电路有以下几个特点：

1）主轴的正反转是通过电气方式而非机械方式实现的，简化了机械结构。

2）主电动机停车采用电气反接制动形式，并用速度继电器进行控制。

3）控制电路由于电气元器件较多，故通过控制变压器 TC 与三相电网进行电隔离，提高了操作和维护时的安全性。

4）采用时间继电器 KT 对电流表 PA 进行保护。当主电动机正向或反向起动以后，KT 通电，延时时间尚未到时，PA 被延时动断触头 KT（34～35）短路，避免了大起动电流的冲击，延时时间到后，才有电流指示。

5）中间继电器 KA 起着扩展接触器 KM3 触头的作用。从电路中可见 KM3 动合触头（5～15）直接控制 KA，故 KM3 和 KA 的触头的闭合和断开情况相同。从图 3-2 中可见，KA 的动合触头用了三个（9～6、5～10、12～13），动断触头用了一个（5～11），而 KM3 的辅助动合触头只有一个，故不得不增设中间继电器 KA 进行触头数量的扩展。可见，电气电路要考虑电气元件触头的实际情况，在电路设计时更应引起重视。

3.3　Z3050 型摇臂钻床电气控制电路的分析

钻床是一种用途广泛的孔加工机床。它主要用钻头钻削精度要求不太高的孔，另外，还可以用来扩孔、铰孔、镗孔，以及修刮端面、攻螺纹等多种形式的加工。钻床的结构形式很多，有立式钻床、卧式钻床、深孔钻床及多轴钻床等。下面主要介绍 Z3050 型摇臂钻床。

3.3.1 主要结构与运动分析

摇臂钻床是一种立式钻床，它适用于单件或批量生产中带有多孔的大型零件的孔加工，是一般机械加工车间常用的机床。

Z3050 型摇臂钻床主要由底座、内立柱、外立柱、摇臂、主轴箱、工作台等组成，其结构示意图如图 3-5 所示。内立柱固定在底座上，在它外面空套着外立柱，外立柱可绕着固定不动的内立柱回转一周。摇臂一端的套筒部分与外立柱滑动配合，摇臂升降电动机安装于立柱顶部，借助于丝杠，摇臂可沿外立柱上下移动，但二者不能相对转动，因此，摇臂只和外立柱一起相对内立柱回转。主轴箱是一个复合部件，它由主电动机、主轴和主轴传动机构、进给和进给变速机构以及机床的操作机构等部分组成。主轴箱安装在摇臂水平导轨上，它可借助手轮操作使其在水平导轨上沿摇臂做径向运动。该钻床除了冷却泵电动机 M4、电源开关 QS1、起动开关 QS2、熔断器 FU1 是安装在固定部件上之外，其他电气设备均安装在回转部件上。由于该钻床立柱顶上没有集电环，故在使用时，要注意不要总是沿着一个方向连续转动摇臂，以免将穿入内立柱的电源线拧断。

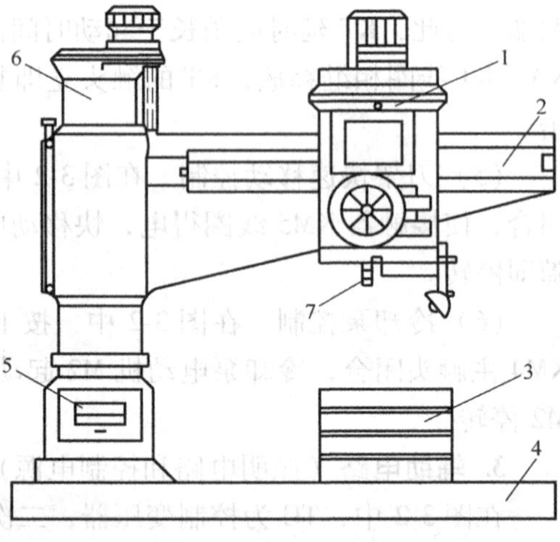

图 3-5　Z3050 型摇臂钻床的结构示意图
1—主轴箱　2—摇臂　3—工作台　4—底座
5—电源开关箱　6—外立柱　7—主轴

3.3.2 电力拖动形式及控制要求

Z3050 型摇臂钻床共有四台电动机，M1 为主轴电动机，主要实现主轴旋转并通过机械传动机构变速和正反转；M2 为摇臂升降电动机，实现摇臂的升降运动；M3 为液压泵电动机，主要实现摇臂、内外立柱的夹紧和放松；M4 为冷却泵电动机，提供切削液。机床使用的各电气元器件符号及功能说明如表 3-1 所示。

表 3-1　Z3050 型摇臂钻床电气元器件符号及功能说明

符号	名称及用途	符号	名称及用途
M1	主轴电动机	QS1、QS2	组合开关
M2	摇臂升降电动机	SQ1 ~ SQ4	位置开关
M3	液压泵电动机	TC	控制变压器
M4	冷却泵电动机	SB1 ~ SB6	按钮开关
KM1 ~ KM5	交流接触器	FU1 ~ FU3	熔断器
KT	时间继电器	YA	电磁铁
FR1、FR2	热继电器	EL	照明灯
		HL1 ~ HL3	机床指示灯

3.3.3 电气控制电路分析

Z3050 型摇臂钻床电气控制电路原理图如图 3-6 所示。

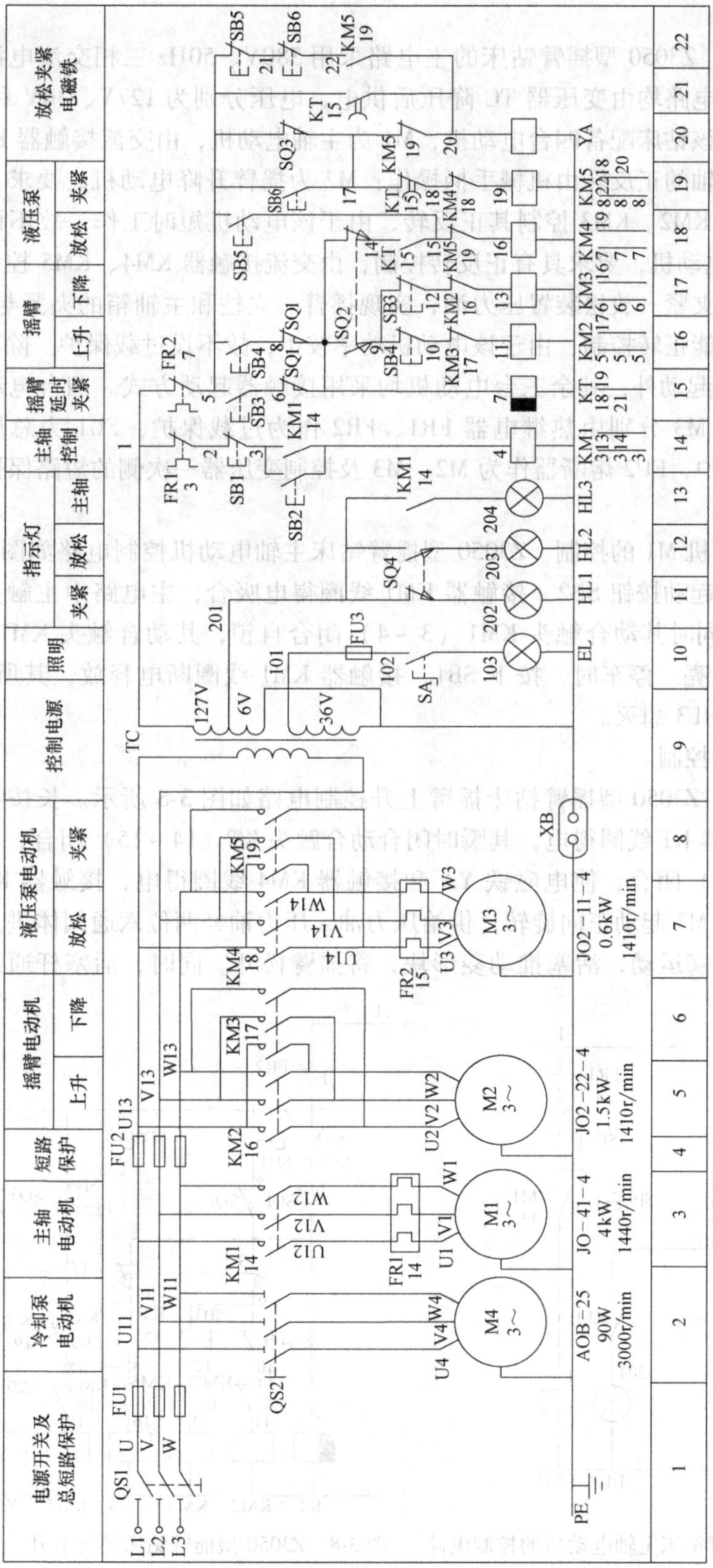

图 3-6　Z3050 型摇臂钻床的电气控制电路原理图

1. 主电路

如图 3-6 所示，Z3050 型摇臂钻床的主电路采用 380V、50Hz 三相交流电源供电。控制电路、照明和指示电路均由变压器 TC 降压后供电，电压分别为 127V、36V 和 6V。QS1 为机床总电源开关。该钻床配备四台电动机，M1 为主轴电动机，由交流接触器 KM1 控制，只要求单向旋转，主轴的正反转由机械手柄操作；M2 为摇臂升降电动机，要求具有正反转功能，由交流接触器 KM2、KM3 控制其正反转，由于该电动机短时工作，故不设过载保护电器；M3 为液压泵电动机，要求具有正反转控制，由交流接触器 KM4、KM5 控制，该电动机的主要作用是供给夹紧、放松装置压力油，实现摇臂、立柱和主轴箱的夹紧与放松；M4 为冷却泵电动机，只能正转控制，由于该电动机功率较小，故不设过载保护。除冷却泵电动机采用开关 QS2 直接起动外，其余三台电动机均采用接触器起动方式。四台电动机均设有接地保护措施，M1、M3 分别由热继电器 FR1、FR2 作为过载保护，FU1 为总熔断器，兼作 M1、M4 的短路保护，FU2 熔断器作为 M2、M3 及控制变压器一次侧的短路保护。

2. 控制电路

（1）主轴电动机 M1 的控制　Z3050 型摇臂钻床主轴电动机控制电路如图 3-7 所示，合上电源开关后，按起动按钮 SB2，接触器 KM1 线圈得电吸合，主电路中主触头闭合，主轴电动机 M1 起动，同时其动合触头 KM1（3～4）闭合自锁，其动合触头 KM1（201～204）闭合，指示灯 HL3 亮。停车时，按下 SB1，接触器 KM1 线圈断电释放，其所有触头复位，M1 停转，指示灯 HL3 熄灭。

（2）摇臂升降控制

1）摇臂上升。Z3050 型摇臂钻床摇臂上升控制电路如图 3-8 所示。长按摇臂上升按钮 SB3，则时间继电器 KT 线圈得电，其瞬时闭合动合触头 KT（14～15）闭合，其延时断开动合触头 KT（5～20）闭合，使电磁铁 YA 和接触器 KM4 线圈得电，接触器 KM4 主触头闭合，液压泵电动机 M3 起动正向旋转，供给压力油，压力油经两位六通阀体进入摇臂的“松开”油腔，推动活塞运动，活塞推动菱形块，将摇臂松开。同时，活塞杆通过弹簧片压位

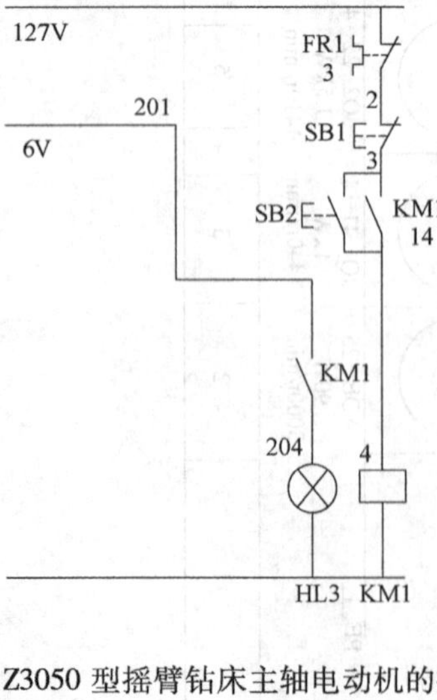

图 3-7　Z3050 型摇臂钻床主轴电动机的控制电路

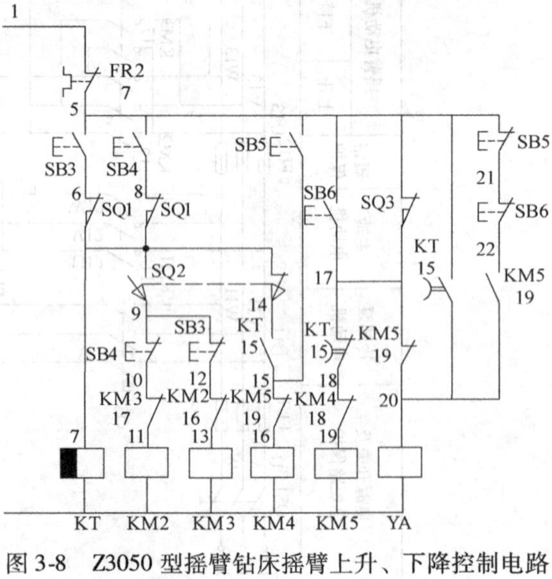

图 3-8　Z3050 型摇臂钻床摇臂上升、下降控制电路

置开关 SQ2，使其动断触头 SQ2（7~14）断开，动合触点 SQ2（7~9）闭合。前者切断了接触器 KM4 的线圈电路，接触器 KM4 所有触头复位，液压泵电动机 M3 停车；后者使交流接触器 KM2 线圈得电，其主触头闭合，摇臂升降电动机 M2 起动正向运转，带动摇臂上升。

若此时摇臂尚未松开，则位置开关 SQ2（7~9）触头不闭合，接触器 KM2 不能得电吸合，摇臂将不能上升。

当摇臂上升至所需位置时，松开按钮 SB3，则接触器 KM2 和时间继电器 KT 同时断电释放，电动机 M2 停车，摇臂停止上升。

由于断电型时间继电器 KT 断电，经 1~3s 时间的延时后，其延时闭合动断触头 KT（17~18）闭合，使接触器 KM5 线圈得电，接触器 KM5 主触头闭合，液压泵电动机 M3 反向旋转，此时，YA 仍处于吸合状态，压力油从相反方向经两位六通阀进入摇臂“夹紧”油腔，向相反方向推动活塞和菱形块，使摇臂夹紧，在摇臂夹紧的同时，活塞杆通过弹簧片压位置开关 SQ3（5~17）的动断触头，使其断开，使 KM5 和 YA 都失电释放，液压泵电动机 M3 停车，完成了摇臂松开、上升和夹紧的整套动作。

2）摇臂下降　摇臂下降的工作过程与摇臂上升相似。

如图 3-8 所示，长按摇臂下降按钮 SB4，则时间继电器 KT 线圈得电，其瞬时动合触头 KT（14~15）闭合，其延时断开动合触头 KT（5~20）闭合，使电磁铁 YA 和接触器 KM4 线圈得电，接触器 KM4 主触头闭合，液压泵电动机 M3 起动正向旋转，供给压力油。压力油经两位六通阀体进入摇臂的“松开”油腔，推动活塞运动，活塞推动菱形块，将摇臂松开。同时，活塞杆通过弹簧片压位置开关 SQ2，使其动断触头 SQ2（7~14）断开，动合触头 SQ2（7~9）闭合。前者切断了接触器 KM4 的线圈电路，接触器 KM4 所有触头复位，液压泵电动机 M3 停车；后者使交流接触器 KM3 线圈得电，其主触头闭合，摇臂升降电动机 M2 起动反向运转，带动摇臂下降。

同理，若此时摇臂尚未松开，则位置开关 SQ2（7~9）触头不闭合，接触器 KM3 不能得电吸合，摇臂将不能下降。

当摇臂下降至所需位置时，松开按钮 SB4，则接触器 KM3 和时间继电器 KT 同时断电释放，电动机 M2 停车，摇臂停止下降。

由于断电型时间继电器 KT 断电，经 1~3s 时间的延时后，其延时闭合动断触头 KT（17~18）闭合，使接触器 KM5 线圈得电，接触器 KM5 主触头闭合，液压泵电动机 M3 反向旋转，此时，YA 仍处于吸合状态，压力油从相反方向经两位六通阀进入摇臂“夹紧”油腔，向相反方向推动活塞和菱形块，使摇臂夹紧，在摇臂夹紧的同时，活塞杆通过弹簧片压位置开关 SQ3（5~17）的动断触头，使其断开，使 KM5 和 YA 都失电释放，液压泵电动机 M3 停车，完成了摇臂松开、下降和夹紧的整套动作。

（3）立柱和主轴箱的夹紧与松开控制

1）立柱和主轴箱的松开控制。如图 3-6 所示，按下松开按钮 SB5，接触器 KM4 线圈得电吸合，其主触头闭合，液压泵电动机 M3 正向旋转，供给压力油，压力油经两位六通阀（此时电磁铁 YA 处于释放状态）进入立柱和主轴箱松开油缸，推动活塞及菱形块，使立柱和主轴箱分别松开，活塞杆通过弹簧片压位置开关 SQ4，松开指示灯 HL2 亮。

2）立柱和主轴箱的夹紧控制　如图 3-6 所示，按下夹紧按钮 SB6，接触器 KM5 线圈得电吸合，其主触头闭合，液压泵电动机 M3 反向旋转，供给压力油，压力油经两位六通阀

（此时电磁铁 YA 处于释放状态）进入立柱和主轴箱夹紧油缸，推动活塞及菱形块，使立柱和主轴箱分别夹紧，夹紧指示灯 HL1 亮。

3.3.4 Z3050 型摇臂钻床电气控制电路的特点

从上述分析中可知，Z3050 型摇臂钻床的电气控制电路有以下几个特点：

1）主轴变速及正反转控制是通过机械方式实现的。

2）由于控制电路电气元件较多，故通过控制变压器 TC 与三相电网进行电隔离，提高了操作和维护时的安全性。

3）利用位置开关 SQ1 来限制摇臂的升降行程。当摇臂上升至极限位置时，SQ1（6～7）断开，使 KM2 线圈失电释放，升降电动机 M2 停车，而另一组触头 SQ1（7～8）仍闭合，以保证摇臂能够下降。当摇臂下降至极限位置时，SQ1（7～8）断开，KM3 线圈失电释放，M2 停车，而另一组触头 SQ1（6～7）仍闭合，以保证摇臂能够上升。

4）时间继电器的主要作用是控制 KM5 的吸合时间，使升降电动机停车后，再夹紧摇臂。KT 的延时时间视需要设定，整定时间一般为 1～3s。

5）摇臂的自动夹紧是由位置开关 SQ3 来控制的，如果液压夹紧系统出现故障而不能自动夹紧摇臂，或者由于 SQ3 调整不当，在摇臂夹紧后不能使 SQ3 的动断触头断开，都会使液压泵电动机 M3 处于长时间过载运行状态而造成损坏。为防止损坏电动机 M3，电路中使用了热继电器 FR2，其整定值应根据 M3 的额定电流来调整。

6）在摇臂升降电动机的正反转控制过程中，接触器 KM2、KM3 不允许同时得电动作，以防电源短路。为避免因操作失误等原因造成短路事故，在摇臂上升和下降的控制电路中，采用接触器的辅助触头互锁及采用复合按钮联锁的双重保护方法来确保电路的安全工作。

3.4 机床电气控制电路设计的原则和步骤

生产机械种类繁多，其电气控制设备各异，但电气控制系统的设计原则和设计方法基本相同。任何机床电气控制系统的设计都包含两个基本方面：一是满足生产机械和工艺的各种控制要求；二是满足电气控制装置本身的制造、使用以及维修的需要。因此电气控制系统设计包括原理与工艺设计两个方面。原理设计决定了一台设备的使用效能和自动化程度，即决定着生产机械设备的先进性、合理性。而工艺设计的合理性、先进性则决定了电气控制设备的生产可行性和经济性等。

正确的设计思想是高质量完成设计任务的保证。任何一台机械设备的结构形式和使用效能与其电气自动化程度有着十分密切的关系，因此机床电气设计应与机械设计同时进行并密切配合。对于电气设计人员来说，必须对机床机械结构、加工工艺有一定的了解，这样才能设计出符合要求的电气控制设备。

3.4.1 机床电气控制电路设计的基本原则

1）最大限度满足机床和工艺对电气控制的要求。

2）在满足控制要求的前提下，设计方案应力求简单、经济和实用，不宜盲目追求自动化和高性能指标。

3）妥善处理机械与电气的关系。很多生产机械是采用机电结合控制方式来实现控制要求的，要从工艺要求、制造成本、机械电气结构的复杂性和使用维护等方面协调处理好二者的关系。

4）将电气系统的安全性和可靠性放在首位，确保使用安全、可靠。

5）正确合理地选用电气元器件。

3.4.2　机床电气控制电路设计的基本内容

机床电气控制系统设计包含原理设计和工艺设计两个方面。

1. 原理设计的内容

1）拟定电气控制系统设计任务书。

2）选择拖动方案、控制方式和电动机。

3）设计并绘制电气原理图和选择电气元器件，制订元器件明细表。

4）对原理图各连接点进行编号。

5）编写设计说明书。

电气原理图是整个设计的中心环节，是工艺设计和制定其他技术资料的依据。

2. 工艺设计的内容

工艺设计的主要目的是便于组织电气控制装置的制造，实现原理设计要求的各项技术指标，为设备的调试、维护、使用提供必要的图样资料、工艺设计的主要内容是：

1）根据电气原理图及选定的电气元器件，绘制电气设备总装接线图。

2）设计并绘制电气元器件布置图。

3）设计并绘制电气元器件的接线图。

4）设计并绘制电气箱及非标准零件图。

5）列出所用各类元器件及材料清单。

6）编写设计说明书和使用维护说明书。

3.4.3　机床电气控制电路设计的一般步骤

机床电气控制电路设计程序一般是先进行原理设计再进行工艺设计，通常电气控制系统的设计程序按以下步骤进行。

1）拟定设计任务书。电气控制系统设计的技术条件，通常是以电气设计任务书的形式加以表达的，电气设计任务书是整个系统设计的依据。拟定电气设计任务书，应聚集电气、机械工艺、机械结构三方面的设计人员，根据所设计的机械设备的总体技术要求，共同商讨并拟定认可。在电气设计任务书中，应简要说明所设计的机械设备的型号、用途、工艺过程、技术性能、传动要求、工作条件、使用环境等。除此以外，还应说明以下技术指标及要求：

①　给出机械及传动结构简图、工艺过程、负载特性、动作要求、控制方式、调速要求及工作条件。

②　给出电气保护、控制精度、生产效率、自动化程度、稳定性及抗干扰要求。

③　给出设备布局、安装、照明、显示和报警方式等要求。

④　目标成本、经费限额、验收标准及方式等。

2）选择电力拖动方案与控制方式。电力拖动方案与控制方式的确定是设计的重要部分。电力拖动方案是指根据生产工艺要求、生产机械的结构、运动要求、负载性质、调速要求以及投资额等条件去确定电动机的类型、数量、拖动方式，并拟定电动机起动、运行、调速、转向及制动等控制要求，以此作为电气控制原理图设计及电气元件选择的依据。

3）选择电动机。在确定拖动方案后，就可以进一步选择电动机的类型、数量、结构形式、容量、额定电压及额定转速等。

4）设计电气原理图并合理选用元器件，编制元器件目录清单。

5）设计电气设备制造、安装、调试所必需的各种施工图样。

6）编写说明书。

3.5 机床电气控制电路设计的注意要点

一般来说，当生产机械的电力拖动方案和控制方案已经确定后，即可进行电气控制电路的设计工作。电气控制电路是生产机械的重要组成部分，对生产机械能否正确可靠地工作起着决定性的作用。因此必须正确设计电气控制电路，合理选用电气元器件，使电气控制系统满足生产工艺的要求。在机床电气控制电路设计中应注意以下几个问题。

3.5.1 合理选择控制电路的电流种类与控制电压数值

在控制电路比较简单的情况下，可直接采用电网电压，即交流 220V、380V 供电，以省去控制变压器。对于具有 5 个以上电磁线圈（例如接触器、继电器等）的控制电路，应采用控制变压器降低电压，或采用直流低电压控制，既节省安装空间，又便于采用晶闸管等无触头器件，具有动作平稳可靠、检修操作安全等优点。对于微机控制系统，应注意弱电控制与强电电源之间的隔离，一般情况下不要共用零线，以免引起电源干扰。照明、显示及报警等电路应采用安全电压。

交流标准控制电压等级为 380V、220V、127V、110V、48V、36V、24V、6. 3V。

直流标准控制电压等级为 220V、110V、48V、24V、12V。

3.5.2 正确选择电气元器件

在电气元器件选用中，尽可能选用标准电气元器件，同一用途尽可能选用相同型号。电气控制系统的先进性总是与电气元器件的不断发展、更新紧密联系的，因此设计人员必须关注电气元器件的发展动向，不断搜集新产品资料，以便及时应用于控制系统设计中，使控制电路在技术指标、稳定性、可靠性等方面得到进一步提高。

3.5.3 合理布线，力求控制电路简单、经济

在满足生产工艺的前提下，使用的电气元器件越少，电气控制电路中所涉及的触头的数量也越少，因而控制电路就越简单。同时还可以提高控制电路的工作可靠性，降低故障率。

1. 合并同类触头

在图 3-9a 和图 3-9b 中，实现的控制功能一致，但图 3-9b 比图 3-9a 少用了一对触头。合并同类触头时应注意所有触头的容量应大于两个线圈电流之和。

2. 利用转换触头的方式

利用具有转换触头的中间继电器将两对触头合并为一对触头，如图 3-10 所示。

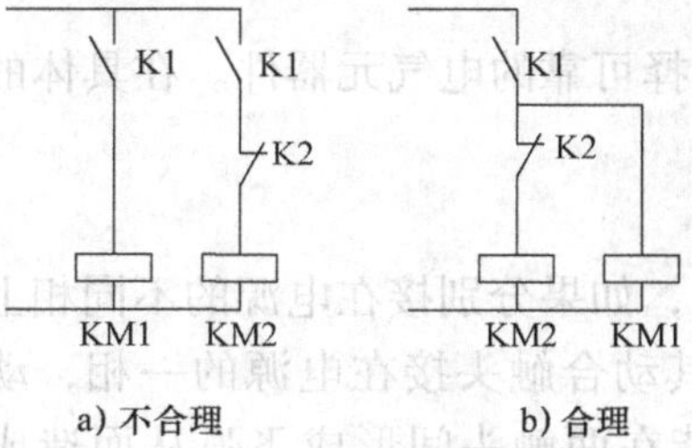

图 3-9　同类触头合并

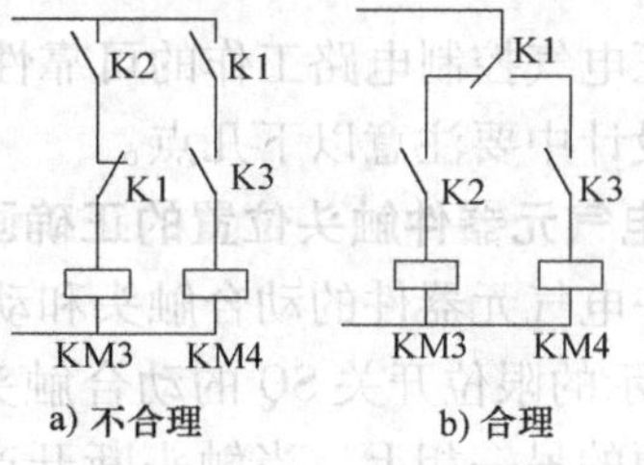

图 3-10　中间继电器的应用

3. 尽量缩短连接导线的数量和长度

在设计电气控制电路时，应根据实际环境条件，合理考虑并安排各种电气设备和电气元器件的位置及实际连线，以保证各种电气设备和电气元器件之间的连接导线的数量最少，导线的长度最短。如图 3-11 所示，仅从控制原理上分析，没有什么不同，但若考虑实际接线，图 3-11a 不合理，因为按钮安装于操作台上，接触器安装于电气柜内，从电气柜到操作台需要引 4 根导线。图 3-11b 合理，因为它将起动按钮和停止按钮直接相连，从而保证了两个按钮之间的距离最短，导线连接最短，并且从电气柜到操作台只需引出 3 根导线。所以一般都将起动按钮和停止按钮直接连接。

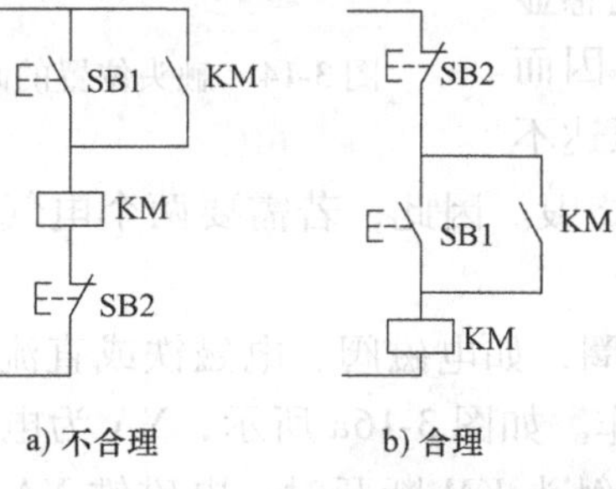

图 3-11　电气元器件触头的安排

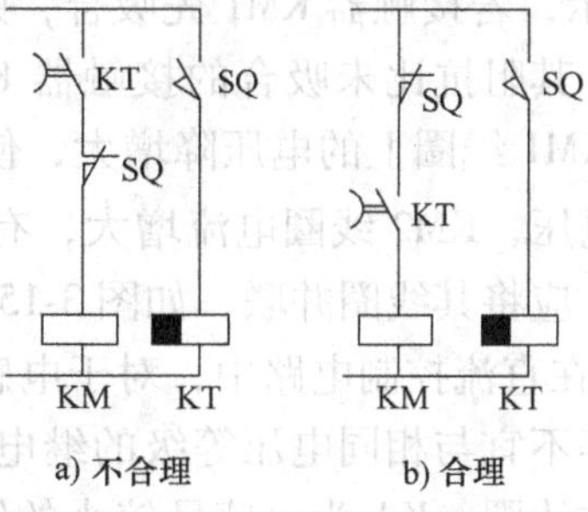

图 3-12　节省连接导线的方法

另外要注意同一电气元器件的不同触头在电气控制电路中应尽可能具有更多的公共连接线，这样可减少导线段数及缩短导线长度。如图 3-12 所示，限位开关安装于生产机械上，继电器安装于电气柜内，图 3-12a 中用 4 根长导线连接，而图 3-12b 中用 3 根长导线连接，故图 3-12b 合理。

4. 尽可能减少通电电器的数量

正常工作中，应尽可能减少通电电器的数量以利节能，延长电气元器件使用寿命及降低故障率。如图 3-13a 所示，KM2 线圈得电后，时间继电器 KT 线圈一直得电，对于整个控制电路而言，时间继电器 KT 已经完成控制动作，故可

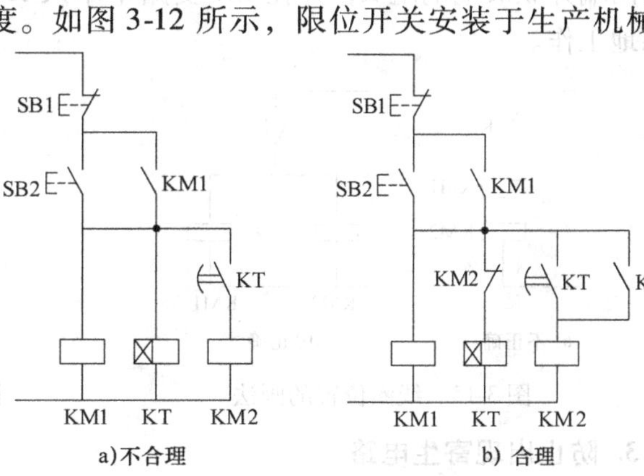

图 3-13　减少电气元器件的通电时间

以将其断电，因此图 3-13b 合理。

3.5.4 保证电气控制电路工作的可靠性

保证电气控制电路工作的可靠性，最主要的是选择可靠的电气元器件。在具体的电气控制电路设计中要注意以下几点。

1. 电气元器件触头位置的正确画法

同一电气元器件的动合触头和动断触头靠得很近，如果分别接在电源的不同相上，如图 3-14a 所示的限位开关 SQ 的动合触头和动断触头，其动合触头接在电源的一相，动断触头接在电源的另一相上，当触头断开产生电弧时，可能在两触头间形成飞弧从而造成电源短路，因此图 3-14a 不正确。因此在控制电路设计时，应使分布在电路不同位置的同一电气元器件触头尽量接到同一个极或尽量共接同一电位点，以避免在电气元器件触头上引起短路，故图 3-14b 正确。

2. 电气元器件线圈位置的正确画法

1）在交流控制电路中不允许将两个电气元器件的线圈串联在一起使用，即使是两个同型号电压线圈也不能串联后接在两倍线圈额定电压的交流电源上。这是因为每个线圈上分配到的电压与线圈的阻抗成正比，而这两个电气元器件的动作总是有先后之差，不可能同时动作。如图 3-15a所示，若接触器 KM1 先吸合，则 KM1 线圈的电感显著增加，其阻抗比未吸合的接触器 KM2 的阻抗大，因而分配在 KM1 线圈上的电压降增大，使 KM2 线圈电压达不到动作电压，KM2 线圈电流增大，有可能将其线圈烧毁。因此，若需要两个电气元器件同时动作，应将其线圈并联，如图 3-15b 所示。

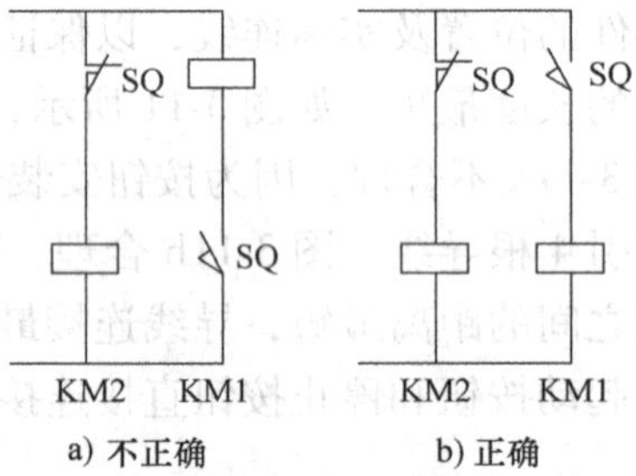

图 3-14　触头位置的画法

2）在直流控制电路中，对于电感较大的电磁线圈，如电磁阀、电磁铁或直流电动机励磁线圈等不宜与相同电压等级的继电器直接并联工作。如图 3-16a 所示，YA 为电感量较大的电磁铁线圈，KA 为电感量较小的继电器线圈，当触头 KM 断开时，电磁铁 YA 线圈两端产生较大的感应电动势，加在中间继电器 KA 的线圈上，造成 KA 误动作。为此，可在 YA 线圈两端并联放电电阻 R，并在 KA 支路中串入 KM 动合触头，如图 3-16b 所示，这样就能可靠地工作。

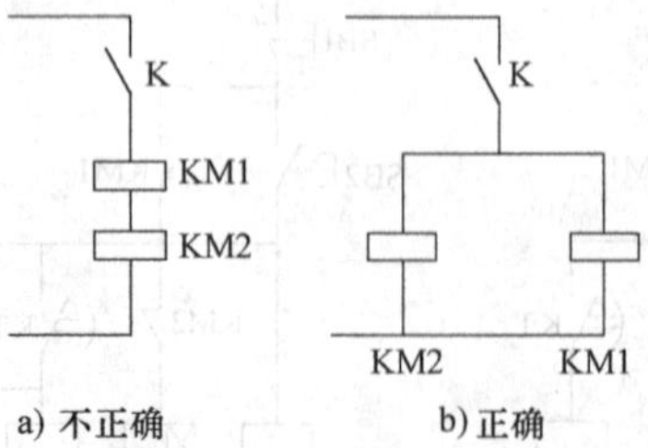

图 3-15　线圈位置的画法

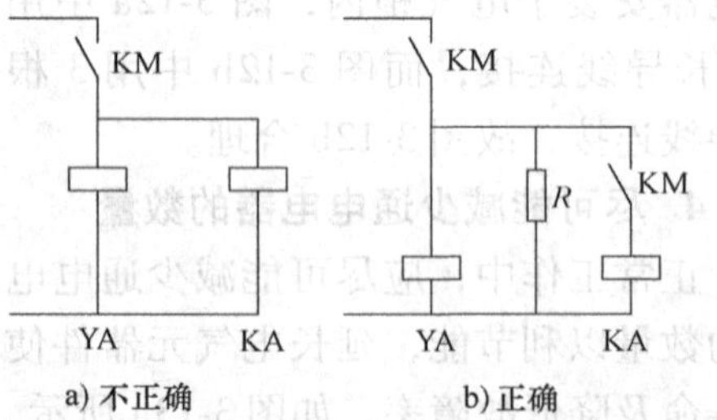

图 3-16　大电感线圈和直流继电器并联画法

3. 防止出现寄生电路

在电气控制电路的动作过程中，发生意外接通的电路称为寄生电路。寄生电路将破坏电气元器件和控制电路的工作顺序或造成误动作。图 3-17a 所示是一个具有指示灯和过载保护的电动机正反向控制电路。当正常工作时，能完成正反向起动、停止和信号指示。但当热继电器 FR 动作时，会出现如图中虚线所示的寄生电路，使正向接触器不能释放，起不到保护作用。如果将指示灯与其相应接触器线圈并联，则可防止寄生电路，如图 3-17b 所示。

4. 防止出现"竞争"和"冒险"

在复杂控制电路中，在某一控制信号作用下，电路从一个稳定状态转换到另一个稳定状态，常常会引起几个电气元器件的状态变化。考虑到电气元器件有一定的动作时间，对一个时序电路来说，就会得到几个不同的输出状态，这种现象称为电路的"竞争"。由于电气元器件的释放延时作用，开关电路中的开关元件可能不按要求的逻辑功能输出，这种现象称为"冒险"。

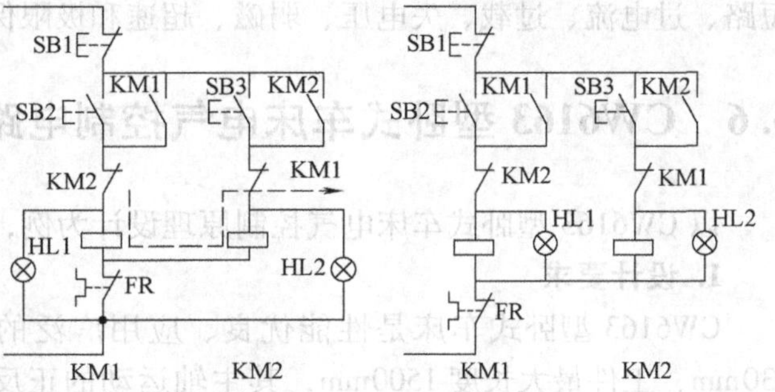

a) 不正确　　b) 正确

图 3-17　防止寄生电路

"竞争"和"冒险"都将造成控制电路不能按要求动作，引起控制失灵。图 3-18 所示为一个产生这种现象的典型电路。在图 3-18a 所示电路中，KM1 控制电动机 M1，KM2 控制电动机 M2，其本意是：按下 SB2 后，KM1、KT 通电，电动机 M1 运转，延时时间到后，电动机 M1 停转而 M2 运转。运行时会产生这样的现象：有时候可以正常运行，有时候不能正常运行。原因在于图 3-18a 所示电路设计不可靠，存在临界竞争现象。KT 延时到后，其延时动断触头总是由于机械运动原因先断开而延时动合触头后闭合，当延时动断触头先断开后，KT 线圈随即断电，由于磁场不能突变为零和衔铁复位需要时间，故有时候延时动合触头来得及闭合，但有时候因受到某些干扰而不能闭合。可将 KT 延时动断触头换成 KM2 常闭触头，改进后的电路如图 3-18b 所示。

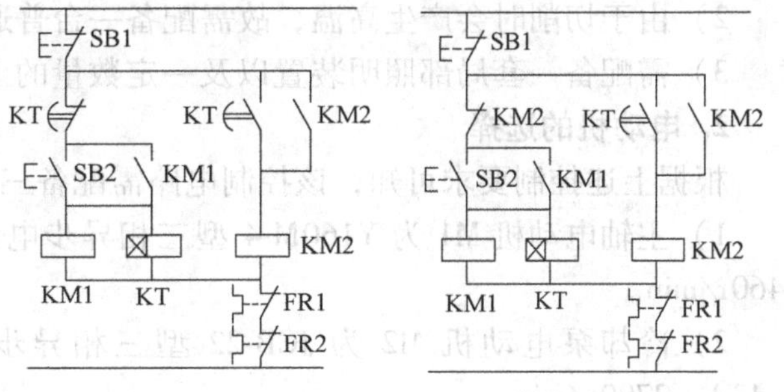

a) 不正确　　b) 正确

图 3-18　典型临界竞争电路

通常分析控制电路的电气元器件动作及触头的接通、分断，都是静态分析，没有考虑其动作时间。而在实际运行中，由于电磁线圈的电磁惯性、机械惯性、机械位移量等因素，接触器或继电器线圈从通电到触头的闭合或断开，需要一段吸引时间；而线圈断电时，从线圈断电到触头断开，也需要一段释放时间，这些统称为电气元器件的动作时间，在控制电路设计过程中要求动作时间小（需延时的除外），不影响电路的正常工作。

5. 其他注意事项

1）在频繁操作的可逆电路中，正反向接触器之间要有电气互锁和机械联锁。

2）在设计电气控制电路时，应充分考虑继电器触头的接通和分断能力。

3.5.5 保证电气控制电路工作的安全性

电气控制电路应具有完善的保护环节，来保证整个生产机械的安全运行，消除其工作不正常或误操作时所带来的不利影响，避免事故的发生。在电气控制电路中常设的保护环节有短路、过电流、过载、失电压、弱磁、超速和极限保护等。

3.6 CW6163 型卧式车床电气控制电路的设计实例

以 CW6163 型卧式车床电气控制原理设计为例，说明设计过程。

1. 设计要求

CW6163 型卧式车床是性能优良、应用广泛的小型卧式车床，工件最大车削直径为 630mm，工件最大长度 1500mm，其主轴运动的正反转依靠两组机械式摩擦片离合器完成，主轴的制动采用液压制动器，进给运动的纵向左右运动、横向前后运动以及快速移动都集中由一个手柄操作。电气控制系统的要求是：

1）由于工件的长度较大，为减少辅助时间、提高工作效率，除配备一台主轴电动机外，还配备一台刀架快速移动电动机，另外主轴的起、停控制要求两地操作。

2）由于切削时会产生高温，故需配备一台普通冷却泵电动机。

3）需配备一套局部照明装置以及一定数量的工作状态指示灯。

2. 电动机的选择

根据上述控制要求可知，该控制电路需配备三台电动机，分别如下：

1）主轴电动机 M1 为 Y160M-4 型三相异步电动机，性能指标为 11kW、380V、22.6A、1460r/min。

2）冷却泵电动机 M2 为 JCB-22 型三相异步电动机，性能指标为 0.125kW、380V、0.43A、2790r/min。

3）快速移动电动机 M3 为 Y90S-4 型三相异步电动机，性能指标为 1.1kW、380V、2.7A、1400r/min。

3. 电气控制电路的设计

（1）主电路的设计

1）主轴电动机 M1 的功率较大，超过 10kW，但是由于车削在车床起动以后才进行，并且主轴的正反转通过机械方式进行，所以 M1 采用单向直接起动控制方式，用接触器 KM 进行控制。在设计时还应考虑到过载保护，并采用电流表 PA 监视车削量，就可以得到控制 M1 的主电路如图 3-19 所示。从图 3-19 中可以看到 M1 未设置短路保护，它的短路保护由机床的前一级配电箱中的熔断器充任。

2）冷却泵电动机 M2 和快移电动机 M3。由于电动机 M2 和 M3 的功率较小，额定电流分别为 0.43A 和 2.7A，为了节省成本及缩小体积，可分别用交流中间继电器 KA1 和 KA2（额定电流都为 5A，动合、动断触头都为 4 对）替代接触器进行控制。由于快速移动电动机 M3 短时运转，故不设过载保护，这样可得到控制 M2 和 M3 的主电路如图 3-19 所示。

（2）控制电源的设计　考虑到工作电路的安全可靠、满足照明及指示灯的要求，采用控制变压器 TC 供电，其一次侧为交流 380V，二次侧为交流 127V、36V、6.3V，其中 127V

提供给接触器 KM 和中间继电器 KA1 及 KA2 的线圈，36V 交流安全电压提供给局部照明电路，6. 3V 提供给指示灯电路，具体电路如图 3-19 所示。

（3）控制电路的设计

1）主轴电动机 M1 的控制。由于机床较大，考虑到操作方便，主电动机 M1 可在机床床头操作板上和刀架拖板上分别设置起动和停止按钮 SB3、SB1、SB4 及 SB2 进行操纵，实现两地控制，可得到 M1 的控制电路如图 3-19 所示。

2）冷却泵电动机 M2 和快速移动电动机 M3 的控制。M2 采用单向起停控制方式，M3 采用点动控制方式，具体电路如图 3-19 所示。

（4）局部照明与信号指示电路的设计　设置照明灯 EL、灯开关 SA 及照明电路熔断器 FU3，具体电路如图 3-19 所示。可设三相电源接通指示灯 HL2（绿色），在电源开关 QS 接通后立即发光显示，表明机床电气控制电路已处于供电状态。设置指示灯 HL1（红色）用来显示主轴电动机是否运行。指示灯 HL1 和指示灯 HL2 分别由接触器 KM 的辅助动合和辅助动断触头进行切换通电显示，具体电路如图 3-19 所示。

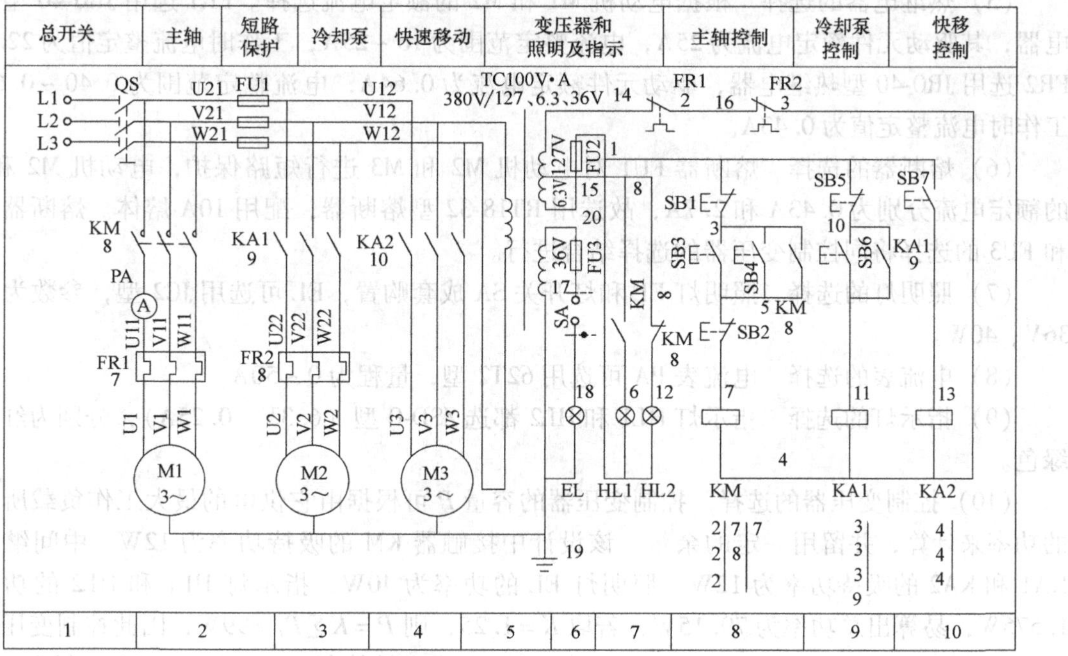

图 3-19　CW6163 型卧式车床电气原理图

4. 电气元器件的选择

在电气原理图设计完成后就可以根据电气原理图进行电气元件的选择。该设计中所需电气元器件的选择主要包括：

（1）电源开关的选择　电源开关 QS 主要用于给 M1、M2、M3 电动机提供电源，而在控制变压器二次侧的电气元器件在变压器一次侧产生的电流相对较小，因此 QS 的选择主要考虑 M1、M2、M3 电动机的额定电流和起动电流。上述已知 M1、M2、M3 电动机的额定电流分别为 22. 6A、0. 43A 和 2. 7A，易计算额定电流之和为 25. 73A，由于功率最大的主轴电动机 M1 为轻载起动，并且 M3 为短时工作，因而电源开关的额定电流选 25A 左右，故可选

HZ10-25/3 型三极组合开关，额定电流为 25A。

（2）接触器的选择　根据接触器所控制负载回路的电压、电流及所需触头的数量来选择接触器。该设计中，KM 用来控制主轴电动机 M1，M1 的额定电流为 22.6A，控制电路电源电压为 127V，需 3 对主触头，2 对辅助动合触头，1 对辅助动断触头。故可选择 CJ10-40 型接触器，主触头电流为 40A，线圈电压为 127V。

（3）中间继电器的选择　该设计中，采用中间继电器控制电动机 M2 和 M3，其额定电流都较小，分别为 0.43A 和 2.7A，故 KA1、KA2 可选用普通型 JZ7-44 型交流中间继电器代替接触器进行控制，每个中间继电器的动合、动断触头各有 4 对，额定电流为 5A，线圈电压为 127V。

（4）按钮的选择　根据需要的触头数目、动作要求、使用场合、颜色等进行按钮的选择。三个起动按钮 SB3、SB4 和 SB6 选择 LA18 型按钮，其颜色为黑色；三个停止按钮 SB1、SB2 和 SB5 选择 LA18 型按钮，其颜色为红色；点动按钮 SB7 也选择 LA18 型按钮，其颜色为绿色。

（5）热继电器的选择　根据电动机 M1 和 M2 的额定电流选择。FR1 选用 JR0-40 型热继电器，其驱动元件额定电流为 25A，电流整定范围为 16～25A，工作时电流整定值为 22.6A。FR2 选用 JR0-40 型热继电器，驱动元件额定电流为 0.64A，电流整定范围为 0.40～0.64A，工作时电流整定值为 0.43A。

（6）熔断器的选择　熔断器 FU1 对电动机 M2 和 M3 进行短路保护，电动机 M2 和 M3 的额定电流分别为 0.43A 和 2.7A，故选用 RT18-32 型熔断器，配用 10A 熔体。熔断器 FU2 和 FU3 的选择将同控制变压器的选择结合进行。

（7）照明灯的选择　照明灯 EL 和灯开关 SA 成套购置，EL 可选用 JC2 型，参数为交流 36V、40W。

（8）电流表的选择　电流表 PA 可选用 62T2 型，量程为 0～50A。

（9）指示灯的选择　指示灯 HL1 和 HL2 都选 ZSD-0 型（6.3V、0.25A），分别为红色和绿色。

（10）控制变压器的选择　控制变压器的容量 P 可根据由它供电的最大工作负载所需要的功率来计算，并留用一定的余量。该设计中接触器 KM 的吸持功率为 12W，中间继电器 KA1 和 KA2 的吸持功率为 12W，照明灯 EL 的功率为 40W，指示灯 HL1 和 HL2 的功率为 1.575W，易算出总功率为 79.15W，若取 $K=1.25$，则 $P=K\sum P_i=99\text{W}$，因此控制变压器可选用 BK-100（100V·A，380V/127V、36V、6.3V）。易算得 KM、KA1、KA2 线圈电流及 HL1、HL2 电流之和小于 2A，EL 的电流也小于 2A，故熔断器 FU2 和 FU3 均选 RT18-32 型（2A）。

由此，即可列出电气元器件明细表，如表 3-2 所示。

表 3-2　CW6163 型卧式车床电气元器件明细表

序号	符号	名称	型号	规格	数量
1	M1	三相异步电动机	Y160M-4	11kW，380V，22.6A，1460r/min	1
2	M2	冷却泵电动机	JCB-22	0.125kW，0.43A，2790r/min	1
3	M3	三相异步电动机	Y90S-4	1.1kW，2.7A，1400r/min	1

（续）

序号	符号	名称	型号	规格	数量
4	QS	三极转换开关	HZ10-25/3	三极，500V，25A	1
5	KM	交流接触器	CJ10-40	40A，线圈电压 127V	1
6	KA1、KA2	交流中间继电器	JZ7-44	5A，线圈电压 127V	2
7	FR1	热继电器	JR0-40	驱动元件额定电流 25A，整定电流 22.6A	1
8	FR2	热继电器	JR0-40	驱动元件额定电流 0.64A，整定电流 0.43A	1
9	FU1	熔断器	RT18-32	380V，10A	3
10	FU2、FU3	熔断器	RT18-32	380V，2A	2
11	TC	控制变压器	BK-100	100V·A，380V/127、36、6.3V	1
12	SB3、SB4、SB6	控制按钮	LA18	5A，黑色	3
13	SB1、SB2、SB5	控制按钮	LA18	5A，红色	3
14	SB7	控制按钮	LA18	5A，绿色	1
15	HL1、HL2	指示灯	ZSD-0	6.3V，绿色 1，红色 1	2
16	EL、SA	照明灯及灯开关	JC2	36V，40W	各 1
17	PA	交流电流表	62T2	0~50A，直接接入	1

习　题

3-1　简述电气原理图的分析步骤。

3-2　简述 C650 型卧式车床正向运转工作过程。

3-3　简述 C650 型卧式车床反向运行时的反接制动工作原理。

3-4　概括说明 C650 型卧式车床控制电路中采用了哪些保护环节？

3-5　简述 Z3050 型摇臂钻床主轴电动机控制电路工作原理。

3-6　简述 Z3050 型摇臂钻床摇臂下降控制工作过程。

3-7　在 Z3050 型摇臂钻床控制电路中，SQ1 的作用是什么？

3-8　机床电气控制电路设计的基本原则是什么？

3-9　试设计某机床的电气控制电路，画出电气原理图。已知该机床配备两台电动机 M1 和 M2。其控制要求为：

（1）电动机 M1 容量较大，起动采用星形—三角形减压起动，停车时采用能耗制动。

（2）M1 起动后，才允许 M2 起动。M2 容量较小，采用直接起动。

（3）M2 停车后方允许 M1 停车。

（4）M1、M2 的起、停都要求两地控制。

（5）设置必要的电气保护。

3-10　试设计某专用机床电气控制电路，画出电气原理图并制定电气元件明细表。该机床采用钻孔倒角组合刀具，其加工工艺为：快进→工进→停留光刀（3s）→快退→停车。该机床采用三台电动机拖动。主运动电动机 M1，容量为 4kW；工进电动机 M2，容量为 1.5kW；快速移动电动机 M3，容量为 0.75kW。

设计要求为：

（1）工作台工进到终点或返回原位时，均采用行程开关进行自动控制，并设有限位保护。为保证工进定位准确，要求采用制动措施。

（2）快速移动电动机要求具有点动调整功能，但在自动加工时不起作用。

（3）设置急停按钮。

（4）设有短路、过载保护。

第 4 章　可编程序控制器概述

【本章教学重点】

(1) 可编程序控制器的定义、特点、分类及性能指标。

(2) 可编程序控制器的构成及工作原理。

(3) 可编程序控制器的编程元件。

【本章能力要求】

通过本章的学习，读者应了解可编程序控制器的特点、性能指标、分类及其基本功能；掌握 FX_{2N} 系列 PLC 内部编程元件的地址分配、FX 系列 PLC 的型号命名；掌握可编程序控制器循环扫描方式的工作原理。

4.1　可编程序控制器简介

可编程序控制器是以微处理器为核心，综合计算机技术、自动化技术和通信技术发展起来的一种新型工业自动控制装置。目前，可编程序控制器已被广泛应用于各种生产机械和生产过程的自动控制中，成为一种最重要、最普及、应用场合最多的工业控制装置，被公认为现代工业自动化的三大支柱（可编程序控制器、机器人、CAD/CAM）之一。其应用的深度和广度成为衡量一个国家工业自动化程度高低的标志。

国际电工委员会（IEC）在 1987 年 2 月颁布的可编程序控制器标准草案（第三稿）中对可编程序控制器作了如下定义：可编程序控制器是一种数字运算操作的电子系统，专为在工业环境下应用而设计。它采用可编程序的存储器，用来在其内部存储执行逻辑运算、顺序控制、定时、计数和算术运算等操作的指令，并通过数字式和模拟式的输入和输出，控制各种类型的机械或生产过程。可编程序控制器及其有关外围设备，都应按易于与工业系统连成一个整体和易于扩充其功能的原则设计。

由以上定义可知：可编程序控制器是一种数字运算操作的电子装置，是直接应用于工业环境，用程序来改变控制功能，易于与工业控制系统连成一体的工业计算机。

4.1.1　可编程序控制器的产生

20 世纪 60 年代，计算机技术已开始应用于工业控制了。但由于计算机技术本身的复杂性，编程难度高、难以适应恶劣的工业环境以及价格昂贵等原因，未能在工业控制中广泛应用。当时的工业控制，主要还是以继电器—接触器控制系统占主导地位。

1968 年，美国最大的汽车制造商通用汽车制造公司（GM），为适应汽车型号的不断更新，试图寻找一种新型的工业控制器，以尽可能减少重新设计和更换继电器—接触器控制系统的硬件及接线、减少设计时间，降低成本。因而设想把计算机的完备功能、灵活及通用等优点和继电器—接触器控制系统的简单易懂、操作方便、价格便宜等优点结合起来，制成一种适用于工业环境的通用控制装置，并把计算机的编程方法和程序输入方式加以简化，用面向控制过程，面向对象的自然语言进行编程，使不熟悉计算机的人也能方便地使用。针对上述设想，通用汽车公司提出了这种新型控制器所必须具备的十大条件：

1）编程简单，可在现场修改程序；

2）维护方便，最好是插件式；

3）可靠性高于继电器—接触器控制系统；

4）体积小于继电器—接触器控制系统；

5）可将数据直接送入管理计算机；

6）在成本上可与继电器—接触器控制系统竞争；

7）输入可以是交流115V；

8）输出可以是交流115V、2A以上，可直接驱动电磁阀；

9）在扩展时，原有系统只需很小变更；

10）用户程序存储器容量至少能扩展到4KB。

1969年美国数字设备公司（DEC）根据美国通用汽车公司的这种要求，研制成功了世界上第一台可编程序控制器，并在通用汽车公司的自动装配线上试用，取得很好的效果。从此这项技术迅速发展起来。

早期的可编程序控制器仅有逻辑运算、定时、计数等顺序控制功能，只是用来取代传统的继电器控制，通常称为可编程序逻辑控制器（Programmable Logic Controller，PLC）。随着微电子技术和计算机技术的发展，20世纪70年代中期微处理器技术应用到PLC中，使PLC不仅具有逻辑控制功能，还增加了算术运算、数据传送和数据处理等功能。这种装置的功能已大大超出了逻辑控制的范围，因此这种装置称为可编程序控制器（Programmable Control），简称为PC，但是为了和个人计算机（PC）区分开，所以仍将可编程序控制器简称为PLC。

20世纪80年代以后，随着大规模、超大规模集成电路等微电子技术的迅速发展，16位和32位微处理器应用于PLC中，使PLC得到迅速发展。PLC不仅控制功能增强，同时可靠性提高，功耗、体积减小，成本降低，编程和故障检测更加灵活方便，而且具有通信和联网、数据处理和图像显示等功能，使PLC真正成为具有逻辑控制、过程控制、运动控制、数据处理、联网通信等功能的名副其实的多功能控制器。

4.1.2　可编程序控制器的特点与应用

1. PLC的特点

PLC技术之所以高速发展，除了工业自动化的客观需要外，主要是因为它具有许多独特的优点。它较好地解决了工业领域中普遍关心的可靠、安全、灵活、方便、经济等问题。主要有以下特点：

（1）可靠性高、抗干扰能力强　可靠性高、抗干扰能力强是PLC最重要的特点之一。PLC的平均无故障时间可达几十万个小时，之所以有这么高的可靠性，是由于它采用了一系列的硬件和软件的抗干扰措施。

1）在硬件方面，隔离是抗干扰的主要手段之一。在CPU与I/O模块之间采用光电隔离措施，有效地抑制了外部干扰源对PLC的影响，同时还可以防止外部高电压进入CPU。滤波是抗干扰的又一主要措施，可有效地消除或抑制高频干扰。此外，对CPU等重要部件采用良好的导电、导磁材料进行屏蔽，以减少空间电磁干扰；对有些模块设置了联锁保护、自诊断电路等。

2）在软件方面，PLC 采用扫描工作方式，减少了由于外界环境干扰引起故障；在 PLC 系统程序中设有故障检测和自诊断程序，能对系统硬件电路等故障实现检测和判断；当由外界干扰引起故障时，能立即将当前重要信息加以封存，禁止任何不稳定的读写操作，一旦外界环境正常后，便可恢复到故障发生前的状态，继续原来的工作。

（2）编程简单、使用方便　目前，大多数 PLC 仍采用继电器控制形式的梯形图编程方式。既继承了传统控制电路清晰直观的特点，又考虑到大多数工厂企业电气技术人员的读图习惯及编程水平，所以非常容易被接受和掌握。梯形图语言编程元件的符号和表达方式与继电器控制电路原理图相当接近。通过阅读 PLC 的用户手册或短期培训，电气技术人员和技术工人很快就能学会用梯形图编制控制程序。同时还提供了功能图、语句表等编程语言。

PLC 在执行梯形图程序时，用解释程序将它翻译成汇编语言然后执行。与直接执行汇编语言编写的用户程序相比，执行梯形图程序的时间要长一些，但对于大多数机电控制设备来说，是微不足道的，完全可以满足控制要求。

（3）功能完善、适应性强　现代 PLC 不仅具有逻辑运算、定时、计数、顺序控制等功能，而且还具有 A-D 和 D-A 转换、数值运算、数据处理、PID 控制、通信联网等许多功能。同时，由于 PLC 产品的系列化、模块化，有品种齐全的各种硬件装置供用户选用，可以组成满足各种要求的控制系统。

（4）使用简单，调试维修方便　由于 PLC 用软件代替了传统电气控制系统的硬件，控制柜的设计、安装接线工作量大为减少。PLC 的用户程序大部分可在实验室进行模拟调试，缩短了应用设计和调试周期。在维修方面，由于 PLC 的故障率低，维修工作量小；而且 PLC 具有很强的自诊断功能，如果出现故障，可根据 PLC 上的指示或编程器上提供的故障信息，迅速查明原因，维修方便。

（5）体积小，能耗低　PLC 是将微电子技术应用于工业设备的产品，其结构紧凑、坚固、体积小、重量轻、功耗低。并且由于 PLC 的强抗干扰能力，易于装入设备内部，是实现机电一体化的理想控制设备。以三菱公司的 F1—40M 型 PLC 为例：其外形尺寸仅为 305mm×110mm×110mm，重量为 2.3kg，功耗小于 25W；而且具有很好的抗振和适应环境温、湿度变化的能力。现在三菱公司又有 FX 系列 PLC，与其超小型品种 F1 系列相比：面积为 47%，体积为 36%，在系统配置上较灵活，输入、输出可达 24～128 点。

2. PLC 的应用

经过 40 多年的发展，PLC 已广泛应用于冶金、石油、化工、建材、机械制造、电力、汽车、轻工、环保及文化娱乐等各行各业，随着 PLC 性能价格比的不断提高，其应用领域不断扩大。目前 PLC 的应用大致可归纳为以下几个方面：

（1）开关量逻辑控制　这是 PLC 最基本、最广泛的应用领域。利用 PLC 最基本的逻辑运算、定时、计数等功能实现逻辑控制，可以取代传统的继电器控制，用于单机控制、多机群控制、生产自动线控制等，例如机床、注塑机、印刷机械、装配生产线及电梯的控制等。

（2）运动控制　PLC 可用于直线运动或圆周运动的控制。早期直接用开关量 I/O 模块连接位置传感器和执行机械，现在一般使用专用的运动模块。目前，制造商已提供了拖动步进电动机或伺服电动机的单轴或多轴位置控制模块。即：把描述目标位置的数据送给模块，模块移动一轴或多轴到目标位置。当一轴运动时，位置控制模块保持适当的速度和加速度，确保运动平滑。运动的程序可用PLC的语言完成，通过编程器输入。

（3）过程控制　PLC可实现模拟量控制，具有PID（比例-积分-微分）控制功能的PLC可构成闭环控制，用于过程控制。这一功能已广泛用于钢铁冶金、精细化工、锅炉控制、热处理等场合。

（4）数据处理　现代PLC都具有数学运算（包括逻辑运算、函数运算、矩阵运算）、数据传送、转换、排序和查表等功能，可进行数据的采集、分析和处理，同时可通过通信接口将这些数据传送给其他智能装置，如计算机数值控制（CNC）设备，进行处理。

（5）通信联网　可编程序控制器的通信包括主机与远程I/O之间的通信、多台可编程序控制器之间的通信、可编程序控制器和其他智能控制设备（如计算机、变频器）之间的通信。可编程序控制器与其他智能控制设备一起，可以组成“集中管理、分散控制”的分布式控制系统，满足工厂自动化（FA）系统发展的需要。

4.1.3　可编程序控制器的分类

PLC产品种类繁多，其规格和性能也各不相同。PLC的分类，可根据其结构形式的不同、功能的差异和I/O点数的多少等进行大致分类。

1. 按结构形式分类

根据PLC的结构形式，可将PLC分为整体式、模块式和叠装式三类。

（1）整体式可编程序控制器　整体式PLC是将电源、CPU、存储器、I/O接口等部件都集中装在一个机箱内，具有结构紧凑、体积小、价格低的特点，适用于嵌入控制设备的内部，常用于单机控制。小型PLC一般采用这种整体式结构。整体式PLC由不同I/O点数的基本单元（又称主机）和扩展单元组成。基本单元内有CPU、I/O接口、与I/O扩展单元相连的扩展口以及与编程器或EPROM写入器相连的接口等。扩展单元内只有I/O和电源等，没有CPU。基本单元和扩展单元之间一般用扁平电缆连接。整体式PLC一般还可配备特殊功能单元，如模拟量单元、位置控制单元等，使其功能得以扩展。

（2）模块式可编程序控制器　模块式PLC是将PLC各组成部分，分别做成若干个单独的模块，如CPU模块、I/O模块、电源模块（有的含在CPU模块中）以及各种功能模块。模块式PLC由框架或基板和各种模块组成。模块装在框架或基板的插座上。这种模块式PLC的特点是配置灵活，可根据需要选配不同规模的系统，而且装配方便，便于扩展和维修。大、中型PLC一般采用模块式结构。

（3）叠装式可编程序控制器　叠装式结构就是将整体式和模块式的特点结合起来。叠装式PLC的CPU、电源、I/O接口等也是各自独立的模块，但它们之间是靠电缆进行连接的，并且各模块可以一层层地叠装。这样，不但系统可以灵活配置，还可做得体积小巧。

整体式PLC一般用于规模较小，I/O点数固定，以后也少有扩展的场合；模块式PLC一般用于规模较大，I/O点数较多，I/O点数比例比较灵活的场合；叠装式PLC具有前两者的优点，从近年来的市场情况看，整体式及模块式有结合为叠装式的趋势。

2. 按功能分类

根据PLC所具有的功能不同，可将PLC分为低档、中档和高档三类。

（1）低档可编程序控制器　具有逻辑运算、定时、计数、移位以及自诊断、监控等基本功能，还可有少量模拟量输入/输出、算术运算、数据传送和比较、通信等功能。主要用于逻辑控制、顺序控制或少量模拟量控制的单机控制系统。

（2）中档可编程序控制器　除具有低档 PLC 的功能外，还具有较强的模拟量输入/输出、算术运算、数据传送和比较、数制转换、远程 I/O、子程序、通信联网等功能。有些还可增设中断控制、PID 控制等功能，适用于复杂控制系统。

（3）高档可编程序控制器　除具有中档 PLC 的功能外，还增加了带符号算术运算、矩阵运算、位逻辑运算、平方根运算及其他特殊功能函数的运算、制表及表格传送功能等。高档 PLC 具有更强的通信联网功能，可用于大规模过程控制或构成分布式网络控制系统，实现工厂自动化。

3. 按 I/O 点数分类

根据 PLC 的 I/O 点数的多少，可将 PLC 分为小型、中型和大型三类。

（1）小型可编程序控制器　I/O 点数为 256 点以下的为小型 PLC。其中，I/O 点数小于 64 点的为超小型或微型 PLC。

（2）中型可编程序控制器　I/O 点数为 256 点以上、2048 点以下的为中型 PLC。

（3）大型可编程序控制器　I/O 点数为 2048 以上的为大型 PLC。其中，I/O 点数超过 8192 点的为超大型 PLC。

在实际中，一般 PLC 功能的强弱与其 I/O 点数的多少是相互关联的，即 PLC 的功能越强，其可配置的 I/O 点数越多。因此，通常所说的小型、中型、大型 PLC，除指其 I/O 点数不同外，同时也表示其对应功能为低档、中档、高档。

4.1.4　可编程序控制器的发展趋势

PLC 从产生到现在经历了几十年的发展，实现了从初始的简单逻辑控制到现在的运动控制、过程控制、数据处理和联网通信，随着科学技术的进步，面对不同的应用领域、不同的控制需求，PLC 还将有更大的发展。目前，PLC 的发展趋势主要体现在规模化、高性能、多功能、模块智能化、网络化、标准化等方面。

1. 向超大型、超小型两个方向发展

当前中小型 PLC 比较多，为了适应市场的多种需要，今后 PLC 要向多品种方向发展，特别是向超大型和超小型两个方向发展。

大型化是指大中型 PLC 向着大容量、智能化和网络化发展，使之能与计算机组成集成控制系统，对大规模的复杂系统进行综合性的自动控制。现已有 I/O 点数达 14336 点的超大型 PLC，使用 32 位微处理器，多 CPU 并行工作和大容量存储器。

小型 PLC 由整体结构向小型模块化结构发展，使配置更加灵活，为了市场需要已开发了各种简易、经济的超小型微型 PLC，最小配置的 I/O 点数为 8～16 点，以适应单机及小型自动控制的需要。

2. 向高性能、高速度、大容量方向发展

PLC 的扫描速度已成为很重要的一个性能指标。为了提高 PLC 的处理能力，要求 PLC 具有更好的响应速度和更大的存储容量。目前，有的 PLC 的扫描速度可达每千步 0.1ms 左右。

在存储容量方面，有的 PLC 最高可达几十兆字节。为了扩大存储容量，有的公司已使用了磁泡存储器或硬盘。

3. 大力开发智能模块，加强联网通信能力

为满足各种自动化控制系统的要求，近年来不断开发出许多新功能模块，如高速计数模块、温度控制模块、远程I/O模块、通信和人机接口模块等。这些带CPU和存储器的智能I/O模块，既扩展了PLC功能，又使用灵活方便，扩大了PLC应用范围。

加强PLC联网通信的能力，是PLC技术进步的潮流。PLC的联网通信有两类：一类是PLC之间联网通信，各PLC生产厂家都有各自的专有联网手段；另一类是PLC与计算机之间的联网通信，一般PLC都有专用通信模块与计算机通信。为了加强联网通信能力，PLC生产厂家之间也在协商制订通用的通信标准，以构成更大的网络系统，PLC已成为集散控制系统（DCS）不可缺少的重要组成部分。

4. 增强外部故障的检测与处理能力

根据统计资料表明：在PLC控制系统的故障中，CPU占5%，I/O接口占15%，输入设备占45%，输出设备占30%，线路占5%。前两项共20%故障属于PLC的内部故障，它可通过PLC本身的软、硬件实现检测、处理；而其余80%的故障属于PLC的外部故障。因此，PLC生产厂家都致力于研制、发展用于检测外部故障的专用智能模块，进一步提高系统的可靠性。

5. 编程工具丰富多样，功能不断提高

在PLC系统结构不断发展的同时，PLC的编程语言也越来越丰富，功能也不断提高。除了大多数PLC使用的梯形图语言外，为了适应各种控制要求，出现了面向顺序控制的步进编程语言、面向过程控制的流程图语言和与计算机兼容的高级语言（BASIC、C语言等）等。多种编程语言的并存、互补与发展是PLC进步的一种趋势。

6. 标准化

与个人计算机相比，可编程序控制器的硬件、软件体系结构都是封闭的，而不是开放的。随着生产过程自动化要求在不断提高，过去那种不开放、各品牌自成一体的结构显然不适合这种趋势，为了提高兼容性，国际电工委员会为此制定了国际标准IEC61131。该标准由总则、设备性能和测试、编程语言、用户手册、通信、模糊控制的编程、可编程序控制器的应用和实施指导八部分和两个技术报告组成。几乎所有的PLC生产厂家都表示支持IEC61131，并开始向该标准靠拢。

4.2　可编程序控制器的结构与工作原理

4.2.1　可编程序控制器的基本结构

世界各国生产的PLC外观各异，但作为工业控制计算机，其硬件系统都大体相同，主要由中央处理器（CPU）、存储器、输入/输出单元、电源、编程设备和通信接口等部分组成。其中，CPU是PLC的核心，输入/输出单元是连接现场输入/输出设备与CPU之间的接口电路，通信接口用于与编程器、上位计算机等外设连接。PLC的结构框图如图4-1所示。

1. 中央处理单元（CPU）

同一般的微机一样，CPU是PLC的核心，由控制器、运算器和寄存器组成。PLC中所配置的CPU随机型不同而不同，常用有三类：通用微处理器（如80286、80386等）、单片

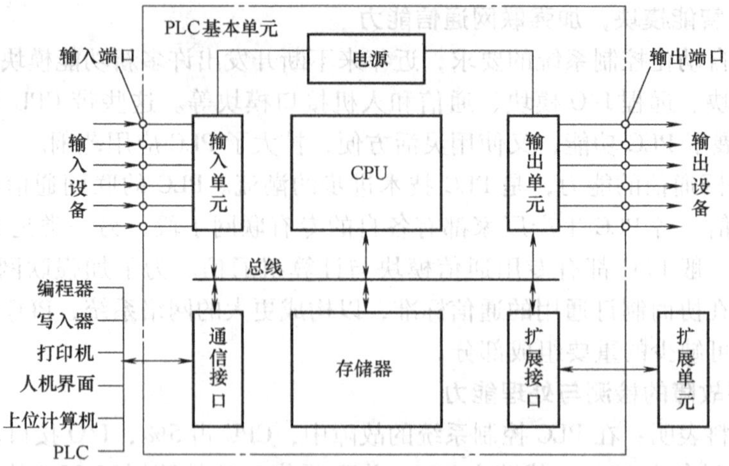

图 4-1　PLC 的结构框图

微处理器（如 8031、8096 等）和位片式微处理器（如 AMD29W 等）。小型 PLC 大多采用 8 位通用微处理器和单片微处理器；中型 PLC 大多采用 16 位通用微处理器或单片微处理器；大型 PLC 大多采用高速位片式微处理器。

在 PLC 中 CPU 按系统程序赋予的功能，指挥 PLC 有条不紊地进行工作，归纳起来主要有以下几个方面：

1）接收从编程器输入的用户程序和数据。

2）诊断电源、PLC 内部电路的工作故障和编程中的语法错误等。

3）通过输入接口接收现场的状态或数据，并存入输入映像寄存器或数据寄存器中。

4）从存储器逐条读取用户程序，经过解释后执行。

5）根据执行的结果，更新有关标志位的状态和输出映像寄存器的内容，通过输出单元实现输出控制。有些 PLC 还具有制表打印或数据通信等功能。

2. 存储器

存储器主要有两种：一种是可读/写操作的随机存储器 RAM；另一种是只读存储器 ROM（不能修改）、EPROM（紫外线可擦）和 EEPROM（电可擦）。在 PLC 中，存储器主要用于存放系统程序、用户程序及工作数据。

系统程序是由 PLC 的制造厂家编写的，和 PLC 的硬件组成有关，完成系统诊断、命令解释、功能子程序调用管理、逻辑运算、通信及各种参数的设定等功能，提供 PLC 运行的平台。系统程序关系到 PLC 的性能，而且在 PLC 使用过程中不会变动，所以是由制造厂家直接固化在只读存储器 ROM、PROM 或 EPROM 中，用户不能访问和修改。

用户程序是随 PLC 的控制对象而定的，由用户根据对象生产工艺的控制要求而编制的应用程序。为了便于读出、检查和修改，用户程序一般存于 CMOS 静态 RAM 中，用锂电池作为后备电源，以保证掉电时不会丢失信息。为了防止干扰对 RAM 中程序的破坏，当用户程序运行正常，不需要改变，可将其固化在只读存储器 EPROM 中。现在有许多 PLC 直接采用 EEPROM 作为用户存储器。

工作数据是 PLC 运行过程中经常变化、经常存取的一些数据。存放在 RAM 中，以适应随机存取的要求。在 PLC 的工作数据存储器中，设有存放输入/输出继电器、辅助继电器、定时器、计数器等逻辑器件的存储区，这些器件的状态都是由用户程序的初始设置和运行情况而确定的。根据需要，部分数据在掉电时用后备电池维持其现有的状态，这部分在掉电时可保存数据的存储区域称为保持数据区。

由于系统程序与用户无直接联系，所以在 PLC 产品样本或使用手册中所列存储器的形式及容量是指用户程序存储器。当 PLC 提供的用户存储器容量不够用时，许多 PLC 还提供有存储器扩展功能。

3. 输入/输出单元

输入/输出单元通常也称 I/O 单元或 I/O 模块，是 PLC 与工业生产现场之间的连接部件。PLC 通过输入接口可以检测被控对象的各种数据，以这些数据作为 PLC 对被控制对象进行控制的依据；同时 PLC 又通过输出接口将处理结果送给被控制对象，以实现控制目的。

由于外部输入设备和输出设备所需的信号电平是多种多样的，而 PLC 内部 CPU 的处理的信息只能是标准电平，所以 I/O 接口要实现这种转换。I/O 接口一般都具有良好的光电隔离和滤波功能，以提高 PLC 的抗干扰能力。接到 PLC 输入接口的输入器件往往是各种开关（光电开关、压力开关、行程开关等）、按钮、传感器的触头等；PLC 的输出接口往往是与被控对象相连接，被控对象有电磁阀、指示灯、接触器、继电器等。

I/O 接口根据输入/输出信号的不同可以分为数字量（开关量）输入、数字量（开关量）输出、模拟量输入、模拟量输出等。

（1）输入接口电路　各种 PLC 的输入接口电路大多相同，常用的开关量输入接口按其使用的电源不同有三种类型：直流输入接口、交流输入接口和交/直流输入接口，其基本原理电路如图 4-2 所示。

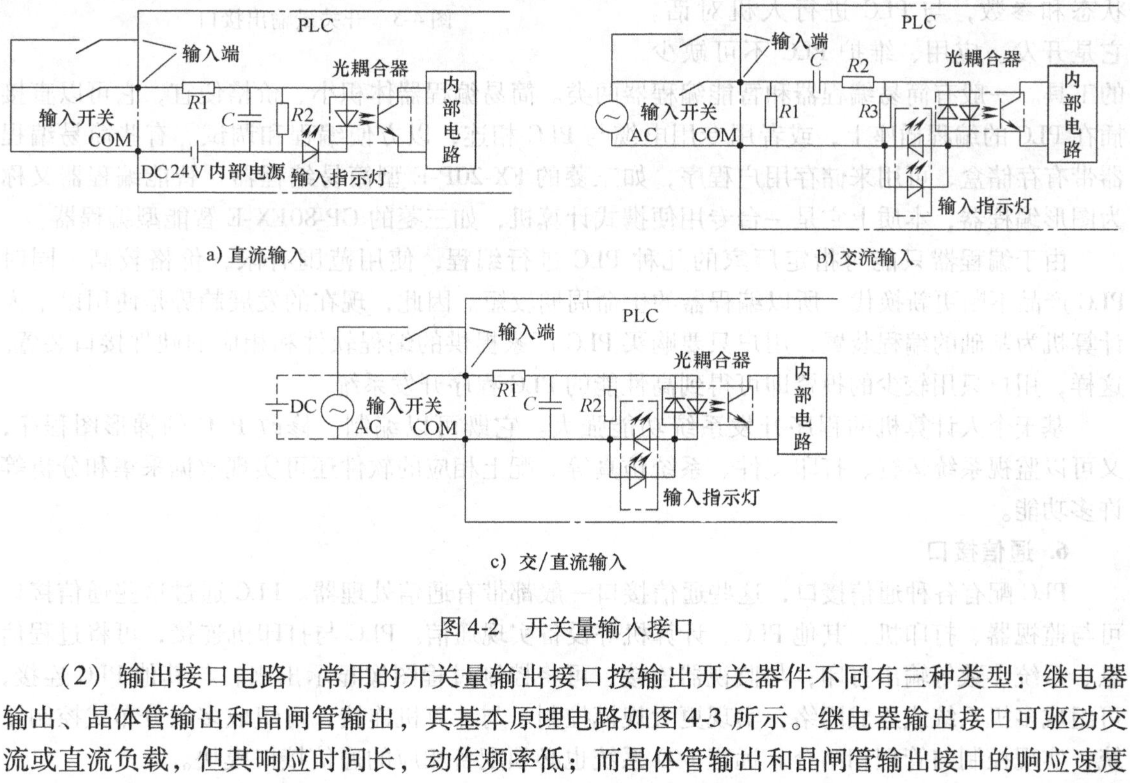

图 4-2　开关量输入接口

（2）输出接口电路　常用的开关量输出接口按输出开关器件不同有三种类型：继电器输出、晶体管输出和晶闸管输出，其基本原理电路如图 4-3 所示。继电器输出接口可驱动交流或直流负载，但其响应时间长，动作频率低；而晶体管输出和晶闸管输出接口的响应速度快，动作频率高，但前者只能用于驱动直流负载，后者只能用于驱动交流负载。

PLC 的 I/O 接口所能接受的输入信号个数和输出信号个数称为 PLC 输入/输出（I/O）点数。I/O 点数是选择 PLC 的重要依据之一。当系统的 I/O 点数不够时，可通过 PLC 的 I/O 扩展接口对系统进行扩展。

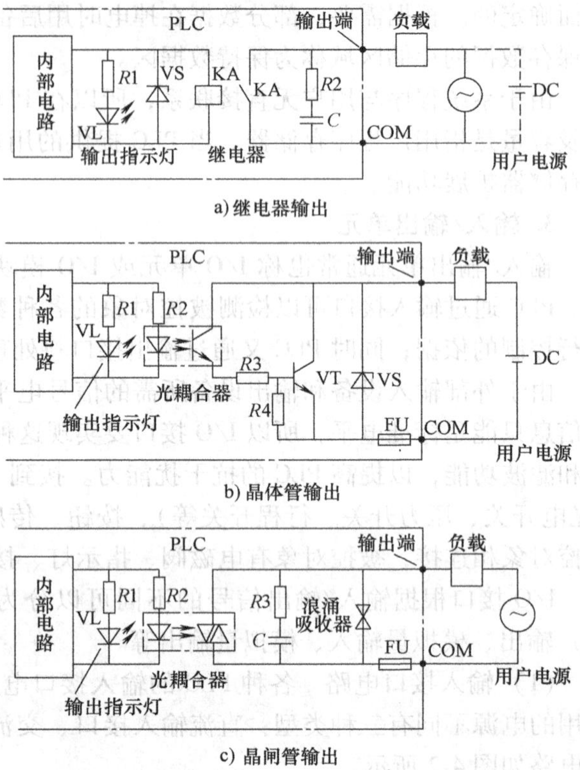

图 4-3　开关量输出接口

4. 电源

PLC 配有开关电源，以供内部电路使用。与普通电源相比，PLC 电源的稳定性好、抗干扰能力强。对电网提供的电源稳定度要求不高，一般允许电源电压在其额定值 ±15% 的范围内波动。许多 PLC 还向外提供直流 24V 稳压电源，用于对外部传感器供电。并备有备用锂电池，以确保外部故障时内部重要数据不至于丢失。

5. 编程装置

编程装置的作用是编辑、调试、输入用户程序，也可在线监控 PLC 内部状态和参数，与 PLC 进行人机对话。它是开发、应用、维护 PLC 不可缺少的工具。一般有简易编程器和智能编程器两类。简易编程器体积小、价格便宜，它可以直接插在 PLC 的编程插座上，或者用专用电缆与 PLC 相连，以方便编程和调试。有些简易编程器带有存储盒，可用来储存用户程序，如三菱的 FX-20P-E 型简易编程器。智能编程器又称为图形编程器，本质上它是一台专用便携式计算机，如三菱的 GP-80FX-E 智能型编程器。

由于编程器只能对指定厂家的几种 PLC 进行编程，使用范围有限，价格较高。同时 PLC 产品不断更新换代，所以编程器的生命周期较短。因此，现在的发展趋势是使用以个人计算机为基础的编程装置，用户只要购买 PLC 厂家提供的编程软件和相应的硬件接口装置。这样，用户只用较少的投资即可得到高性能的 PLC 程序开发系统。

基于个人计算机的程序开发系统功能强大。它既可以编制、修改 PLC 的梯形图程序，又可以监视系统运行、打印文件、系统仿真等。配上相应的软件还可实现数据采集和分析等许多功能。

6. 通信接口

PLC 配有各种通信接口，这些通信接口一般都带有通信处理器。PLC 通过这些通信接口可与监视器、打印机、其他 PLC、计算机等设备实现通信。PLC 与打印机连接，可将过程信息、系统参数等输出打印；与监视器连接，可将控制过程图像显示出来；与其他 PLC 连接，可组成多机系统或连成网络，实现更大规模控制。与计算机连接，可组成多级分布式控制系统，实现控制与管理相结合。远程 I/O 系统也必须配备相应的通信接口模块。

7. 智能接口模块

智能接口模块是一独立的计算机系统，它有自己的CPU、系统程序、存储器以及与PLC系统总线相连的接口。它作为PLC系统的一个模块，通过总线与PLC相连，进行数据交换，并在PLC的协调管理下独立地进行工作。

PLC的智能接口模块种类很多，如高速计数模块、闭环控制模块、运动控制模块、中断控制模块等。

8. 其他外部设备

除了以上所述的部件和设备外，PLC还有许多外部设备，如EPROM写入器、外存储器、人机接口装置等。

1）EPROM写入器是用来将用户程序固化到EPROM中的一种PLC外部设备。为了使调试好的用户程序不易丢失，经常用EPROM写入器将PLC内RAM保存到EPROM中。

2）PLC内部的半导体存储器称为内存储器。有时可用外部的磁带、磁盘和用半导体存储器制成的存储盒等来存储PLC的用户程序，这些存储器件称为外存储器。外存储器一般是通过编程器或其他智能模块提供的接口，实现与内存储器之间相互传送用户程序。

3）人机接口装置是用来实现操作人员与PLC控制系统的对话。最简单、最普遍的人机接口装置由安装在控制台上的按钮、转换开关、拨码开关、指示灯、LED显示器和声光报警器等器件构成。对于PLC系统，还可采用半智能型CRT（阴极射线管）人机接口装置和智能型终端人机接口装置。半智能型CRT人机接口装置可长期安装在控制台上，通过通信接口接收来自PLC的信息并在CRT上显示出来；而智能型终端人机接口装置有自己的微处理器和存储器，能够与操作人员快速交换信息，并通过通信接口与PLC相连，也可作为独立的节点接入PLC网络。

4.2.2 可编程序控制器的工作原理

可编程序控制器有两种基本的工作状态，即运行（RUN）状态和停止（STOP）状态。当处于停止状态时，PLC只进行内部处理和通信服务等内容，一般用于程序的编制与修改。当处于运行状态时，PLC除了要进行内部处理和通信服务之外，还要执行反映控制要求的用户程序，即执行输入处理、程序处理、输出处理，一次循环扫描可分为5个阶段，如图4-4所示。整个过程执行一遍所需的时间称为扫描周期。扫描周期与CPU运行速度、PLC硬件配置及用户程序长短有关，典型值为1～100ms。可编程序控制器的这种周而复始的循环工作方式称为扫描工作方式。由于PLC的扫描速度快，从外部输入/输出关系看来，处理过程似乎是同时完成的。

1. 内部处理阶段

PLC接通电源后，在进行循环扫描之前，首先确定自身的完好性，若发现故障，除了故障灯亮之外，还可判断故障性质：一般性故障，只报警不停机，等待处理；严重故障，则停止运行用户程序，此时PLC切断一切输出联系。

确定内部硬件正常后，进行清零或复位处理，清除各元件状态的随机性；检查I/O连接是否正确；启动监控定时器，执行一段涉及各种指令和内存单元的程序，然后将监控定时器复位，允许扫描用户程序。

2. 通信服务阶段

PLC 在通信服务阶段检查是否有与编程器和计算机的通信请求，若有则进行相应处理，如果有与计算机等的通信要求，也在这段时间完成数据的接收和发送任务。

可编程序控制器处于停止状态时，只执行以上的操作。可编程序控制器处于运行状态时，还要完成下面三个阶段的操作，即输入采样阶段、程序执行阶段、输出刷新阶段，如图 4-5 所示。

图 4-4　扫描过程示意图

3. 输入采样阶段

在输入采样阶段，PLC 以扫描工作方式按顺序对所有输入端的输入状态进行采样，并存入输入映像寄存器中，此时输入映像寄存器被刷新，接着进入程序执行阶段。在程序执行阶段或其他阶段，即使输入状态发生变化，输入映像寄存器的内容也不会改变，输入状态的变化只有在下一个扫描周期的输入处理阶段才能被采样。

4. 程序执行阶段

在程序执行阶段，PLC 对程序按顺序进行扫描执行。若程序用梯形图来表示，则总是按先上后下、从左到右的顺序进行。当遇到程序跳转指令时，则根据跳转条件是否满足来决定程序是否跳转。当指令中涉及输入、输出状态时，PLC 从输入映像寄存器和输出映像寄存器中读出，根据用户程序进行运算，运算的结果再存入输出映像寄存器中。对于输出映像寄存器来说，其内容会随程序执行的过程而变化。

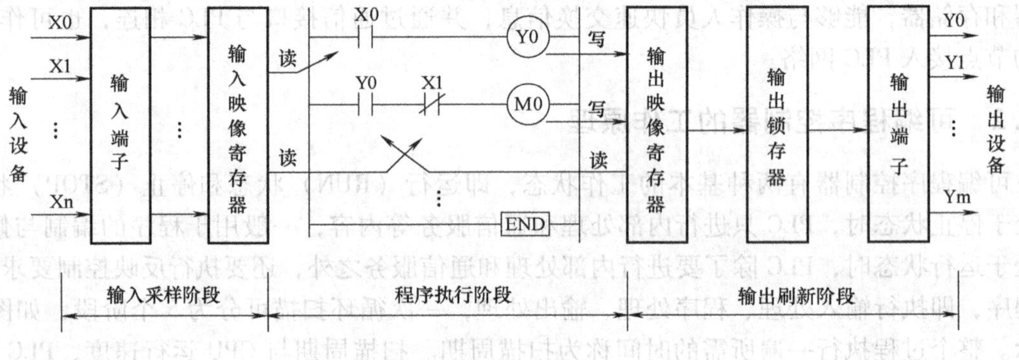

图 4-5　PLC 执行程序过程示意图

5. 输出刷新阶段

当所有程序执行完毕后，进入输出刷新阶段。在这一阶段里，PLC 将输出映像寄存器中与输出有关的状态（输出继电器状态）转存到输出锁存器中，并通过一定方式输出，驱动外部负载。

从 PLC 的输入端输入信号发生变化到 PLC 输出端对该输入变化作出反应，需要一段时间，这种现象称为 PLC 输入/输出响应滞后。对一般的工业控制系统来讲，这种滞后是完全允许的。应该注意的是，这种响应滞后不仅是由于 PLC 扫描工作方式造成，更主要是由 PLC 输入接口的滤波环节带来的输入延迟，以及输出接口中驱动器件的动作时间带来的输出延迟，同时还与程序设计有关。滞后时间是设计 PLC 应用系统时应注意把握的一个参数。

4.3 可编程序控制器的系统配置

4.3.1 FX系列可编程序控制器型号名称的含义

三菱FX系列PLC的基本单元和扩展单元型号命名由字母和数字组成，其命名的基本格式如图4-6所示。

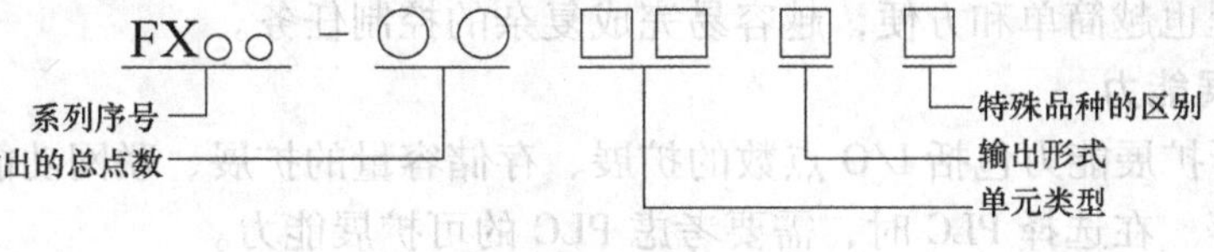

图4-6　FX系列PLC的型号

FX系列PLC型号的含义如下：

1）系列序号0、2、0N、0S、2C、2N、2NC、1N、1S，即FX_0、FX_2、FX_{0N}、FX_{0S}、FX_{2C}、FX_{2N}、FX_{2NC}、FX_{1N}和FX_{1S}。

2）输入/输出的总点数：4~256。

3）单元类型：M为基本单元；E为输入/输出混合扩展单元及扩展模块；EX为输入专用扩展模块；EY为输出专用扩展模块。

4）输出形式：R为继电器输出；T为晶体管输出；S为晶闸管输出。

5）特殊品种的区别：D为DC（直流）电源，DC输入；A1为AC（交流）电源，AC输入（AC100~120V）或AC输入模块；H为大电流输出扩展模块；V为立式端子排的扩展模式；C为接插口输入/输出方式；F为输入滤波器1ms的扩展模块；L为TTL输入型模块；S为独立端子（无公共端）扩展模块；无记号为AC电源，DC输入，横式端子排，标准输出（继电器输出2A/点、晶体管输出0.5A/点或晶闸管输出0.3A/点）。

例如型号为FX_{2N}-48MR-D的PLC属于FX_{2N}系列，是有48个I/O点的基本单元，继电器输出型，使用DC 24V电源。

4.3.2 可编程序控制器的技术性能指标

可编程序控制器的种类很多，用户可以根据控制系统的具体要求选择具有不同技术性能指标的PLC。可编程序控制器的技术性能指标主要有以下几个方面。

1. I/O总点数

输入/输出（I/O）点数是指PLC输入信号和输出信号的总和，是衡量PLC性能的重要指标。I/O点数越多，外部可接的输入设备和输出设备就越多，控制规模就越大。

2. 存储容量

存储容量是指用户程序存储器的容量，是系统性能的一项重要指标。用户程序存储器的容量大，可以编制出复杂的程序。可编程序控制器存放程序的地址单位为“步”，每一步占用两个字，一条基本指令一般为一步，而功能指令往往要占用好几步。一般来说，小型PLC的用户存储器容量为几千字，而大型PLC的用户存储器容量为几万字。

3. 扫描速度

扫描速度是指 PLC 执行用户程序的速度，是衡量 PLC 性能的重要指标。一般以扫描 1000 步用户指令所需的时间来衡量扫描速度，通常以毫秒/千步为单位。也有用扫描 1 步用户指令所需要的时间来表示，即微秒/步。

4. 指令系统

指令系统是指可编程序控制器所有指令的总和，其功能的强弱、数量的多少也是衡量 PLC 性能的重要指标。编程指令的功能越强、数量越多，PLC 的处理能力和控制能力也越强，用户编程也越简单和方便，越容易完成复杂的控制任务。

5. 可扩展能力

PLC 的可扩展能力包括 I/O 点数的扩展、存储容量的扩展、联网功能的扩展、各种功能模块的扩展等。在选择 PLC 时，需要考虑 PLC 的可扩展能力。

6. 特殊功能模块

特殊功能模块种类的多少与功能的强弱是衡量 PLC 产品的一个重要指标。近年来各 PLC 厂商非常重视特殊功能模块的开发，特殊功能模块的种类日益增多，功能越来越强，使 PLC 的控制功能日益扩大。常用的特殊功能模块包括 A-D 和 D-A 转换模块、通信模块、高速计数模块、位置和速度控制模块、温控模块和高级语言模块等。

4.4 可编程序控制器的编程元件

4.4.1 可编程序控制器的编程语言

PLC 是一种工业控制计算机，不光有硬件，软件也必不可少。PLC 的软件由系统程序和用户程序组成。系统程序由 PLC 制造厂商设计编写的，并存入 PLC 的系统存储器中，用户不能更改。系统程序一般包括系统诊断程序、输入处理程序、编译程序、信息传送程序、监控程序等。PLC 的用户程序是用户利用 PLC 的编程语言，根据控制要求编制的程序。因此，学会编程语言是进行 PLC 程序设计的前提。由于 PLC 是专门为工业控制而开发的装置，其主要使用者是广大电气技术人员，为了适应他们的读图习惯及已具备的能力特点，PLC 的主要编程语言采用比计算机语言相对简单、易懂、形象的专用语言。国际电工委员会（IEC）的 PLC 编程语言标准中有 5 种编程语言：梯形图（Ladder Diagram）、指令表（Instruction List）、顺序功能图（Sequential Function Chart）、功能图块（Function Block Diagram）、结构文本（Structured Text）。其中梯形图、顺序功能图和功能图块是图形编程语言，指令表和结构文本是文字语言。

1. 梯形图

梯形图（LD）语言是应用最广泛的一种编程语言，是 PLC 的第一编程语言。梯形图是在传统继电器—接触器控制系统中常用的接触器、继电器等图形表达符号的基础上演变而来的一种图形语言。它与电气控制电路图相似，能直观的表达被控对象的控制逻辑顺序和流程，很容易被电气工程人员和维护人员掌握，特别适用于开关逻辑控制。

图 4-7 所示为传统的电气控制电路图和 PLC 梯形图。从图中可看出，两种图所表达的基本思想是一致的，但其本质却不相同。图 4-7a 所示为传统继电器—接触器控制系统控制电

路图，其电路是由物理元件按钮、继电器、导线及电源构成的硬件接线电路；图 4-7b 所示为 PLC 梯形图程序，其“电路”使用的是 PLC 内部软元件，如输入继电器、输出继电器、定时/计数器等，程序修改灵活方便，是硬件接线电路无法比拟的。

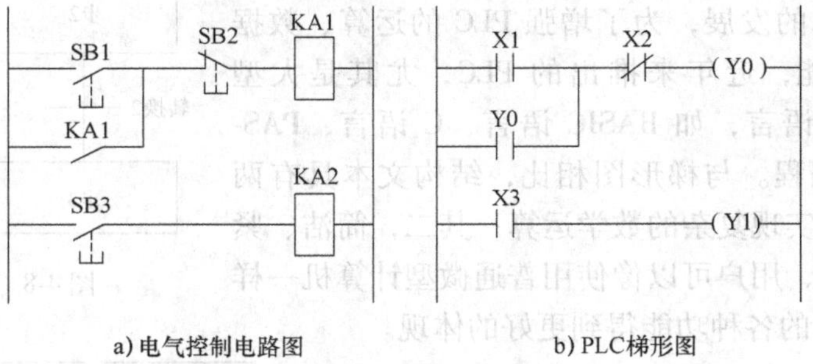

图 4-7　电气控制电路图与梯形图

2. 指令表

这种编程语言类似于计算机的汇编语言，它是用指令助记符来编程的。在 PLC 应用中，经常采用简易编程器，而这种编程器中没有 CRT 屏幕显示，或没有较大的液晶屏幕显示。因此，就用一系列 PLC 操作命令组成的指令表（IL）将梯形图描述出来，再通过简易编程器输入到 PLC 中。虽然各个 PLC 生产厂家的指令表形式不尽相同，但基本功能相差无几。表 4-1 是与图 4-7b 中梯形图对应的指令表程序（FX 系列 PLC）。

表 4-1　与图 4-7b 梯形图对应的指令表

步序号	指令	数据
0	LD	X1
1	OR	Y0
2	ANI	X2
3	OUT	Y0
4	LD	X3
5	OUT	Y1

可以看出，指令是指令表程序的基本单元，每条指令语句包括指令部分和数据部分。指令部分用于指定逻辑功能，数据部分用于指定功能存储器的地址号或设定数值。

3. 顺序功能图

顺序功能图（SFC）用来描述开关量控制系统的功能，是一种用于编制顺序控制程序的图形语言。它将一个完整的控制过程分为若干阶段，各阶段具有不同的动作，阶段间有一定的转换条件，转换条件满足就实现阶段转移，即上一阶段动作结束，下一阶段动作开始。步、转换和动作是顺序功能图的三要素，如图 4-8 所示。顺序功能图提供了一种组织程序的图形方法，根据它可以方便地画出顺控梯形图，有关顺序功能图编程的内容将在第 6 章中作详细介绍。

4. 功能图块

功能图块（FBD）是一种用逻辑功能符号组成的功能块来表达命令的图形语言，由与门、或门、非门、定时器、计数器、触发器等逻辑符号组成，容易被有数字电路基础的电气技术人员掌握，如图 4-9 所示。

5. 结构文本

随着 PLC 技术的发展，为了增强 PLC 的运算、数据处理及通信等功能，近年来推出的 PLC，尤其是大型 PLC，都可用高级语言，如 BASIC 语言、C 语言、PASCAL 语言等进行编程。与梯形图相比，结构文本具有两大优点：其一，能实现复杂的数学运算；其二，简洁、紧凑。采用结构文本，用户可以像使用普通微型计算机一样操作 PLC，使 PLC 的各种功能得到更好的体现。

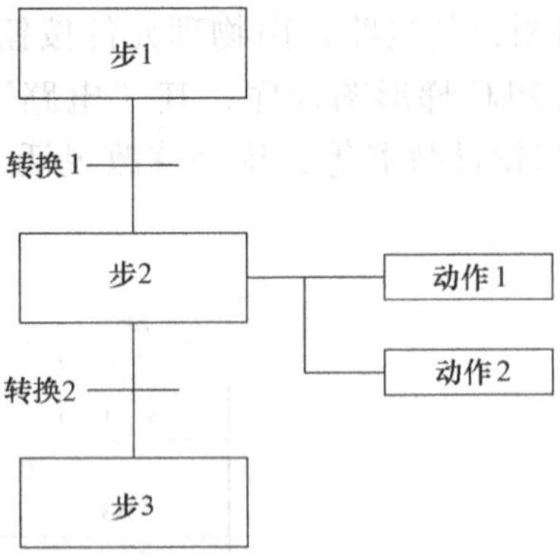

图 4-8　顺序功能图

4.4.2　FX 系列可编程序控制器的编程元件

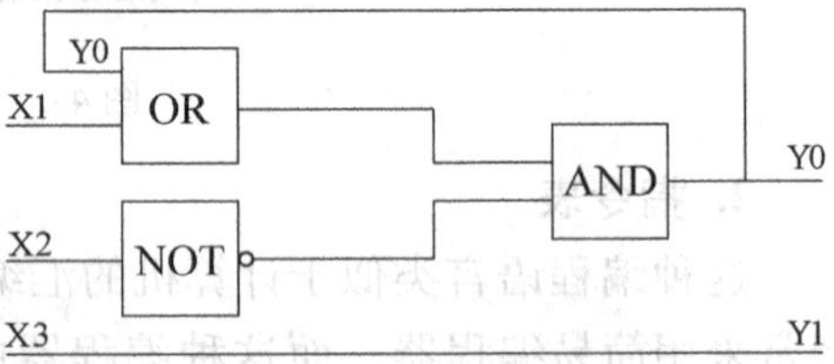

图 4-9　功能图块

PLC 在软件设计中需要各种逻辑元件和运算元件，称之为编程元件。这些元件与继电器等硬件有类似的功能，通常称为软元件。PLC 内部有许多具有不同功能的软元件，实际上这些软元件是由电子电路和存储器组成的。例如，输入继电器（X）是由输入电路和输入映像寄存器组成；输出继电器（Y）是由输出电路和输出映像寄存器组成；定时器（T）、计数器（C）、辅助继电器（M）、状态继电器（S）、数据寄存器（D）、变址寄存器（V/Z）等都是由存储器组成的。

需要指出的是，不同厂家甚至同一厂家的不同型号的 PLC，其软元件的数量和种类都不一样。因此用户在编制程序时，必须熟悉所选用 PLC 的每条指令涉及编程元件的功能和编号。

FX 系列中几种常用型号 PLC 的编程元件及编号见表 4-2。FX 系列 PLC 编程元件的编号由字母和数字组成，其中输入继电器和输出继电器用八进制数字编号，其他均采用十进制数字编号。为了能全面了解 FX 系列 PLC 的内部软继电器，本节以 FX_{2N} 为例，详细地介绍软元件。

表 4-2　FX 系列 PLC 的内部软继电器及编号

编程元件种类 \ PLC 型号		FX_{0S}	FX_{1S}	FX_{0N}	FX_{1N}	FX_{2N}（FX_{2NC}）
输入继电器（X）（按八进制编号）		X0 ~ X17（不可扩展）	X0 ~ X17（不可扩展）	X0 ~ X43（可扩展）	X0 ~ X43（可扩展）	X0 ~ X77（可扩展）
输出继电器（Y）（按八进制编号）		Y0 ~ Y15（不可扩展）	Y0 ~ Y15（不可扩展）	Y0 ~ Y27（可扩展）	Y0 ~ Y27（可扩展）	Y0 ~ Y77（可扩展）
辅助继电器（M）	通用	M0 ~ M495	M0 ~ M383	M0 ~ M383	M0 ~ M383	M0 ~ M499
	断电保持	M496 ~ M511	M384 ~ M511	M384 ~ M511	M38 ~ M1535	M500 ~ M3071
	特殊功能	M8000 ~ M8255（具体功能见使用手册）				

（续）

编程元件种类 \ PLC型号		FX_{0S}	FX_{1S}	FX_{0N}	FX_{1N}	FX_{2N}（FX_{2NC}）
状态寄存器（S）	初始状态用	S0 ~ S9	S0 ~ S9	S0 ~ S9	S0 ~ S9	S0 ~ S9
	返回原点用	—	—	—	—	S10 ~ S19
	普通用	S10 ~ S63	S10 ~ S127	S10 ~ S127	S10 ~ S999	S20 ~ S499
	保持用	—	S0 ~ S127	S0 ~ S127	S0 ~ S999	S500 ~ S899
	信号报警用	—	—	—	—	S900 ~ S999
定时器（T）	100ms	T0 ~ T49	T0 ~ T62	T0 ~ T62	T0 ~ T199	T0 ~ T199
	10ms	T24 ~ T49	T32 ~ T62	T32 ~ T62	T200 ~ T245	T200 ~ T245
	1ms			T63	—	
	1ms累积	—	T63	—	T246 ~ T249	T246 ~ T249
	100ms累积	—	—	—	T250 ~ T255	T250 ~ T255
计数器（C）	16位增计数（普通）	C0 ~ C13	C0 ~ C15	C0 ~ C15	C0 ~ C15	C0 ~ C99
	16位增计数（保持）	C14、C15	C16 ~ C31	C16 ~ C31	C16 ~ C199	C100 ~ C199
	32位可逆计数（普通）	—	—	—	C200 ~ C219	C200 ~ C219
	32位可逆计数（保持）	—	—	—	C220 ~ C234	C220 ~ C234
	高速计数	C235 ~ C255（具体见使用手册）				
数据寄存器（D）	16位普通用	D0 ~ D29	D0 ~ D127	D0 ~ D127	D0 ~ D127	D0 ~ D199
	16位保持用	D30、D31	D128 ~ D255	D128 ~ D255	D128 ~ D7999	D200 ~ D7999
	16位特殊用	D8000 ~ D8069	D8000 ~ D8255	D8000 ~ D8255	D8000 ~ D8255	D8000 ~ D8255
	16位变址用	V Z	V0 ~ V7 Z0 ~ Z7	V Z	V0 ~ V7 Z0 ~ Z7	V0 ~ V7 Z0 ~ Z7
指针（N、P、I）	嵌套用	N0 ~ N7	N0 ~ N7	N0 ~ N7	N0 ~ N7	N0 ~ N7
	跳转用	P0 ~ P63	P0 ~ P63	P0 ~ P63	P0 ~ P127	P0 ~ P127
	输入中断用	I00 × ~ I30 ×	I00 × ~ I50 ×	I00 × ~ I30 ×	I00 × ~ I50 ×	I00 × ~ I50 ×
	定时器中断	—	—	—	—	I6 × × ~ I8 × ×
	计数器中断	—	—	—	—	I010 ~ I060
常数（K、H）	16位	K：-32768 ~ 32767			H：0000 ~ FFFFH	
	32位	K：-2147483648 ~ 2147483647			H：00000000 ~ FFFFFFFF	

注：“*”表示0或1，0表示下降沿中断，1表示上升沿中断。“* *”表示定时器范围为10 ~ 99ms。

1. 输入继电器（X0 ~ X267）

输入继电器与PLC的输入端子相连，是PLC接收外部开关信号的软元件，PLC通过输入端子将外部信号的状态读入并存储在输入映像寄存器中。图4-10所示为输入继电器X1的等效电路。与输入端子连接的输入继电器是光电隔离的电子继电器，其线圈、动合触点、动断触点与传统物理元件继电器表示方法一样。输入继电器必须由外部信号驱动，不能用程序驱动，所以在程序中不能出现其线圈。由于输入继电器为输入映像寄存器中的状态，所以其触点的使用次数不限。

FX 系列 PLC 的输入继电器采用八进制编号，FX_{2N}输入继电器的编号范围为 X0 ~ X267（184 点）。注意，基本单元输入继电器的编号是固定的，扩展单元和扩展模块是按与基本单元最靠近开始，顺序进行编号。例如：基本单元 FX_{2N}-48M 的输入继电器编号为 X0 ~ X27（24 点），如果接有扩展单元或扩展模块，则扩展的输入继电器从 X30 开始编号。

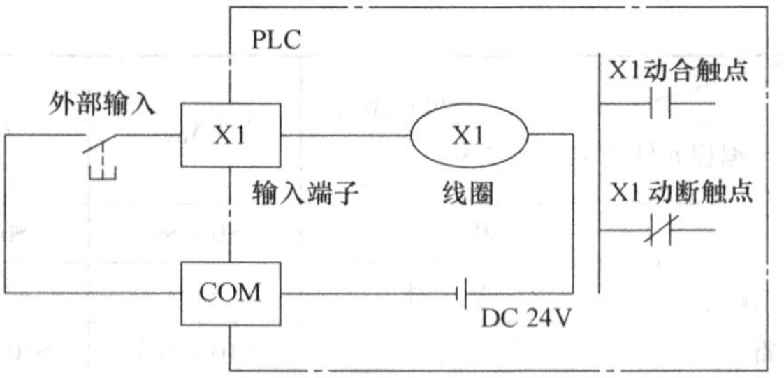

图 4-10　输入继电器 X1 的等效电路

2. 输出继电器（Y0 ~ Y267）

输出继电器与 PLC 的输出端子相连，是 PLC 向外部负载发送信号的软元件。输出继电器用来将 PLC 的输出信号传送给输出单元，再由后者驱动外部负载。图 4-11 所示为输出继电器 Y0 的等效电路。在传统的继电器控制电路中，继电器、接触器的动合、动断触点的数量是有限的，但在梯形图中，每一个输出继电器的动合触点和动断触点可以无限次使用。FX 系列 PLC 的输出继电器也是八进制编号，其中 FX_{2N} 编号范围为 Y0 ~ 267（184 点）。与输入继电器一样，基本单元的输出继电器编号是固定的，扩展单元和扩展模块的编号也是按与基本单元最靠近开始，顺序进行编号。

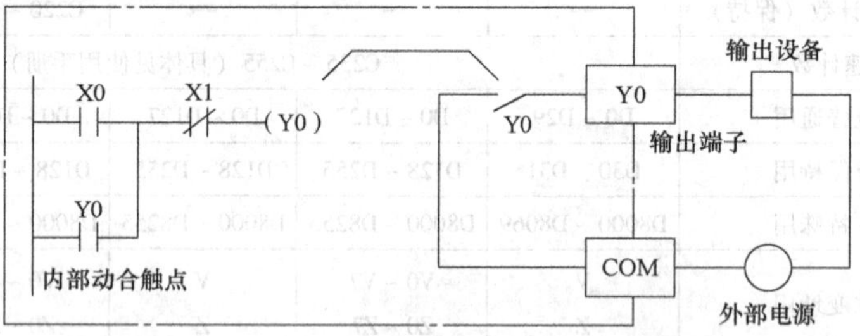

图 4-11　输出继电器 Y0 的等效电路

3. 辅助继电器（M）

PLC 内部有许多辅助继电器，其作用相当于继电器控制系统中的中间继电器。它的动合、动断触点在 PLC 的梯形图内可以无限次使用，但是这些触点不能直接驱动外部负载，外部负载必须由输出继电器的外部触点来驱动。在逻辑运算中经常需要一些中间继电器用于辅助运算，这些元件往往用于状态暂存、移位等运算，另外，辅助继电器还具有一些特殊功能。

辅助继电器采用符号 M 与十进制数共同组成编号。从表 4-2 可知，FX_{2N}系列 PLC 中有三种特性不同的辅助继电器，分别是通用辅助继电器（M0 ~ M499）、断电保持辅助继电器（M500 ~ M3071）和特殊功能辅助继电器（M8000 ~ M8255）。

（1）通用辅助继电器（M0 ~ M499）　FX_{2N}系列共有 500 点通用辅助继电器。在 PLC 运行时，如果电源突然断电，则通用辅助继电器全部线圈均 OFF。当电源再次接通时，除了因外部输入信号而变为 ON 的以外，其余的仍将保持 OFF 状态，它们没有断电保持功能。通用辅助继电器常在逻辑运算中作为辅助运算、状态暂存、移位等功能使用。根据需要，可通过程序设定，将 M0 ~ M499 转变为断电保持辅助继电器。

(2) 断电保持辅助继电器（M500～M3071）　FX_{2N}系列有 M500～M3071 共 2572 个断电保持辅助继电器。它与普通辅助继电器不同的是具有断电保持功能，即能记忆电源中断瞬时的状态，并在重新通电后保持断电前的状态，其原因是电源中断时采用 PLC 锂电池保持其映像寄存器中的内容。其中 M500～M1023 可由软件将其设定为通用辅助继电器。

(3) 特殊功能辅助继电器（M8000～M8255）　特殊辅助继电器共 256 点，各具特定的功能，一般分为触点利用型和线圈利用型两类。

1）触点利用型特殊辅助继电器。其线圈由 PLC 自动驱动，用户只可使用其触点。例如：

M8000：运行监视，PLC 运行时 M8000 接通，M8001 与 M8000 逻辑相反。

M8002：初始脉冲，仅在运行开始瞬间接通一个扫描周期，因此可以用 M8002 的动合触点使具有断电保持功能的元件初始化复位或给它们置初始值。M8003 与 M8002 逻辑相反。

M8011、M8012、M8013 和 M8014 分别是产生 10ms、100ms、1s 和 1min 时钟脉冲的特殊辅助继电器。M8000、M8002、M8012 的波形图如图 4-12 所示。

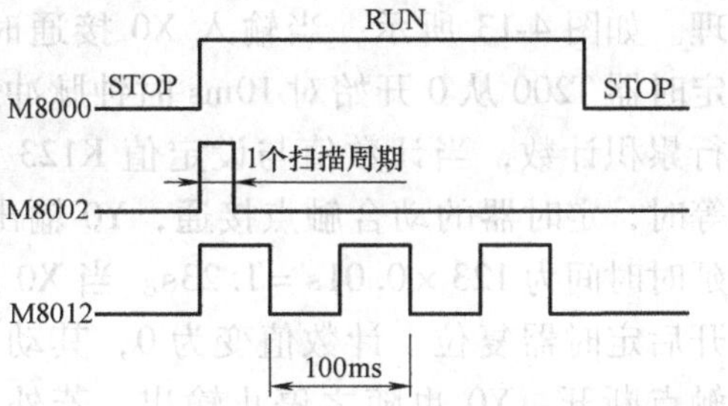

图 4-12　M8000、M8002、M8012 波形图

2）线圈利用型特殊辅助继电器。由用户程序驱动其线圈，使 PLC 执行特定的操作，用户并不使用它们的触点，例如：

M8030 为锂电池电压指示特殊辅助继电器，当锂电池电压下降到某一值时，M8030 动作，指示灯亮，提醒 PLC 维修人员及时更换锂电池。

M8033 为 PLC 停止时输出保持特殊辅助继电器。

M8034 为禁止输出特殊辅助继电器。

M8039 为定时扫描特殊辅助继电器。

需要说明的是未定义的特殊辅助继电器不可在用户程序中使用。

4. 状态继电器（S0～S999）

状态继电器是构成状态转移图的重要软元件，它与后述的步进顺序控制指令配合使用。状态继电器的符号位 S，其地址按十进制编号。FX_{2N}系列有 S0～S999 共 1000 点。状态继电器包括以下 5 种类型：

1）初始状态继电器：S0～S9，共 10 点。

2）回零状态继电器：S10～S19，共 10 点。

3）通用状态继电器：S20～S499，共 480 点。

4）保持状态继电器：S500～S899，共 400 点。

5）报警用状态继电器：S900～S999，共 100 点，这 100 个状态继电器可用于外部故障诊断输出。

5. 定时器（T0～T255）

PLC 中的定时器相当于继电器控制电路中的通电型时间继电器。它有一个设定值寄存器、一个当前值寄存器以及动合、动断触点供编程时使用，触点引用次数不限。定时器的符号位 T，其地址按十进制编号。FX_{2N}系列 PLC 中共有 256 个定时器，分为通用定时器和累积定时器两种。它们是通过对一定周期的时钟脉冲的进行累计而实现定时的，时钟脉冲有周期为 1ms、10ms、100ms 三种，当所计数达到设定值时触点动作。设定值可用常数 K 或数据寄存器 D 的内容来设置。

（1）通用定时器　通用定时器的特点是不具备断电保持功能，即当输入电路断开或停电时定时器复位。通用定时器有 100ms 和 10ms 两种。

1）100ms 通用定时器（T0 ~ T199）共 200 点，其中 T192 ~ T199 为子程序和中断服务程序专用定时器。这类定时器是对 100ms 时钟累积计数，设定值为 1 ~ 32767，所以其定时范围为 0.1 ~ 3276.7s。

2）10ms 通用定时器（T200 ~ T245）共 46 点。这类定时器是对 10ms 时钟累积计数，设定值为 1 ~ 32767，所以其定时范围为 0.01 ~ 327.67s。

下面举例说明通用定时器的工作原理。如图 4-13 所示，当输入 X0 接通时，定时器 T200 从 0 开始对 10ms 时钟脉冲进行累积计数，当计数值与设定值 K123 相等时，定时器的动合触点接通，Y0 输出，延时时间为 $123 \times 0.01s = 1.23s$。当 X0 断开后定时器复位，计数值变为 0，其动合触点断开，Y0 也随之停止输出。若外部电源断电，定时器也将复位。

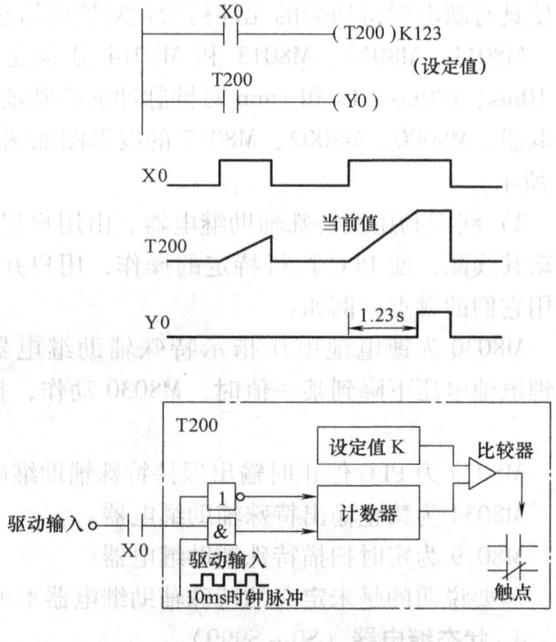

图 4-13　通用定时器工作原理

（2）累积定时器　累积定时器具有计数累积的功能。在定时过程中如果断电或定时器线圈 OFF，累积定时器将保持当前的计数值（当前值），通电或定时器线圈 ON 后继续累积，只有将累积定时器复位，当前值才变为 0。

1）1ms 累积定时器（T246 ~ T249）共 4 点，是对 1ms 时钟脉冲进行累积计数的，定时的时间范围为 0.001 ~ 32.767s。

2）100ms 累积定时器（T250 ~ T255）共 6 点，是对 100ms 时钟脉冲进行累积计数的，定时的时间范围为 0.1 ~ 3276.7s。

举例说明累积定时器的工作原理。如图 4-14 所示，当 X0 接通时，T253 当前值计数数器开始累积 100ms 的时钟脉冲的个数。当 X0 经 t_0 时间后断开，而 T253 尚未计数到设定值 K345，其计数当前值保留。当 X0 再次接通，T253 从保留的当前值开始继续累积，再经过 t_1 时间，当前值达到 K345 时，定时器的触点动作。累积的时间为 $t_0 + t_1 = 0.1 \times 345s = 34.5s$。当复位输入 X1 接通时，定时器才复位，当前值变为 0，触点也随之复位。

6. 计数器（C0 ~ C255）

FX_{2N}系列提供了 256 点计数器，根据计数方式、工作特点可以分为内部信号计数器（简称内部计数器）和外部高速计数器（简称高速计数器）。

（1）内部计数器　内部计数器是用来对 PLC 的内部元件（X，Y，M，S，T 和 C）提供的信号进行计数。这些内部元件提供的信号的接通和断开时间应比 PLC 的扫描周期稍长。内部计数器可分为 16 位增计数器、32 位双向计数器，按功能可分为通用型和断电保持型。

1）16 位增计数器（C0 ~ C199）。16 位增计数器共 200 点，其中 C0 ~ C99 共 100 点为通用型，C100 ~ C199 共 100 点为断电保持型。这类计数器均为增计数，计数器的设定范围为 1 ~ 32767，可以用常数 K 或数据寄存器 D 的值来设定。当输入信号（上升沿）个数累加到设定值时，计数器动作，其动合触点闭合、动断触点断开。

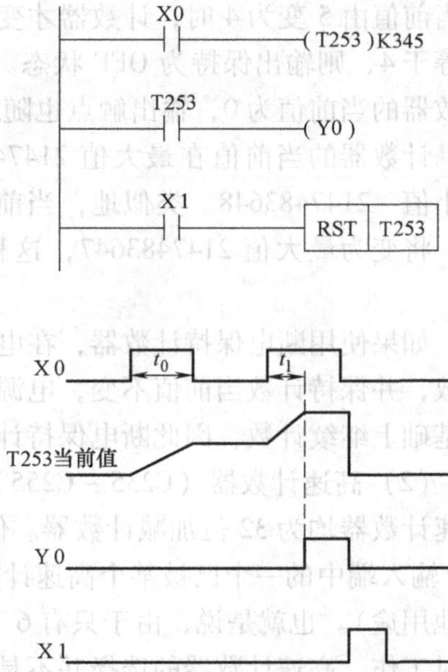

图 4-14　累积定时器工作原理

举例说明通用型 16 位增计数器的工作原理。如图 4-15 所示，X10 为复位信号，当 X10 为 ON 时 C0 复位。X11 是计数输入，每当 X11 接通一次计数器当前值增加 1（注意 X10 断开，计数器不会复位）。当计数器计数当前值达到设定值 10 时，计数器 C0 的输出触点动作，Y0 输出。此后即使 X11 再接通，计数器的当前值也保持不变。当复位输入 X10 接通时，执行 RST 复位指令，计数器复位，其输出触点也复位，Y0 停止输出。

具有断电保持功能的计数器在电源断电时可保持其状态信息，重新上电后能立即按断电时的状态恢复工作。

2）32 位双向计数器（C200 ~ C234）。共有 35 点 32 位加/减计数器，其中 C200 ~ C219 共 20 点为通用型，C220 ~ C234（共 15 点）为断电保持型。这类计数器与 16 位增计数器除位数不同外，还在于它能通过设定特殊辅助继电器实现加/减双向计数。设定值范围均为 −214783648 ~ +214783647（32 位）。

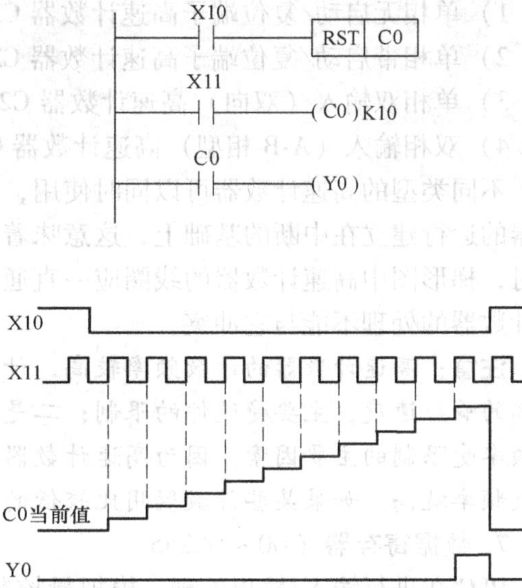

图 4-15　通用型 16 位增计数器

C200 ~ C234 是增计数还是减计数，分别由特殊辅助继电器 M8200 ~ M8234 设定。对应的特殊辅助继电器被置为 ON 时为减计数，置为 OFF 时为增计数。

计数器的设定值与 16 位计数器一样，可直接用常数 K 或间接用数据寄存器 D 的内容作为设定值。在间接设定时，对于 32 位计数器，其设定值存放在相邻的两个数据寄存器中。如果指定的是 D0，则设定值存放在 D1 和 D0 中。

如图 4-16 所示，X10 用来控制 M8200，X10 闭合时为减计数方式。X12 为计数输入，C200 的设定值为 5（可正、可负）。设 C200 置为增计数方式（M8200 为 OFF），当 X12 计数输入累加由 4 变为 5 时，计数器的输出触点动作。当前值大于 5 时计数器仍为 ON 状态。只有当前值由 5 变为 4 时，计数器才变为 OFF。只要当前值小于等于 4，则输出保持为 OFF 状态。复位输入 X11 接通时，计数器的当前值为 0，输出触点也随之复位。

计数器的当前值在最大值 2147483647 加 1 时，将变为最小值 -2147483648。类似地，当前值为 -2147483648 减 1 时，将变为最大值 2147483647，这种计数器称为环形计数器。

如果使用断电保持计数器，在电源中断时，计数器停止计数，并保持计数当前值不变，电源再次接通后，在当前值的基础上继续计数，因此断电保持计数器可累计计数。

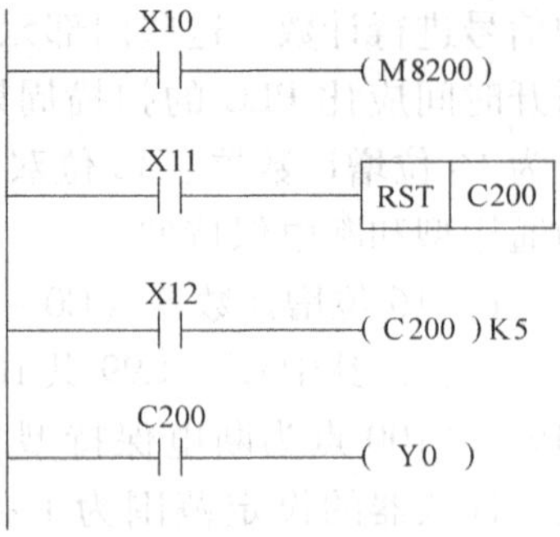

图 4-16　32 位增/减计数器

（2）高速计数器（C235 ~ C255）　FX_{2N}系列 PLC 有 C235 ~ C255 共 21 点高速计数器。高速计数器均为 32 位加减计数器。但用于高速计数器输入的 PLC 输入端只有 6 个，如果这 6 个输入端中的一个已被某个高速计数器占用，它就不能再用于其他高速计数器的输入（或其他用途）。也就是说，由于只有 6 个高速计数器输入端，所以最多只能有 6 个高速计数器同时工作。高速计数器的选择并不是任意的，它取决于所需计数器的类型及高速输入端子，高速计数器的类型如下：

1）单相无启动/复位端子高速计数器 C235 ~ C240。

2）单相带启动/复位端子高速计数器 C241 ~ C245。

3）单相双输入（双向）高速计数器 C246 ~ C250。

4）双相输入（A-B 相型）高速计数器 C251 ~ C255。

不同类型的高速计数器可以同时使用，但是它们的高速计数器输入点不能冲突。高速计数器的运行建立在中断的基础上，这意味着事件的触发与扫描时间无关。在对外高速脉冲计数时，梯形图中高速计数器的线圈应一直通电，以表示与它有关的输入点已被使用，其他高速计数器的处理不能与它冲突。

注意：高速计数器的计数频率较高，计数器最高计数频率受两个因素限制：一是各个输入端的响应速度，主要受硬件的限制；二是全部高速计数器的处理时间，这是高速计数器计数频率受限制的主要因素。因为高速计数器的工作是采用中断方式，故计数器用得越少，则计数频率就高。如果某些计数器用比较低的频率计数，则其他计数器可用较高的频率计数。

7. 数据寄存器（D0 ~ D8255）

PLC 在进行输入/输出处理、模拟量控制、位置控制时，需要许多数据寄存器存储数据和参数。数据寄存器为 16 位，最高位为符号位。可用两个数据寄存器来存储 32 位数据，最高位仍为符号位。数据寄存器有以下几种类型：

（1）通用数据寄存器（D0 ~ D199）　通用数据寄存器共 200 点。一旦数据寄存器中写入数据，只要不再写入其他数据，就不会变化。然而当 PLC 由 RUN 状态进入 STOP 状态或停电时，数据全部清零。但是当 M8033 为 ON 时，D0 ~ D199 具有断电保护功能，PLC 由运行转向停止时，数据可以保持。

（2）断电保持数据寄存器（D200 ~ D7999）　共 7800 点，其中 D200 ~ D511 共 312 点具有断电保持功能，可以利用外部设备的参数设定改变通用数据寄存器与具有断电保持功能数据寄存器的分配；D490 ~ D509 供通信用；D512 ~ D7999 的断电保持功能不能由软件改变，但可用指令清除它们的内容。根据参数设定可以将 D1000 以上数据寄存器作为文件寄存器。

（3）特殊数据寄存器（D8000 ~ D8255）　特殊数据寄存器共 256 点。特殊数据寄存器的作用是用来监控 PLC 的运行状态。如扫描时间、电池电压等。未加定义的特殊数据寄存器，用户不能使用。

8. 变址寄存器（V0 ~ V7，Z0 ~ Z7）

FX_{2N}系列 PLC 有 16 个变址寄存器 V0 ~ V7 和 Z0 ~ Z7，除了和普通的数据寄存器有相同的使用方法之外，还常用于修改元件的地址编号。V、Z 都是 16 位的寄存器，可进行数据的读写，在 32 位操作时将 V、Z 合并使用，Z 为低位。例如，当 V0 = 12 时，数据寄存器 D6V0 相当于 D18（6 + 12 = 18）。通过修改变址寄存器的值，可以改变实际的操作数。变址寄存器也可以用来修改常数值。例如，当 Z0 = 21 时，K48Z0 相当于常数 69（48 + 21 = 69）。

9. 指针（P/I）

指针（P/I）包括分支和子程序用的指针（P）以及中断用的指针（I）。在梯形图中，指针放在左侧母线的左边。

10. 常数（K/H）

K 是表示十进制整数的符号，主要用来指定定时器或计数器的设定值及应用功能指令操作数中的数值；H 是表示十六进制数，主要用来表示应用功能指令的操作数值。例如 20 用十进制表示为 K20，用十六进制则表示为 H14。

习　题

4-1　简述可编程序控制器的定义。

4-2　简述可编程序控制器的特点。

4-3　可编程序控制器的发展方向是什么？

4-4　简述可编程序控制器的基本组成。

4-5　可编程序控制器的输出有哪几种形式？它们各有什么特点？

4-6　可编程序控制器采用什么形式的工作方式？

4-7　什么是 PLC 的扫描周期？分为哪几个阶段？

4-8　简述 FX_{2N}系列可编程序控制器型号的含义。

4-9　可编程序控制器的技术性能指标有哪些？

4-10　FX 系列 PLC 的编程软元件有哪几种？说明其用途、编号及使用方法。

4-11　可编程序控制器有哪几种编程语言？

4-12　简述通用定时器和累积定时器的工作特点。

4-13　M8210 处在断开状态，指出计数器 C210 是增计数还是减计数？

第 5 章 FX 系列 PLC 的基本逻辑指令与编程方法

【本章教学重点】

(1) FX 系列 PLC 的基本逻辑指令及应用。

(2) 基本电路环节的梯形图设计。

(3) PLC 梯形图程序的经验设计法。

【本章能力要求】

通过本章的学习，读者应该掌握 FX 系列 PLC 基本逻辑指令的应用、掌握基本电路环节的梯形图程序设计，能够熟练应用经验法对 PLC 控制系统进行设计。

FX 系列 PLC 共有 29 条基本逻辑指令。基本逻辑指令是 PLC 中最基础的编程语言，用基本逻辑指令可以编制出开关量控制系统的用户程序。本章将以三菱 FX 系列 PLC 基本逻辑指令为例说明指令的含义和梯形图绘制的基本方法，并介绍 PLC 程序的基本设计方法。

5.1 FX 系列 PLC 的基本逻辑指令

本节在介绍 FX 系列 PLC 的基本逻辑指令时将指令语句表和梯形图二者的优势结合起来，以便读者能更好地理解这些指令。

5.1.1 逻辑取、取反及输出指令

逻辑取、取反及输出指令（LD、LDI、OUT）如表 5-1 所示。

表 5-1 逻辑取、取反、输出指令表

符号	名称	功能	梯形图表示	操作元件
LD	取	动合触点逻辑运算起始	X0 ─┤├─(Y0)	X、Y、M、T、C、S
LDI	取反	动断触点逻辑运算起始	X1 ─┤/├─(Y1)	X、Y、M、T、C、S
OUT	输出	线圈驱动	X1 ─┤├─(Y1)	Y、M、T、C、S

1. 指令说明

1）LD（load）：用于动合触点与左母线连接的指令。操作元件可以是 X、Y、M、T、C 和 S。

2）LDI（load inverse）：用于动断触点与左母线连接的指令。操作元件可以是 X、Y、

M、T、C和S。

3）OUT：用于驱动线圈的输出指令。操作元件可以是Y、M、T、C和S，不能用于输入继电器。

4）LD和LDI指令还可以与ANB、ORB指令配合，用于电路块的起点。

5）OUT指令可以连续使用若干次，相当于线圈的并联。OUT指令的操作元件是定时器T和计数器C时，必须设置常数K，如图5-1所示。

2. 指令应用

逻辑取、取反及输出指令的应用如图5-1所示。

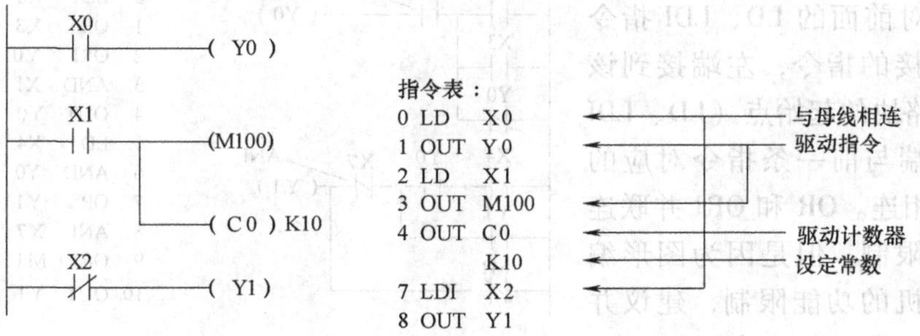

a) 梯形图　　　　b) 指令表

图5-1 逻辑取、取反及输出指令的应用

5.1.2 触点串、并联指令

单个触点的串、并联指令（AND、ANI、OR、ORI）如表5-2所示。

表5-2 触点串联、并联指令

符号	名称	功能	梯形图表示	操作元件
AND	与	单个动合触点的串联	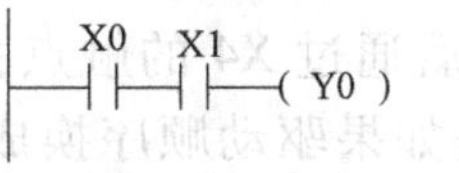	X、Y、M、T、C
ANI	与非	单个动断触点的串联	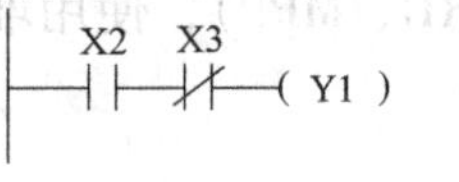	X、Y、M、T、C
OR	或	单个动合触点的并联	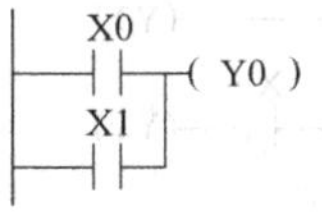	X、Y、M、T、C
ORI	或非	单个动断触点的并联	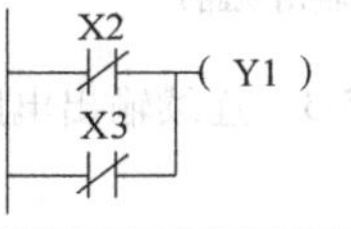	Y、Y、M、T、C

1. 指令说明

1）AND：用于单个动合触点与左边电路的串联连接。

2）ANI（and inverse）：用于单个动断触点与左边电路的串联连接。

AND和ANI都是一个程序步的指令，后面必须有被操作的元件名称及元件号，操作元件可以是X、Y、M、T和C。在使用该指令时，串联触点的个数没有限制，但是因为图形编辑器和打印机的功能限制，建议尽量做到一行不超过 10 个触点和 1 个线圈。

值得注意的是，如果是两个或两个以上触点并联连接的电路再串联连接时，需要用到后述的 ANB 指令。

3）OR：用于单个动合触点与前面电路的并联连接。

4）ORI（or inverse）：用于单个动断触点与前面电路的并联连接。

OR 和 ORI 都是一个程序步的指令，后面必须有被操作的元件名称及元件号，操作元件可以是 X、Y、M、T 和 C。

OR 和 ORI 指令是从该指令的当前步开始，对前面的 LD、LDI 指令进行并联连接的指令，左端接到该指令所在电路块的起始点（LD、LDI 点）上，右端与前一条指令对应的触点的右端相连。OR 和 ORI 并联连接的次数无限制，但是因为图形编辑器和打印机的功能限制，建议并联的次数尽量不超过 24 次。

值得注意的是，如果是两个或两个以上触点串联连接的电路再并联连接时，需要用到后述的 ORB 指令。

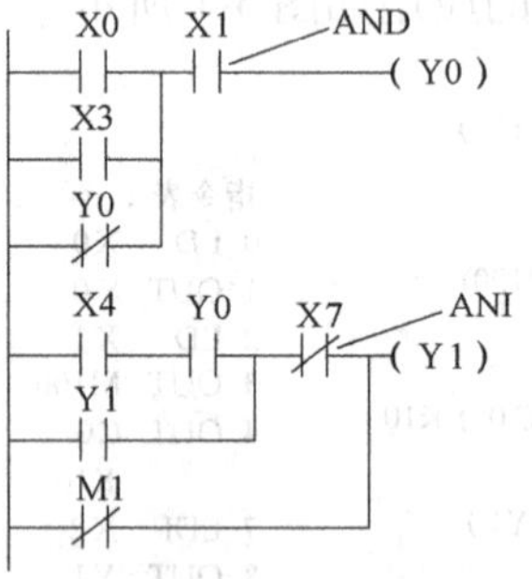

a）梯形图

指令表：

0	LD	X0	并联触点
1	OR	X3	
2	ORI	Y0	
3	AND	X1	
4	OUT	Y0	
5	LD	X4	并联触点
6	AND	Y0	
7	OR	Y1	
8	ANI	X7	
9	ORI	M1	
10	OUT	Y1	

b）指令表

图 5-2　单个触点的串联和并联

2. 指令应用

单个触点的串联和并联的应用如图 5-2 所示。

3. 连续输出

OUT 指令使用后，再通过触点对其他线圈使用 OUT 指令的方式称为纵接输出或连续输出。如图 5-3a 所示，Y0 输出后通过 X4 的触点去驱动线圈 Y1。这种连续输出只要顺序不错，可以重复多次使用。但是如果驱动顺序换成如图 5-3b 的形式，则属于多重输出结构，必须使用堆栈指令（MPS、MRD、MPP），使用堆栈指令则使程序步数增多，因此不推荐使用多重输出结构。

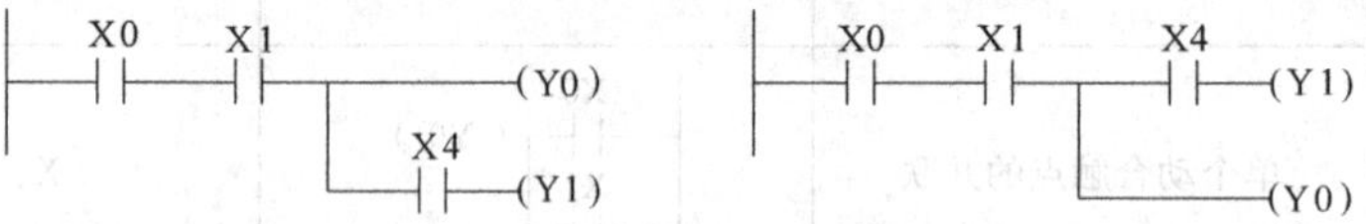

a）推荐程序(连续输出电路)　　b）不推荐程序(多重输出电路)

图 5-3　连续输出电路、多重输出电路

5.1.3　电路块连接指令

两个或两个以上的触点组成的电路称为“电路块”，电路块连接指令（ANB、ORB）如表 5-3 所示。

1. 指令说明

1）ANB（and block）：电路块串联连接指令。由两个或两个以上触点并联的电路称为并联电路块，ANB 指令是将并联电路块与前面的电路串联。在使用 ANB 指令之前应该先完成并联电路块的内部连接，并联电路块中各支路的起始触点使用 LD 或 LDI 指令。

表 5-3　电路块连接指令

符号	名称	功能	梯形图表示	操作元件
ANB	与块	并联电路块的串联连接	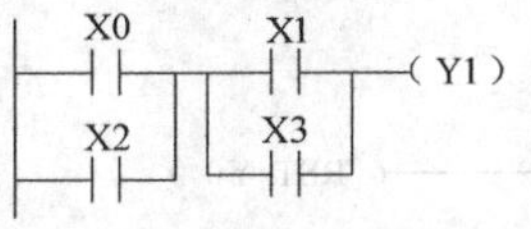	无
ORB	或块	串联电路块的并联连接	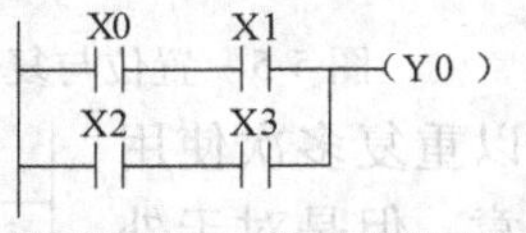	无

2）ORB（or block）：电路块并联连接指令。由两个或两个以上触点串联连接的电路称为串联电路块，ORB 指令用于将串联电路块进行并联连接。串联电路块的起始触点要使用 LD 或 LDI 指令，完成了电路块的内部连接后，使用 ORB 指令将前面已经连接好的电路块并联起来。

3）ANB、ORB 指令可以重复使用多次，但是连续使用 ORB 时，应限制在 8 次以下。

2. 指令应用

ANB、ORB 指令的应用如图 5-4 所示。

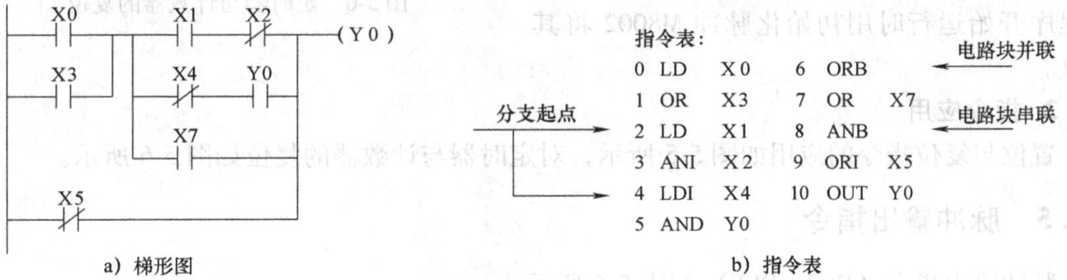

图 5-4　电路块连接指令的应用

5.1.4　置位与复位指令

置位与复位指令（SET、RST）如表 5-4 所示。

表 5-4　置位与复位指令

符号	名称	功能	梯形图表示	操作元件
SET	置位	使元件置位并且保持为 ON	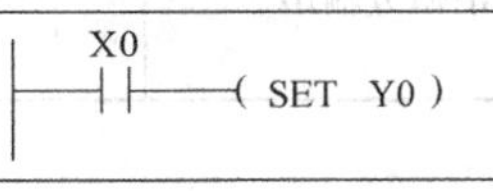	Y、M、S
RST	复位	使元件复位并且保持为 OFF		Y、M、S、C、T、D、V、Z

1. 指令说明

1）SET：置位指令，使元件保持的指令，操作元件为 Y、M、S。如图 5-5 所示，当 X0 动合触点接通时，Y0 变为 ON 并保持该状态，即使 X0 动合触点断开，Y0 也仍然保持 ON 的状态。

2）RST（reset）：复位指令，使元件保持复位的指令，操作元件是Y、M、S、T、C、D、V和Z。如图5-5所示，当X1动合触点接通时，Y0变为OFF并保持该状态，即使X1动合触点再次断开，Y0也仍然保持OFF状态。

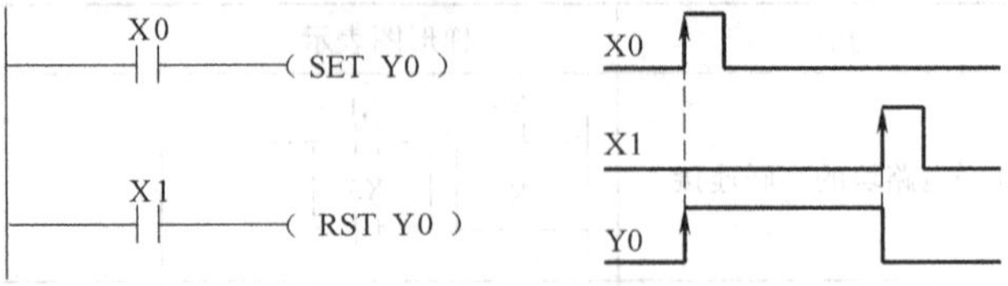

图5-5　置位与复位指令

3）对于同一编程元件可以重复多次使用SET、RST指令，顺序可以任意，但是对于外部输出，只有最后执行的一条指令才有效。

4）RST指令可以对定时器、计数器、数据寄存器、变址寄存器的内容清零。如图5-6所示，当X0动合触点接通时，累积定时器T246复位；当X3动合触点接通时，计数器C200复位，当前值变为0。如果不希望计数器和累积定时器具有断电保持功能，可以在用户程序开始运行时用初始化脉冲M8002将其复位。

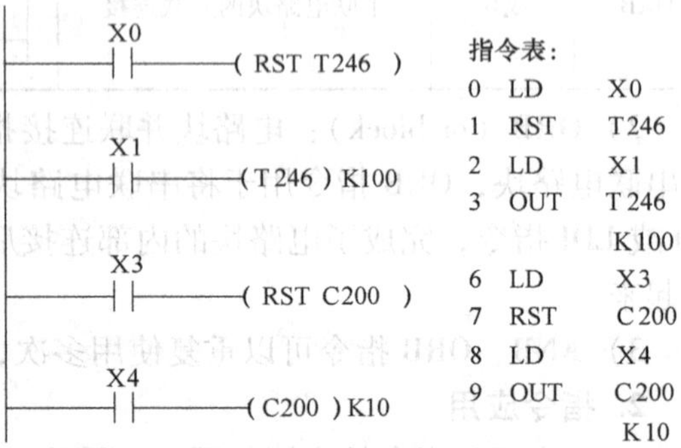

图5-6　定时器与计数器的复位

2. 指令应用

置位与复位指令的应用如图5-5所示，对定时器与计数器的复位如图5-6所示。

5.1.5　脉冲输出指令

脉冲输出指令（PLS、PLF）如表5-5所示。

表5-5　脉冲输出指令

符号	名称	功能	梯形图表示	操作元件
PLS	上升沿脉冲	上升沿微分输出	X0 ─┤├─（PLS M0）	Y、M
PLF	下降沿脉冲	下降沿微分输出	X1 ─┤├─（PLF M1）	Y、M

1. 指令说明

1）PLS：上升沿微分输出指令，使用PLS指令后，元件Y、M（不包括特殊辅助继电器）仅在驱动输入由OFF转为ON时的一个扫描周期内动作。如图5-7所示，M0仅在X0动合触点由断开变为接通的一个扫描周期内为ON。

2）PLF：下降沿微分输出指令，使用PLF指令后，元件Y、M仅在驱动输入由ON转为OFF的一个扫描周期内动作。如图5-7所示，M1仅在X1动合触点由接通变为断开的一个扫描周期内为ON。

2. 指令应用

脉冲输出指令的应用如图 5-7 所示。

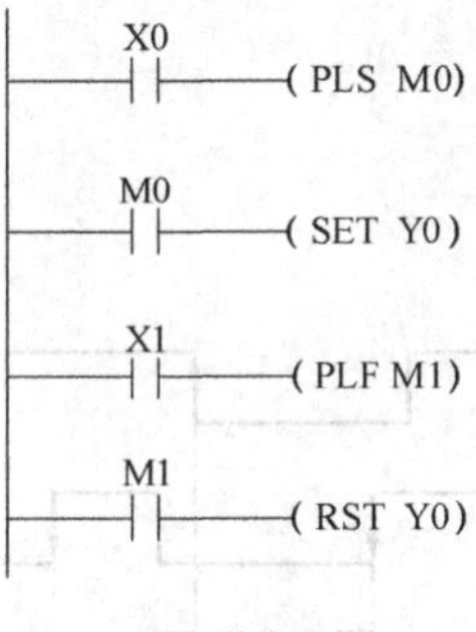

a) 梯形图

指令表:
0 LD X0
1 PLS M0
3 LD M0
4 SET Y0
5 LD X1
6 PLF M1
8 LD M1
9 RST Y0

b) 指令表

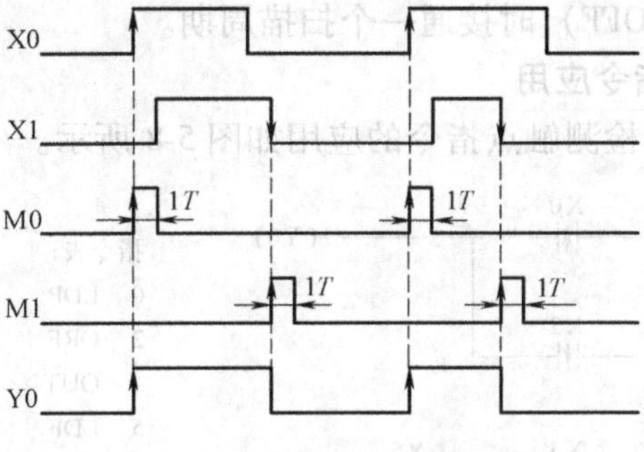

c) 时序图

图 5-7　脉冲输出指令的应用

5.1.6　边沿检测触点指令

边沿检测触点指令（LDP、LDF、ANDP、ANDF、ORP、ORF）也称为脉冲式触点指令，如表 5-6 所示。

表 5-6　边沿检测触点指令

符号	名称	功能	梯形图表示	操作元件
LDP	取脉冲上升沿	脉冲上升沿逻辑运算开始	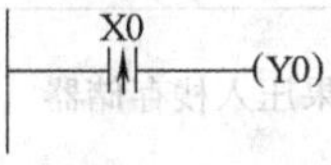	X、Y、M、S、T、C
LDF	取脉冲下降沿	脉冲下降沿逻辑运算开始	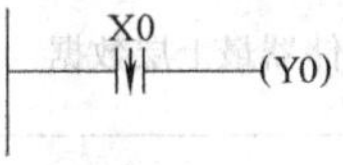	X、Y、M、S、T、C
ANDP	与脉冲上升沿	脉冲上升沿串联连接	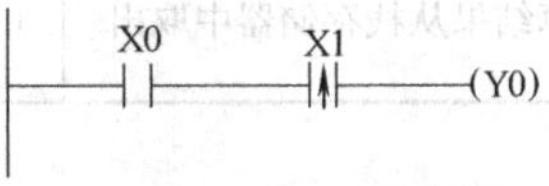	X、Y、M、S、T、C
ANDF	与脉冲下降沿	脉冲下降沿串联连接	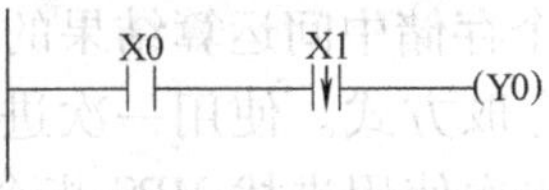	X、Y、M、S、T、C
ORP	或脉冲上升沿	脉冲上升沿并联连接	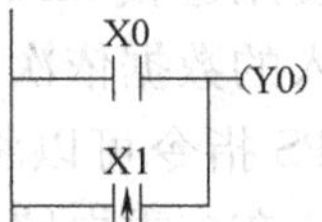	X、Y、M、S、T、C
ORF	或脉冲下降沿	脉冲下降沿并联连接	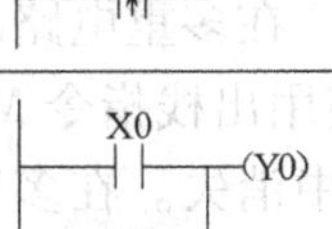	X、Y、M、S、T、C

1. 指令说明

1）LDP、ANDP 和 ORP 是用作上升沿检测的触点指令，它们仅在指定位元件的上升沿（由 OFF 变为 ON）时接通一个扫描周期。指令中的 LD、AND 和 OR 分别表示开始的触点、串联的触点和并联的触点。

2）LDF、ANDF 和 ORF 是用作下降沿检测的触点指令，仅在指定位元件的下降沿（由 ON 变为 OFF）时接通一个扫描周期。

2. 指令应用

边沿检测触点指令的应用如图 5-8 所示。

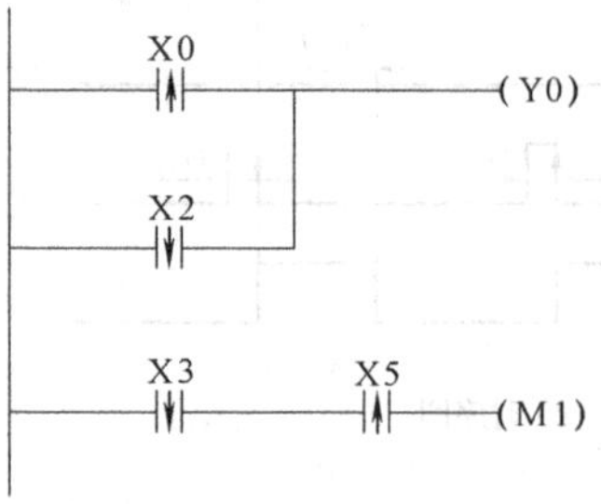

a）梯形图

指令表：

0	LDP	X0
2	ORF	X2
4	OUT	Y0
5	LDF	X3
7	ANDP	X5
9	OUT	M1

b）指令表

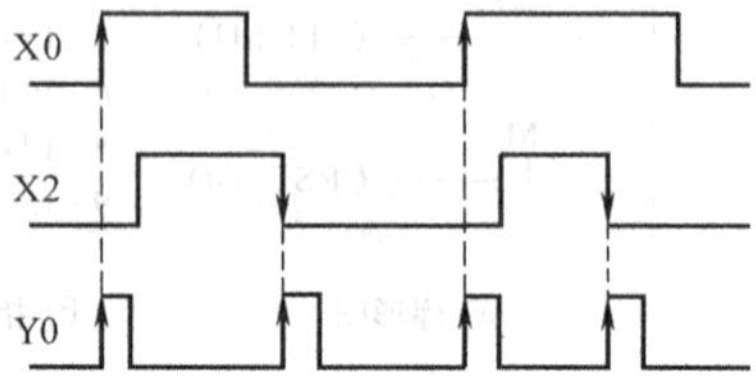

c）时序图

图 5-8　边沿检测触点指令的应用

5.1.7　多重输出电路指令

多重输出电路指令（MPS、MRD、MPP）如表 5-7 所示。

表 5-7　多重输出电路指令

符号	名称	功能	梯形图表示	操作元件
MPS	进栈	将运算结果压入栈存储器	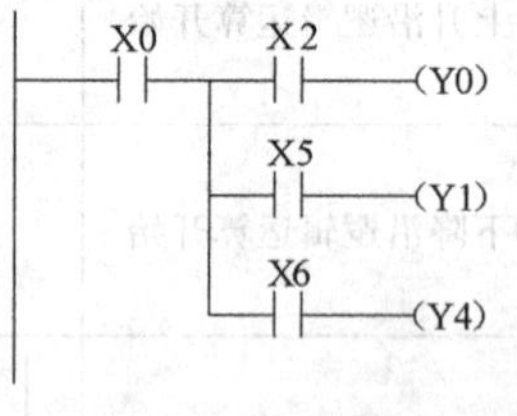	无
MRD	读栈	读取栈存储器最上层数据		无
MPP	出栈	将运算结果从栈存储器中取出		无

1. 指令说明

FX 系列 PLC 有 11 个存储中间运算结果的存储区域，称为栈存储器，如图 5-9 所示。堆栈采用先进后出的数据存取方式。使用一次进栈指令 MPS 时，就将该时刻的运算结果压入栈的第一层存储空间，再次使用进栈 MPS 指令时，又将该时刻的运算结果压入栈的第一层存储空间，而将栈中此前压入的数据依次向下一层推移。

1）MPS：进栈指令。MPS 指令可以将多重输出电路的公共触点或电路块先存储起来，以便后面多重输出支路使用。在多重电路的第一个支路前使用 MPS 进栈指令。

2）MPP：出栈指令。使用出栈指令 MPP 时，各层的数据依次向上移动一次，将最上端的数据读出后，数据就从栈中消失。在多重电路的最后一个支路前使用 MPP 出栈指令。

3）MRD：读栈指令。MRD 是读出最上层所存储的最新数据的专用指令。读出时栈内数据不发生移动，仍然保持在栈内且位置不变。在多重电路的中间支路前使用 MRD 读栈指令。

4）MPS 和 MPP 指令必须成对使用，而且连续嵌套使用次数应少于 11 次。

2. 指令应用

1）一层栈电路，如图 5-10 所示，堆栈只使用了一层存储空间。

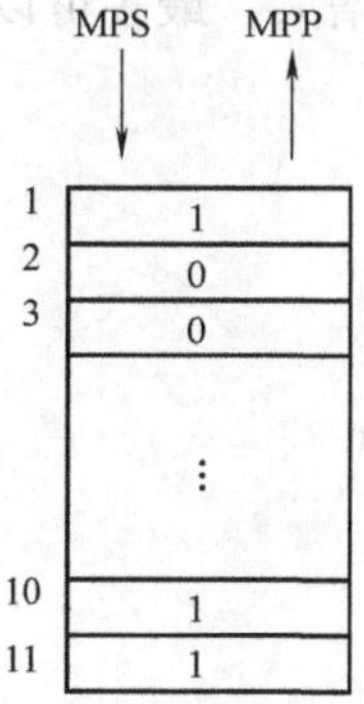

图 5-9　栈存储器

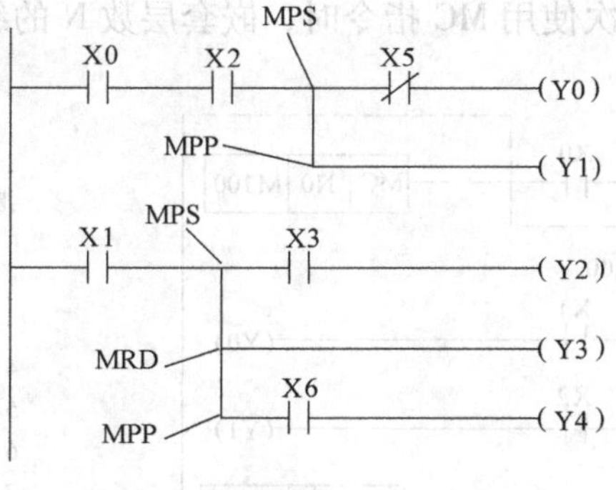

a）梯形图

指令表：

0 LD	X0	8 MPS	
1 AND	X2	9 AND	X3
2 MPS		10 OUT	Y2
3 ANI	X5	11 MRD	
4 OUT	Y0	12 OUT	Y3
5 MPP		13 MPP	
6 OUT	Y1	14 AND	X6
7 LD	X1	15 OUT	Y4

b）指令表

图 5-10　一层栈电路

2）二层栈电路，如图 5-11 所示，堆栈使用了两层存储空间。

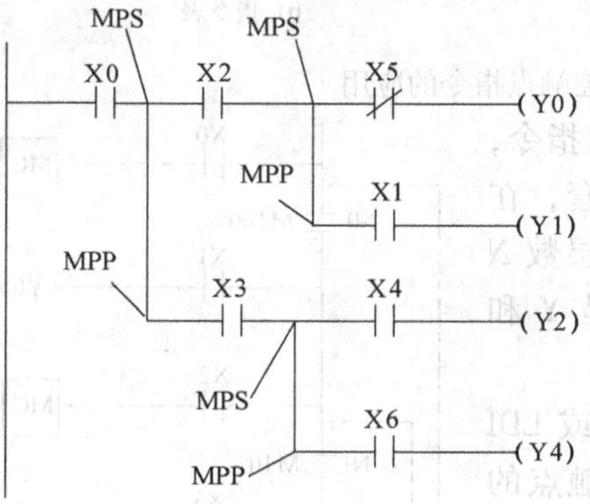

a）梯形图

指令表：

0 LD	X0	9 MPP	
1 MPS		10 AND	X3
2 AND	X2	11 MPS	
3 MPS		12 AND	X4
4 ANI	X5	13 OUT	Y2
5 OUT	Y0	14 MPP	
6 MPP		15 AND	X6
7 AND	X1	16 OUT	Y4
8 OUT	Y1		

b）指令表

图 5-11　二层栈电路

5.1.8　主控触点指令

在编程时，经常会遇到多个线圈同时受一个或一组触点控制的情况。如果在每个线圈的控制电路中都串入同样的触点，程序将显得很繁琐，主控触点指令（MC、MCR）可以解决这一问题。使用主控指令的触点称为主控触点，它在梯形图中与其他触点垂直，它是与母线相连的动合触点，是控制一组电路的总开关。主控触点指令如表 5-8 所示。

表 5-8　主控触点指令

符号	名称	功能	梯形图表示	操作元件
MC	主控	主控电路块起点	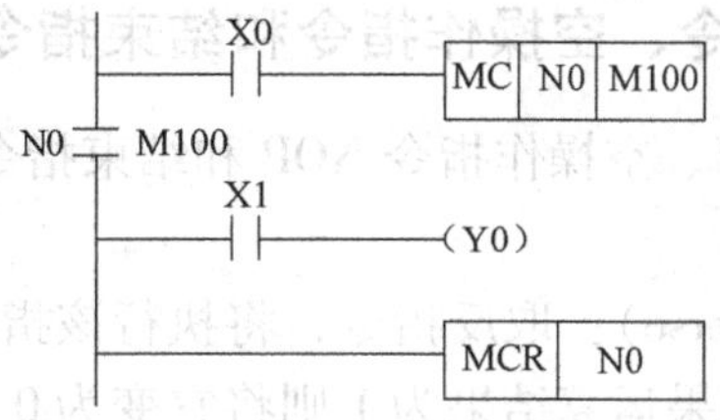	Y、M
MCR	主控复位	主控电路块终点		Y、M

1. 指令说明

1）MC（master control）：主控指令，用于公共触点的串联连接。操作数 N（0 ~ 7）为嵌套层数。在 MC 指令内再次使用 MC 指令时，嵌套层数 N 的编号依次增大，最多可以编写 8 层（N7）。

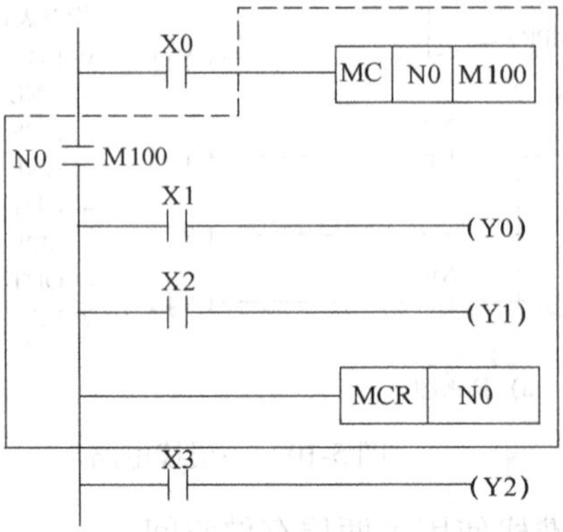

a）梯形图

指令表：

```
0  LD    X0
1  MC    N0
         M100
4  LD    X1
5  OUT   Y0
6  LD    X2
7  OUT   Y1
8  MCR   N0
10 LD    X3
11 OUT   Y2
```

b）指令表

图 5-12　一级主控触点指令的应用

2）MCR（master control reset）：主控复位指令，MCR 是主控指令的结束。如果主控指令有嵌套，在主控复位时应从大的嵌套层开始解除，嵌套层数 N 的编号依次减小。MC 和 MCR 的操作元件是 Y 和 M，但不允许使用特殊辅助继电器 M。

3）与主控触点相连的触点必须使用 LD 或 LDI 指令，即执行 MC 指令后，母线移动到主控触点的后面，MCR 使母线回到原来的位置。MC 和 MCR 必须成对使用。

4）如图 5-12 所示，当 X0 动合触点接通时，执行 MC 和 MCR 之间的指令；当 X0 动合触点断开时不执行 MC 和 MCR 之间的指令，此时非累积定时器和用 OUT 指令驱动的元件均复位，累积定时器、计数器、用置位/复位指令驱动的软元件保持其当时的状态。

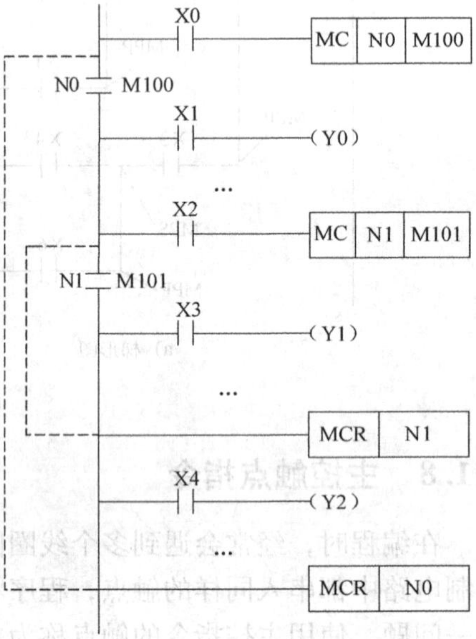

图 5-13　多重嵌套主控指令的应用

2. 指令应用

图 5-12 所示为一级主控触点指令的应用，多重嵌套主控指令的应用如图 5-13 所示。

5.1.9　取反指令、空操作指令和结束指令

取反指令 INV、空操作指令 NOP 和结束指令 END 如表 5-9 所示。

1. 指令说明

1）INV（inverse）：取反指令，将执行该指令之前的运算结果取反。如果运算结果为 0 则将它变为 1；如果运算结果为 1 则将它变为 0。

2）NOP（non processing）：空操作指令，使该步做空操作。在程序中很少使用 NOP 指令。当执行完清除用户存储器的操作后，用户存储器的内容全部变为 NOP 指令。

表 5-9　INV、NOP、END 指令

符号	名称	功能	梯形图表示	操作元件
INV	取反指令	逻辑运算结果取反	X0 —┤├—／—(Y0)	无
NOP	空操作	使该步做空操作	无	无
END	结束指令	程序结束	—(END)	无

3）END：结束指令，表示程序结束。若程序不写 END 指令，将从用户程序存储器的第一步执行到最后一步。将 END 指令放在程序结束处，只执行第一步至 END 之间的程序，当 PLC 执行到 END 指令时就进行输出处理，可以缩短扫描周期；在程序调试过程中，按段插入 END 指令，可以顺序扩大对各程序段动作的检查，在确认处于前面电路块的动作正确无误后，依次删除 END 指令。在执行 END 指令时也刷新监视时钟。

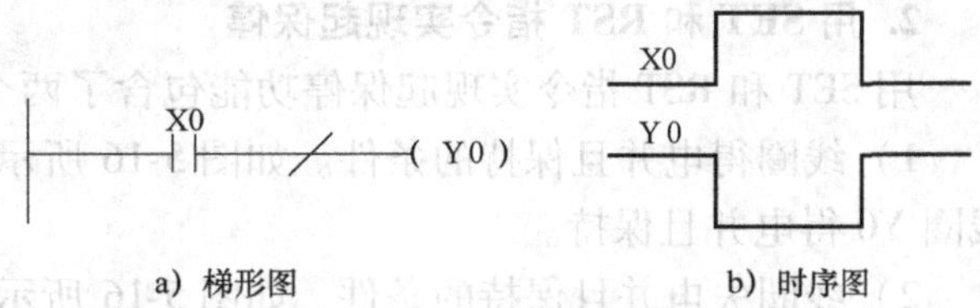

图 5-14　INV 指令的应用

2. 指令应用

INV 指令的应用如图 5-14 所示。图中，如果 X0 动合触点接通，则 Y0 为 OFF；反之，则 Y0 为 ON。

5.2　基本电路的程序设计

梯形图程序设计是 PLC 应用中的关键环节，为了方便初学者顺利掌握 PLC 程序设计的方法和技巧，本节重点介绍一些基本电路的程序设计。

5.2.1　起动-保持-停止 PLC 控制电路的设计

1. 起保停电路

起动-保持-停止电路（以下简称起保停电路）是梯形图程序设计中最典型的程序结构，它包含以下几个因素：

1）驱动线圈。每一个梯形图逻辑行都必须要有驱动线圈。如图 5-15 所示，Y0 是输出线圈。

2）线圈得电条件。梯形图的逻辑行中必须明确线圈得电的条件，也就是使线圈为 ON 的条件。在图 5-15 中，起动信号为 X0，X0 的动合触点接通则线圈 Y0 为 ON。

3）线圈保持驱动的条件。如图 5-15 所示，起动信号 X0（例如起动按钮提供的信号）持续为 ON 的时间一般都很短。放开起动按钮，则 X0 变为 OFF，但 Y0 的动合触点实现了自锁，使线圈 Y0 保持驱动。

4）线圈失电的条件。线圈不可能一直得电，因此在梯形图的逻辑行中应该明确线圈失电的条件。如图 5-15 所示，X1 为停止信号（停止按钮提供的信号），当 X1 动断触点断开时

线圈 Y0 失电。

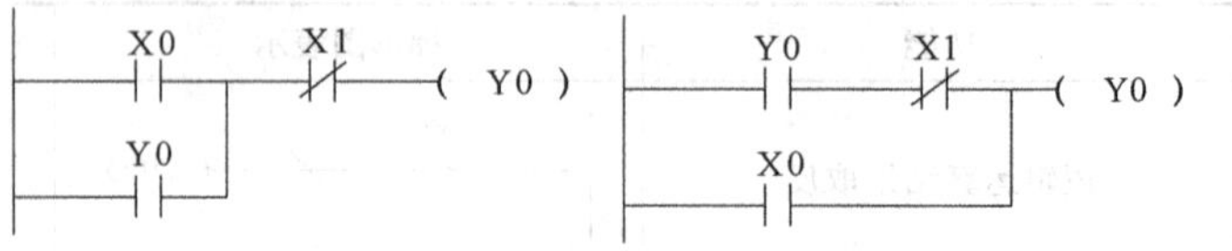

a）停止优先程序　　b）起动优先程序

图 5-15　起保停梯形图程序

起保停电路最主要的特点是具有“记忆”功能，按下起动按钮，X0 变为 ON，X0 的动合触点接通，线圈 Y0 得电并通过 Y0 动合触点完成自锁；按下停止按钮 X1，X1 变为 ON，X1 动断触点断开，使线圈 Y0 失电。

2. 用 SET 和 RST 指令实现起保停

用 SET 和 RST 指令实现起保停功能包含了两个方面：

1）线圈得电并且保持的条件。如图 5-16 所示，起动信号为 X0，X0 的动合触点接通则线圈 Y0 得电并且保持。

2）线圈失电并且保持的条件。如图 5-16 所示，停止信号为 X1，X1 的动合触点接通则线圈 Y0 失电并且保持。

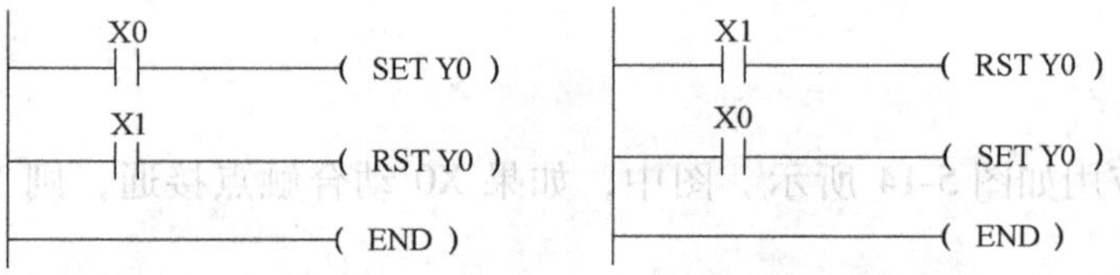

a）停止优先程序　　b）起动优先程序

图 5-16　SET、RST 指令实现起保停

使用 SET、RST 指令编程，其梯形图含义为：起动信号 X0 驱动 SET 指令，停止信号 X1 驱动 RST 指令。起动时，按下起动按钮，则 X0 为 ON，线圈 Y0 得电并且保持；停止时，按下停止按钮，则 X1 为 ON，线圈失电并且保持。

图 5-15a 和图 5-16a 属于停止优先电路，如果同时按下起动按钮和停止按钮，则线圈 Y0 为失电状态。

图 5-15b 和图 5-16b 属于起动优先电路，如果同时按下起动按钮和停止按钮，则线圈 Y0 为得电状态。

3. 动断触点输入信号的处理

上述起保停电路的设计实际上有一个前提，就是假设输入的开关量信号都是由外部动合触点提供的，但是有些输入信号也能由动断触点提供。图 5-17a 所示为控制电动机运行的继电器电路图，SB1 和 SB2 分别是起动按钮和停止按钮，如果将它们的动合触点接到 PLC 的输入端，梯形图中触点的类型与继电器电路图完全一致，如图 5-17b 所示。如果接入 PLC 输入端的是 SB2 的动断触点，当按下停止按钮 SB2，其动断触点断开，X1 变为 OFF，X1 的动合触点断开，显然在梯形图中应该将 X1 的动合触点与 Y0 线圈串联，这时在梯形图中所使用的 X1 的触点类型和继电器电路图中的习惯是相反的，如图 5-17c 所示。

综上所述，梯形图中动合触点 X ⊣⊢，与外部硬件电路中触点的通断逻辑相一致；梯形图中动断触点 X ⊣/⊢，与外部硬件电路中触点的通断逻辑相反。建议在一般情况下尽可能用动合触点接到 PLC 的输入端，热继电器信号的处理方式和停止信号相类似。

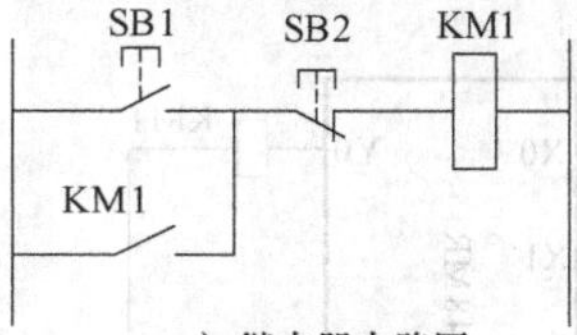

a）继电器电路图

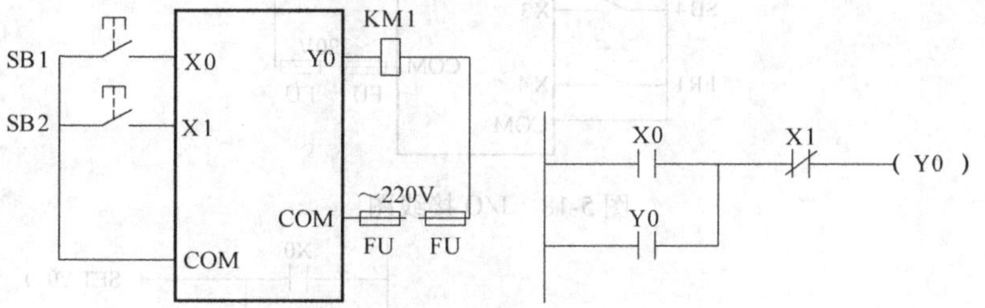

b）停止按钮处理方式一

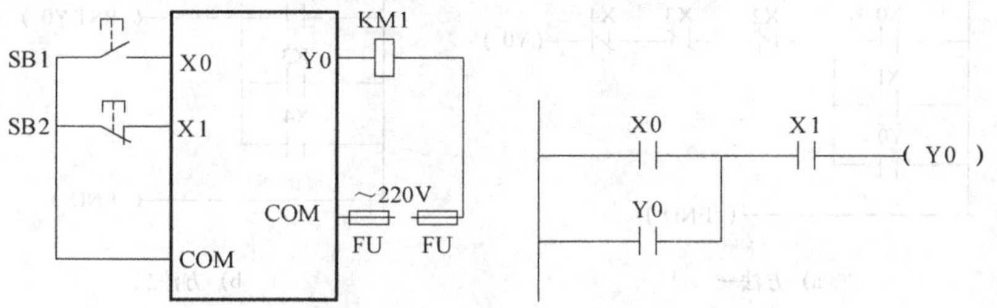

c）停止按钮处理方式二

图 5-17　动断触点的处理

4. 起保停电路的应用——电动机两地控制

例题 5-1：设计单台电动机两地控制的 PLC 控制系统。其控制要求如下：按下甲地的起动按钮 SB1 或乙地的起动按钮 SB2 均可起动电动机；按下甲地的停止按钮 SB3 或乙地的停止按钮 SB4 均可停止电动机运行。

解：1）I/O 分配。根据控制要求，其 I/O 地址分配表如表 5-10 所示。

表 5-10　电动机两地控制 I/O 地址分配表

输入地址	输入元件	功能说明	输出地址	输出元件	功能说明
X0	SB1	甲地起动按钮	Y0	KM1	电动机接触器
X1	SB2	乙地起动按钮			
X2	SB3	甲地停止按钮			
X3	SB4	乙地停止按钮			
X4	FR1	热继电器动合触点			

2）I/O 接线图。根据系统的控制要求，绘制 PLC 的 I/O 接线图，如图 5-18 所示。

3）梯形图程序设计。通过分析控制要求，可用两种方案实现两地控制，如图 5-19 所示。

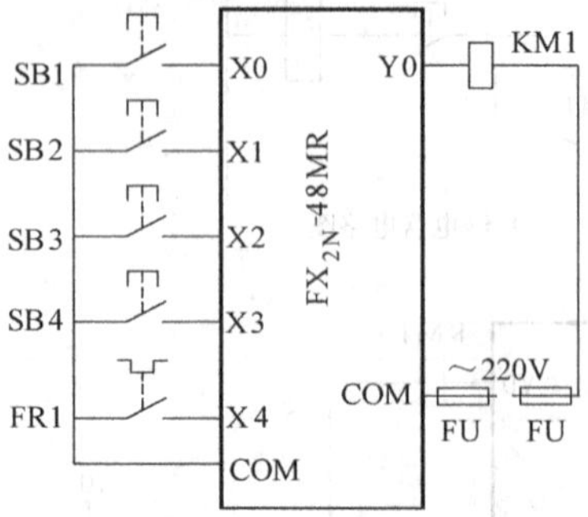

图 5-18　I/O 接线图

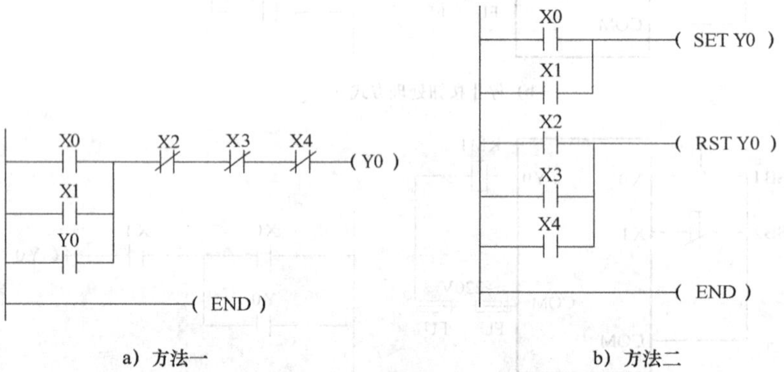

图 5-19　电动机两地控制梯形图

5.2.2　三相异步电动机正反转 PLC 控制电路的设计

图 5-20 所示为三相异步电动机正反转的继电器—接触器控制电路。

1. 三相异步电动机正反转 PLC 控制电路设计

图 5-21 所示为功能与上述继电器—接触器控制系统功能相同的 PLC 控制系统的外部接线图和梯形图，其中 KM1 和 KM2 分别是控制正转运行和反转运行的交流接触器。

在 PLC 梯形图中，用两个起保停程序分别来控制电动机的正转和反转。按下正向起动按钮 SB2，X0 变为 ON，X0 动合触点接通，Y0 线圈得电并且保持，使得接触器 KM1 线圈通电，电动机开始正转运行。按下停止按钮 SB1，X2 变为 ON，其动断触点断开，Y0 线圈失电，电动机停止运转。同理，按下反向起动按钮 SB3 后电动机开始反向运行。

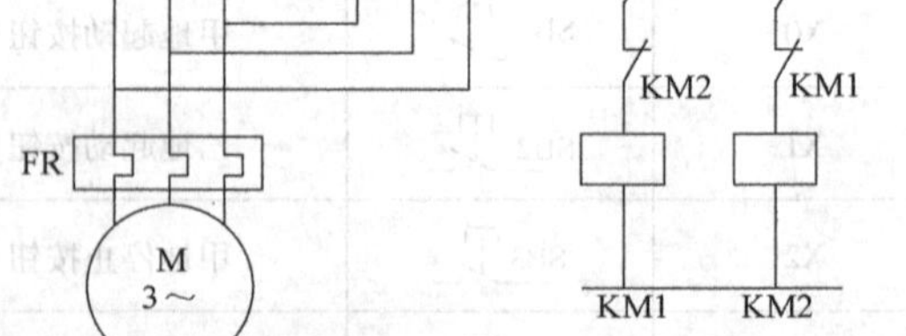

图 5-20　三相异步电动机正反转继电器—接触器控制电路

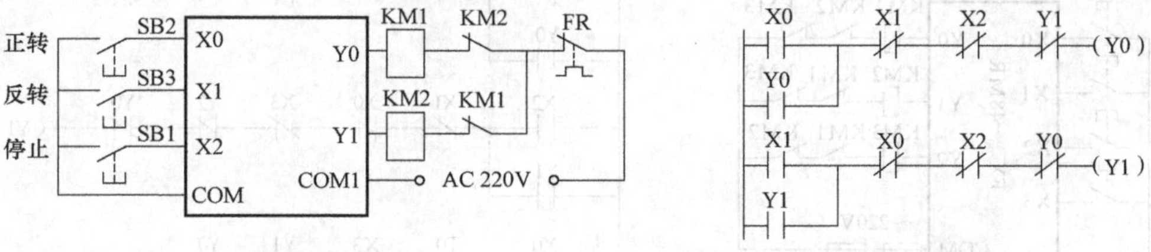

a) 外部接线图　　　　　　b) 梯形图

图 5-21　三相异步电动机正反转 PLC 控制系统的外部接线图和梯形图

2. 软件互锁和硬件互锁

在梯形图中，将 Y0 和 Y1 的动断触点分别串联在对方的线圈回路中，可以保证 Y0 与 Y1 线圈不会同时得电，以保证 KM1 和 KM2 的线圈不会同时通电，这种安全措施在梯形图设计中称为"软件互锁"。除此之外，在梯形图中还设置了"按钮联锁"，即将反向起动按钮控制的 X1 的动断触点与控制正转的 Y0 的线圈串联；将正向起动按钮控制的 X0 的动断触点与控制反转的 Y1 的线圈串联，这样可以保证 Y0 和 Y1 线圈不会同时得电。

注意：*虽然在梯形图中已经有了软件互锁，但在外部硬件接线图中还须使用 KM1、KM2 的动断触点进行物理触点互锁，称为"硬件互锁"。这是因为 PLC 内部软继电器互锁只相差一个扫描周期的响应时间，而外部硬件接触器触点的动作时间往往大于一个扫描周期，响应时间较长。例如 Y0 虽然已经断开，但是因为电感延时作用 KM1 主触点还未断开，在没有外部硬件互锁的情况下，KM2 的触点有可能接通，引起电源短路，因此必须采用软件互锁和硬件互锁相结合的方式。*

3. 三相异步电动机正反转能耗制动 PLC 控制电路设计

例题 5-2：设计电动机正反转能耗制动的控制电路。其控制要求如下：按下按钮 SB1，接触器 KM1 得电，电动机正转；按下按钮 SB2，接触器 KM2 得电，电动机反转。按下按钮 SB，接触器 KM1 和 KM2 失电，接触器 KM3 得电，进行能耗制动，3s 以后能耗制动结束。要求有必要的互锁，当电动机过载后，KM1、KM2 及 KM3 释放，电动机自由停车。

解：1）I/O 分配。根据控制要求，I/O 地址分配表如表 5-11 所示。

表 5-11　I/O 地址分配表

输入地址	输入元件	功能说明	输出地址	输出元件	功能说明
X0	SB	停止按钮	Y0	KM1	电动机正转接触器
X1	SB1	正向起动按钮	Y1	KM2	电动机反转接触器
X2	SB2	反向起动按钮	Y2	KM3	电动机制动接触器
X3	FR1	热继电器动合触点			

2）I/O 接线图。根据系统的控制要求，绘制 PLC 的 I/O 接线图，如图 5-22 所示。

3）梯形图程序设计。通过分析控制要求，设计的梯形图程序如图 5-23 所示。

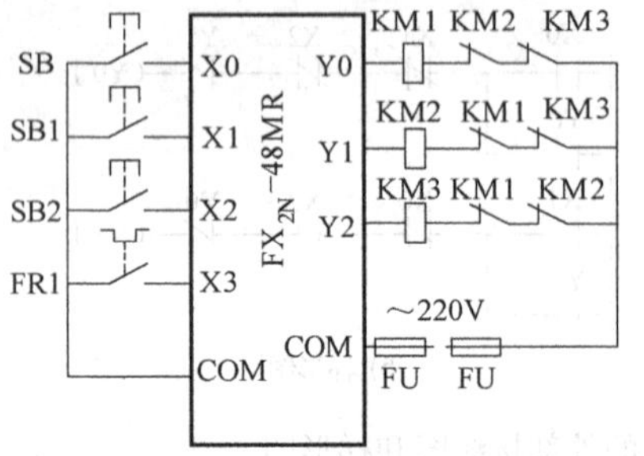

图 5-22　电动机正反转能耗制动 PLC 控制 I/O 接线图

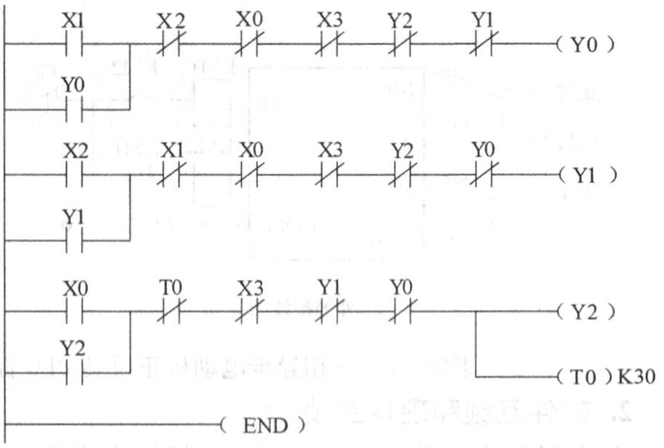

图 5-23　电动机正反转能耗制动梯形图

5.2.3　定时电路的设计

1. 延时闭合、延时分断电路

（1）通电延时闭合电路　当按下起动按钮，X0 为 ON，延时 2s 后 Y0 得电接通；当按下停止按钮，X2 为 OFF，Y0 失电断开。这种电路属于通电延时闭合电路，如图 5-24 所示。

（2）断电延时分断电路　当按下起动按钮，X0 为 ON，Y0 得电接通并保持；当松开起动按钮，X0 为 OFF，延时 10s 后 Y0 失电断开。这种电路属于断电延时分断电路，如图 5-25 所示。

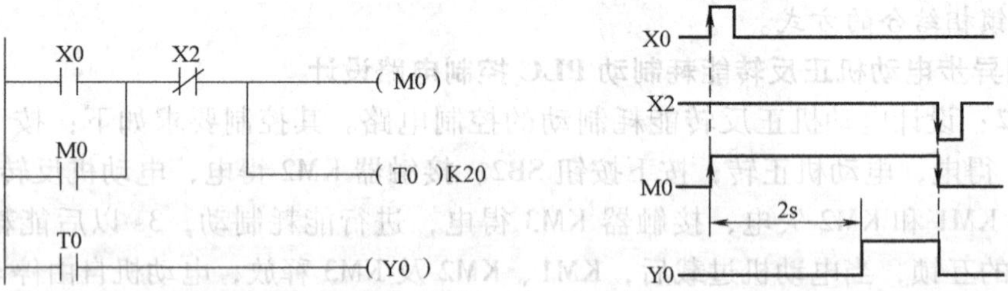

a) 梯形图　　b) 时序图

图 5-24　通电延时闭合电路

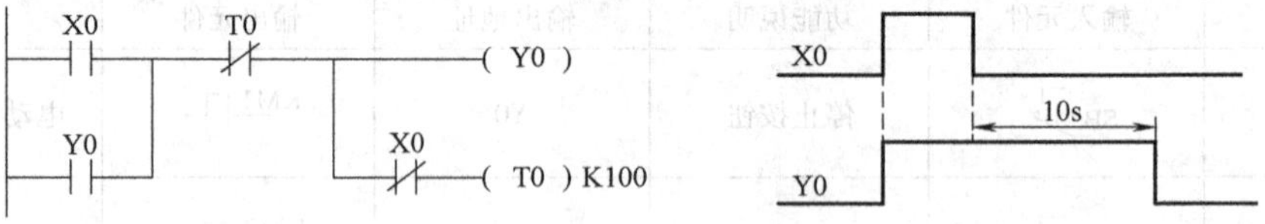

a) 梯形图　　b) 时序图

图 5-25　断电延时分开电路

2. 定时范围扩展电路

FX 系列 PLC 定时器的最长定时时间为 3276.7s，如果需要更长的时间可以采用以下两种方法。

（1）多个定时器组合电路　图 5-26 所示为 6000s 的延时程序。当 X0 接通时，T0 线圈得电并且延时 3000s，延时时间到，T0 动合触点闭合，使 T1 线圈得电并且延时 3000s，延时时间到，Y0线圈得电接通。因此，从X0接通到Y0得电共延时6000s。

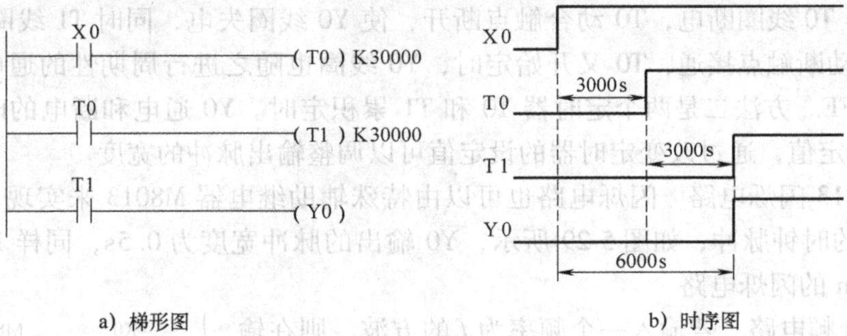

图5-26　6000s的延时程序

（2）定时器和计数器组合电路　图5-27所示为定时器和计数器的组合电路。当X0断开时，T0和C0复位；当X0接通时T0开始定时，100s以后T0定时时间到，T0动断触点断开使其复位，同时动合触点闭合计数器C0计数为1；T0复位后当前值变为0，同时其动断触点接通、动合触点断开，T0线圈又一次得电，开始计时。如此周而复始地工作，计数器不断计数直到计满200次，200次后Y0线圈得电接通。从X0接通到Y0得电共延时20000s。

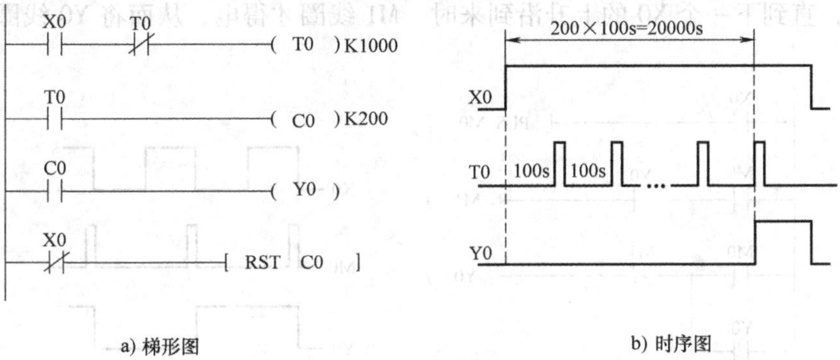

图5-27　定时器与计数器组合电路

3. 闪烁电路

闪烁电路实际上是一种具有正反馈的振荡电路，它可以产生特定的通断时序脉冲，经常应用在脉冲信号源或闪光报警电路中。

（1）定时器闪烁电路　如图5-28所示，方法一是通过两个定时器T0和T1分别进行定时。设开始时T0和T1均为OFF，当X0为ON时T0线圈通电开始定时，0.5s后T0的动合

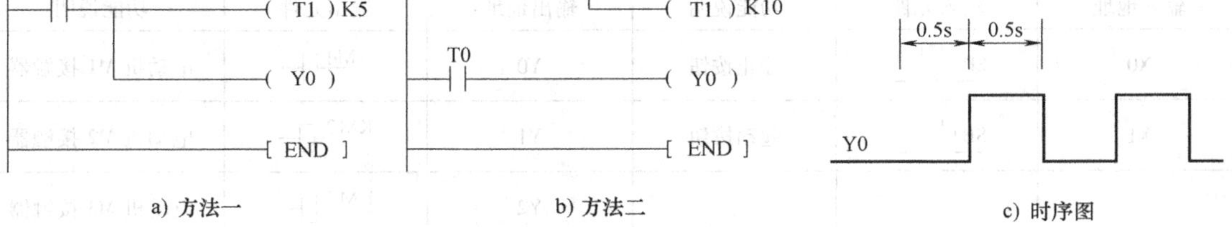

图5-28　定时器闪烁电路

触点接通，使得 Y0 得电接通，同时 T1 线圈通电开始定时，T1 线圈通电 0.5s 后，其动断触点断开，使得 T0 线圈断电，T0 动合触点断开，使 Y0 线圈失电，同时 T1 线圈失电。T1 线圈失电后 T1 动断触点接通，T0 又开始定时，Y0 线圈也随之进行周期性的通电和断电，直到 X0 变为 OFF。方法二是两个定时器 T0 和 T1 累积定时。Y0 通电和断电的时间分别等于 T1 和 T0 的设定值，通过改变定时器的设定值可以调整输出脉冲的宽度。

（2）M8013 闪烁电路　闪烁电路也可以由特殊辅助继电器 M8013 来实现。M8013 可实现周期为 1s 的时钟脉冲，如图 5-29 所示，Y0 输出的脉冲宽度为 0.5s，同样 M8014 可以实现周期为 1min 的闪烁电路。

图 5-29　M8013 闪烁电路

（3）二分频电路　若输入一个频率为 f 的方波，则在输出端得到一个频率为 $f/2d$ 方波，其梯形图如图 5-30 所示。由于 PLC 程序是按顺序执行的，当 X0 的上升沿到来的时候，第一个扫描周期 M0 映像寄存器为 ON（只接通一个扫描周期），此时 M1 线圈由于 Y0 动合触点断开而无法得电，Y0 线圈则由于 M0 动合触点接通而得电。下一个扫描周期，M0 映像寄存器为 OFF，即使 Y0 动合触点接通，但此时 M0 动合触点（第二个逻辑行）已经断开，所以 M1 线圈仍然无法得电，Y0 线圈则由于自锁触点而一直得电，直到下一个 X0 的上升沿到来时，M1 线圈才得电，从而将 Y0 线圈断电，实现二分频。

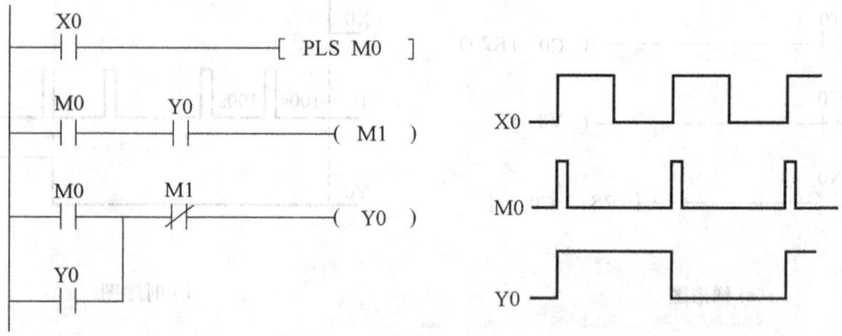

a) 梯形图　　b) 时序图

图 5-30　二分频电路

4. 定时电路应用

例题 5-3：设计三台电动机顺序起动的 PLC 控制电路。控制要求如下，当按下起动按钮 SB1，第一台电动机起动，同时开始计时，10s 后第二台电动机起动，再经 10s 后第三台电动机起动。按下停止按钮 SB，则三台电动机都停止运行。

解：1）I/O 分配。根据控制要求，其 I/O 分配如表 5-12 所示。

表 5-12　I/O 地址分配表

输入地址	输入元件	功能说明	输出地址	输出元件	功能说明
X0	SB	停止按钮	Y0	KM1	电动机 M1 接触器
X1	SB1	起动按钮	Y1	KM2	电动机 M2 接触器
			Y2	KM3	电动机 M3 接触器

2）I/O 接线图。根据系统的控制要求，绘制 PLC 的 I/O 接线图，如图 5-31 所示。

3）梯形图程序设计。通过分析控制要求可知，引起输出信号状态改变的关键点是时间，因此采用定时器进行计时，定时时间到则相应的电动机开始起动。设计的梯形图程序如图 5-32 所示。

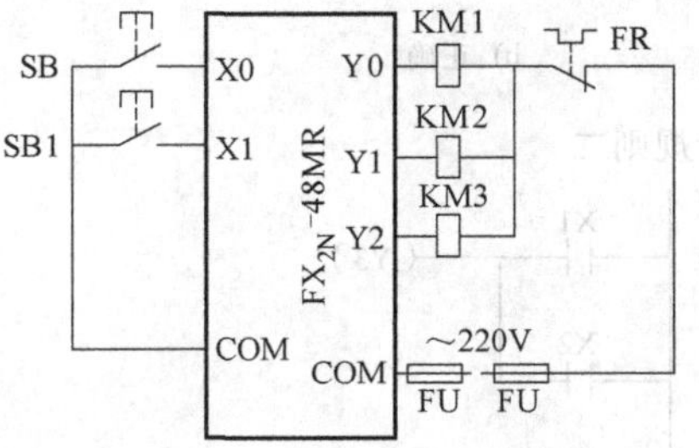

图 5-31　三台电动机顺序起动 PLC 控制 I/O 接线图

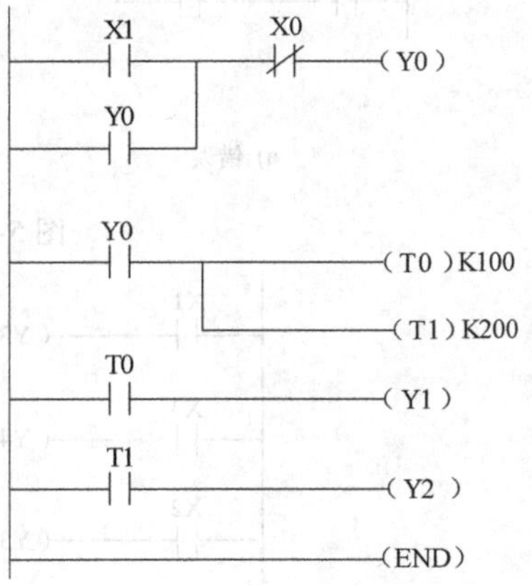

图 5-32　三台电动机顺序起动梯形图

5.3　梯形图程序的优化设计

梯形图作为 PLC 程序设计的一种最常用的编程语言，被广泛应用于工程现场的系统设计。为了优化梯形图程序，在程序的设计过程中应该遵循一些基本规则。

5.3.1　梯形图的设计规则

1. 线圈的布置

梯形图程序设计过程中应该遵守梯形图语言规范，线圈应该放在逻辑行的最右边。梯形图中每一逻辑行从左到右排列，以触点与左母线连接开始，以线圈、功能指令与右母线连接结束，右母线可以省略。触点不能放在线圈的右边，线圈也不能直接与左母线相连，如图 5-33所示。

图 5-33　梯形图设计规则一

2. 触点的布置

梯形图的触点应该画在水平线上，不能画在垂直分支上，如图 5-34 所示。

3. 不采用双线圈输出

在同一个梯形图中，如果同一元件的线圈使用两次或多次称为双线圈输出。这时前面的输出无效，只有最后一次才有效，因此程序中一般不出现双线圈输出，如图 5-35 所示。

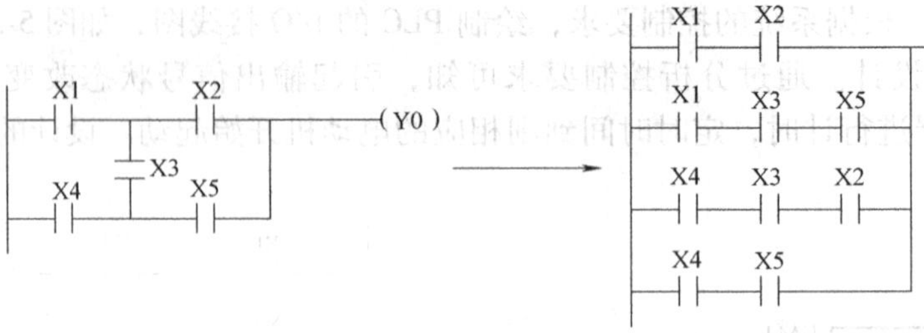

a) 错误　　　　b) 正确

图 5-34　梯形图设计规则二

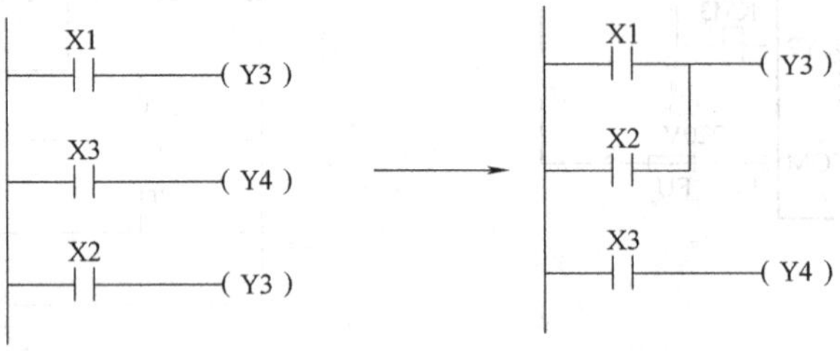

a) 不合理　　　　b) 合理

图 5-35　梯形图设计规则三

4. 线圈只能并联不可串联

在梯形图中若要表示几个线圈同时得电的情况，应该将线圈并联而不能串联，如图 5-36 所示。

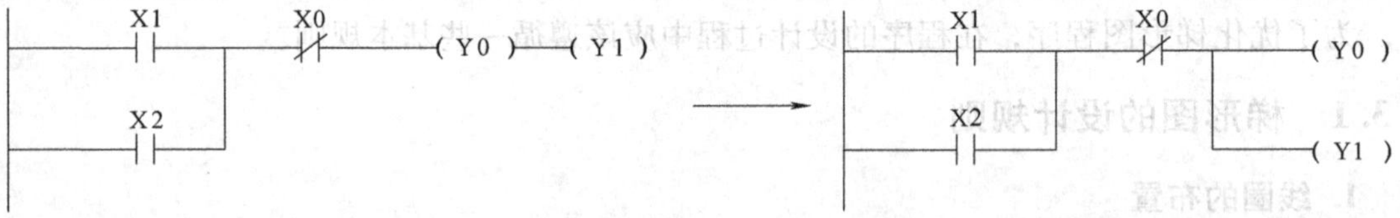

a) 错误　　　　b) 正确

图 5-36　梯形图设计规则四

5.3.2　梯形图的设计技巧

为了更好地使用梯形图语言，在程序的设计过程中除了遵循一些基本规则外，还应该掌握一些设计技巧，以减少程序的长度，节省内存和提高运行效率。

1. "上面多、下面少"

串联电路并联时，应将串联触点多的电路放在梯形图的最上面，这样可以减少梯形图程序的长度，使程序更简洁，如图 5-37 所示。

2. "左边多、右边少"

并联电路串联时，应该将并联触点多的电路放在最左边，这样可以使得编制的程序简洁，指令语句减少，如图 5-38 所示。

3. 避免出现多重输出电路

避免出现多重输出电路尽量调整为连续输出电路，避免使用 MPS、MPP 指令，如图 5-

a) 优化前　　　　b) 优化后

图 5-37　梯形图设计技巧一

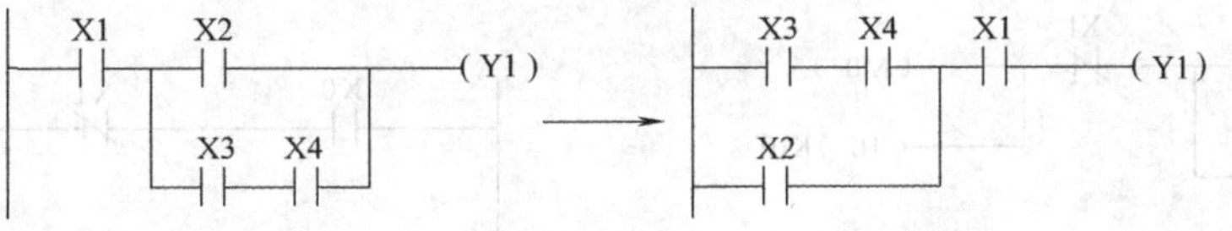

a) 优化前　　　　b) 优化后

图 5-38　梯形图设计技巧二

39 所示。

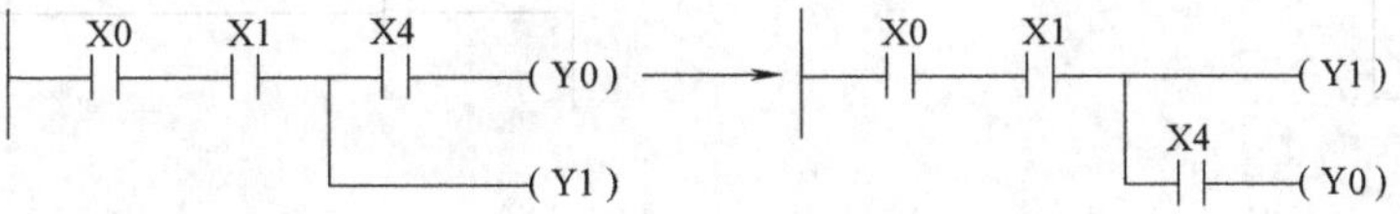

a) 优化前　　　　b) 优化后

图 5-39　梯形图设计技巧三

4. 尽量减少 PLC 的输入和输出点数

PLC 的价格与 I/O 点数有关，每一个输入信号和输出信号分别要占用一个输入点和一个输出点，因此减少输入信号和输出信号的点数是降低硬件费用的主要措施。如图 5-40 所示，如果输出元件 HL1 和 HL2 的输出规律完全一样，则可以将 HL1 和 HL2 并联后接入一个输出点，这样梯形图也可以简化。

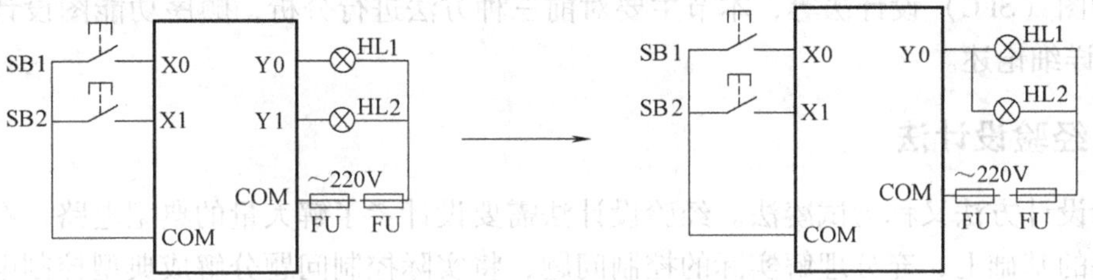

a) 减少输出信号点数

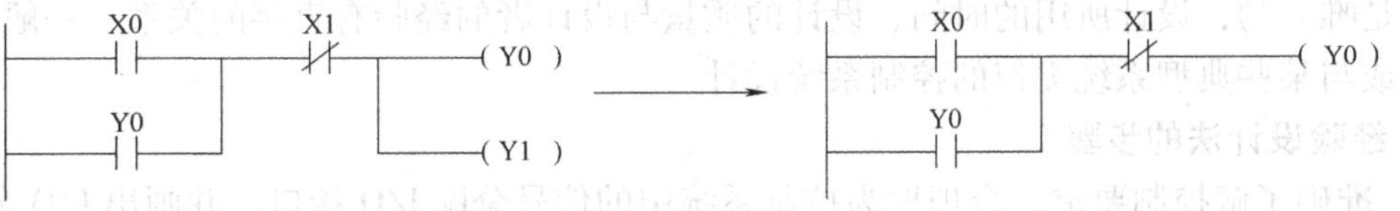

b) 梯形图简化

图 5-40　梯形图设计技巧四

5. 合理设置中间单元

在梯形图中，若多个线圈都受某些触点串并联电路的控制，为了简化电路，在梯形图中可设置用该电路控制的辅助继电器，如图 5-41 所示梯形图中的 M0，辅助继电器的作用类似于继电器—接触器控制电路中的中间继电器。

6. 时间继电器瞬时触点的处理

在继电器—接触器控制电路中，时间继电器除了有延时动作的触点外，还有在线圈通电或断电时立即动作的瞬时触点。在 PLC 设计时，定时器没有可供使用的瞬时触点，如果需要可以在梯形图中对应的定时器线圈的两端并联辅助继电器，此辅助继电器的触点功能类似于定时器的瞬时动作触点，如图 5-42 所示。

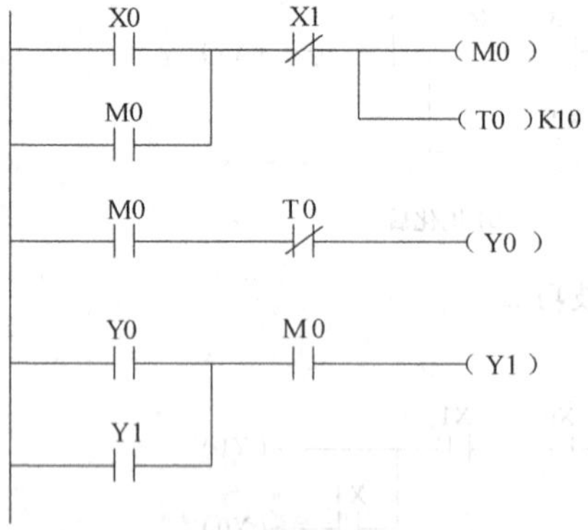

图 5-41　梯形图设计技巧五

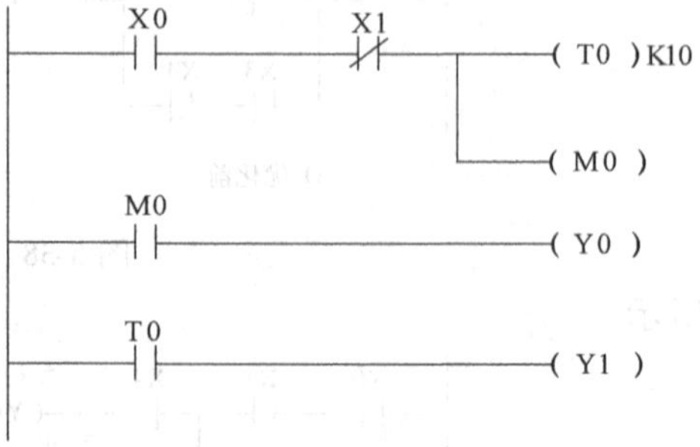

图 5-42　梯形图设计技巧六

5.4 PLC 的程序设计方法

PLC 的程序设计是指用户编写程序的设计过程，即以指令为基础，结合被控对象工艺过程的控制要求和现场信号，利用 PLC 软元件进行编程。

一般应用程序设计可分为经验设计法、继电器—接触器控制电路转换法、逻辑设计法、顺序功能图（SFC）设计法等，本节主要对前三种方法进行分析，顺序功能图设计法将在第 6 章进行详细论述。

5.4.1 经验设计法

经验设计方法又称为试凑法。经验设计法需要设计者了解大量的典型电路，在掌握这些典型电路的基础上，充分理解实际的控制问题，将实际控制问题分解成典型控制电路，然后用典型电路或修改的典型电路拼凑梯形图。这种方法具有很大的试探性和随意性，最终的结果也不是唯一的，设计所用的时间、设计的质量与设计者的经验有直接的关系，一般用于较简单的或与某些典型系统类似的控制系统设计。

1. 经验设计法的步骤

1）准确了解控制要求，合理地为控制系统中的信号分配 I/O 接口，并画出 I/O 分配表。

2）对于控制要求比较简单的输出信号，可直接写出它们的控制条件，然后依据起保停电路的编程方法完成相应输出信号的编程；对于控制条件复杂的输出信号，可借助辅助继电器来编程。

3）对于较复杂的控制，要正确分析控制要求，确定各输出信号的关键控制点。以时间为主的控制中，关键点为引起输出信号状态改变的时间点（时间原则）；在以空间位置为主的控制中，关键点为引起输出信号状态改变的位置点（位置原则）。

4）确定了关键点后，用起保停电路或常用基本电路的编程方法，画出各输出信号的梯形图。

5）在完成关键点梯形图的基础上，针对系统的控制要求，画出其他输出信号的梯形图。

6）最后检查梯形图程序，完善互锁条件、保护条件、补充遗漏，进行程序优化。

由于 PLC 组成的控制系统复杂程度不同，梯形图程序设计的难易程度也不同，因此以上步骤并不是唯一和必需的，可以灵活应用。

2. 经验设计法的应用

例题 5-4：设计两处卸料小车的控制系统，如图 5-43 所示。控制要求：小车在限位开关 X4 处装料，20s 后装料结束并开始右行，碰到限位开关 X5 后小车停下来卸料，25s 后卸料结束并向左行，碰到限位开关 X4 后又开始装料，20s 后装料结束并开始右行，碰到限位开关 X3 开始卸料，25s 后卸料结束向左行，这样反复不停循环在 X5 和 X3 处轮流卸料，直到按下停止按钮 X2。按钮 X0 和 X1 分别用来起动小车右行和左行。

解：1）I/O 分配。根据控制要求，其 I/O 分配如表 5-13 所示。

2）I/O 接线图。根据系统的控制要求，绘制 PLC 的 I/O 接线图，如图 5-44 所示。

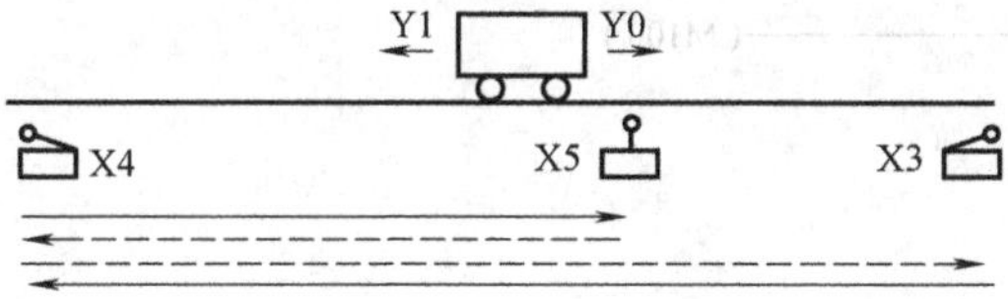

图 5-43　两处卸料小车运行示意图

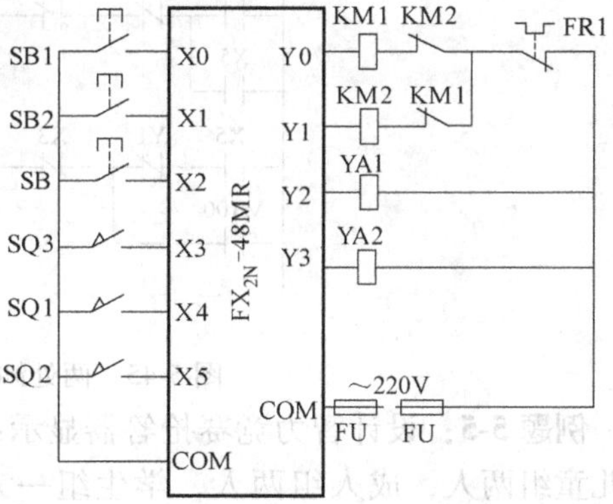

图 5-44　两处卸料小车控制系统的 I/O 接线图

表 5-13　I/O 地址分配表

输入地址	输入元件	功能说明	输出地址	输出元件	功能说明
X0	SB1	右行按钮	Y0	KM1	小车右行
X1	SB2	左行按钮	Y1	KM2	小车左行
X2	SB	停止按钮	Y2	YA1	小车装料
X3	SQ3	第二次卸料点	Y3	YA2	小车卸料
X4	SQ1	装料点			
X5	SQ2	第一次卸料点			

3）梯形图程序设计。如图 5-43 所示，小车在一次工作循环中的两次右行都要碰到 X5，第一次碰到它时停下来卸料，第二次碰到它时继续前进，因此应该设置一个具有记忆功能的编程单元，区分是第一次还是第二次碰到 X5，这是程序设计的关键点。小车的左右行驶可以参考三相异步电动机正反转的典型电路。该控制系统的 PLC 程序如图 5-45 所示。

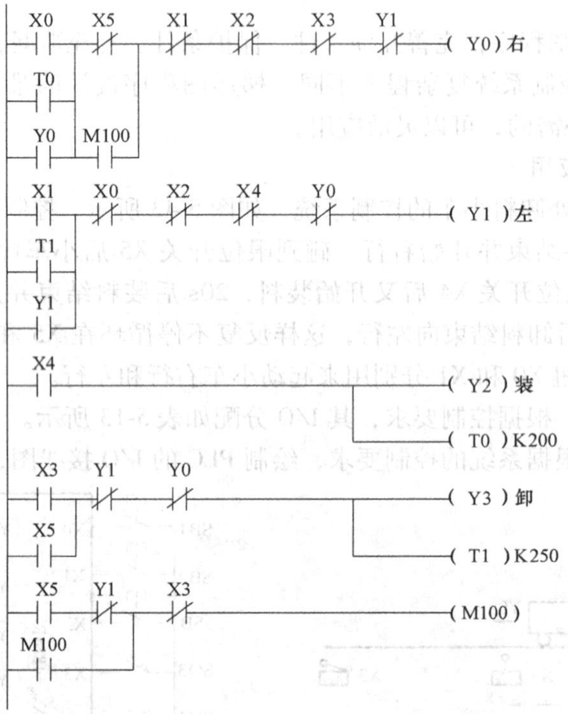

图 5-45　两处卸料小车控制系统梯形图程序

例题 5-5：设计智力竞赛抢答器显示系统，参加竞赛分为儿童组、学生组、成人组，其中儿童组两人，成人组两人，学生组一人，主持人一人，抢答系统示意图如图 5-46 所示。控制要求：

1）当主持人按下 SB0 后，指示灯 HL0 亮，表示抢答开始，参赛者方可开始按下按钮抢答，否则违例（此时抢答者桌面上灯闪烁）。

2）为了公平，要求儿童组只需一人按下按钮，其对应的指示灯亮，而成人组需要两人同时按下按钮，对应的指示灯才亮。

3）当一个问题回答完毕，主持人按下 SB1，一切状态复位。

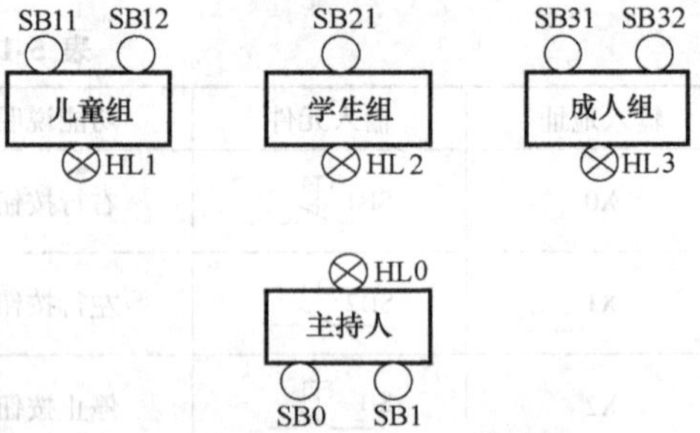

图 5-46　抢答系统示意图

4）成人组一人违例，抢答灯 HL3 闪烁。

5）当抢答开始后时间超过 30s，无人抢答，此时铃响，提示抢答时间已过，此题作废。

解：1）I/O 分配。根据控制要求写出 I/O 分配表，见表 5-14。

表 5-14　抢答系统 I/O 分配表

输入地址	输入元件	功能说明	输出地址	输出元件	功能说明
X0	SB0	抢答开始	Y0	HL0	抢答开始指示
X1	SB1	返回原状	Y1	HL1	儿童抢答成功
X2	SB11	儿童抢答 1	Y2	HL2	学生抢答成功
X3	SB12	儿童抢答 2	Y3	HL3	成人抢答成功
X4	SB21	学生抢答	Y4	B0	抢答时间到
X5	SB31	成人抢答 1			
X6	SB32	成人抢答 2			

2）I/O 接线图。根据系统的控制要求，绘制 PLC 的 I/O 接线图，如图 5-47 所示。

3）梯形图程序设计。根据控制要求设计对应的梯形图。设计过程：

① 首先把三盏抢答成功亮的灯 HL1、HL2、HL3 对应的 Y1、Y2、Y3 按照控制要求接通，因此 X2 与 X3 为并联，而 X5 和 X6 串联，因为抢答用的是按钮，因此分别加上自锁。

② 因为要在主持人的灯 HL0 接通后才能进行抢答，所以需要增加一条 X0 接通 Y0 的电路。

③ 抢答开始后（Y0 接通）30s 无人抢答则铃响，增加 T0 电路，T0 接通 Y4。

④ 用 X1 动断触点复位，使所有输出信号状态返回，在 Y0 ~ Y4 线圈前增加 X1 动断触点。

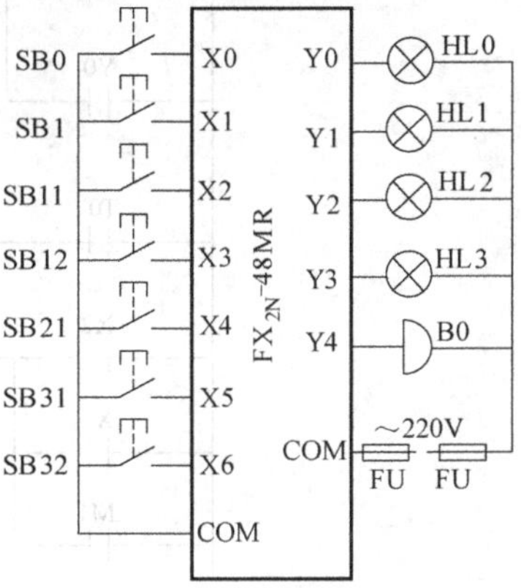

图 5-47　I/O 接线图

⑤ 一组人抢答成功后，其他组抢答无效，因此需增加 Y1、Y2、Y3 之间互锁。

⑥ 在有人抢答的情况下，应考虑 Y4 不能被 T0 接通，因此在 Y4 线圈电路中串入 Y1、Y2、Y3 的动断触点。

⑦ 若在主持人没有起动 X0（Y0 没有接通）的情况下，有人按抢答按钮，则该组违例使得输出灯闪烁。需增加振荡电路，将 M8013 动合触点串入 Y1、Y2、Y3 的线圈电路中，再用 Y0 短接。同时考虑违例抢答后，要保证在按动 X1 之前违例灯闪烁不能停止，增加了 M1、M2、M3 记忆电路。

⑧ 考虑成年组一人违例抢答即出现违例灯闪。

综上所述，设计的梯形图程序如图 5-48 所示。

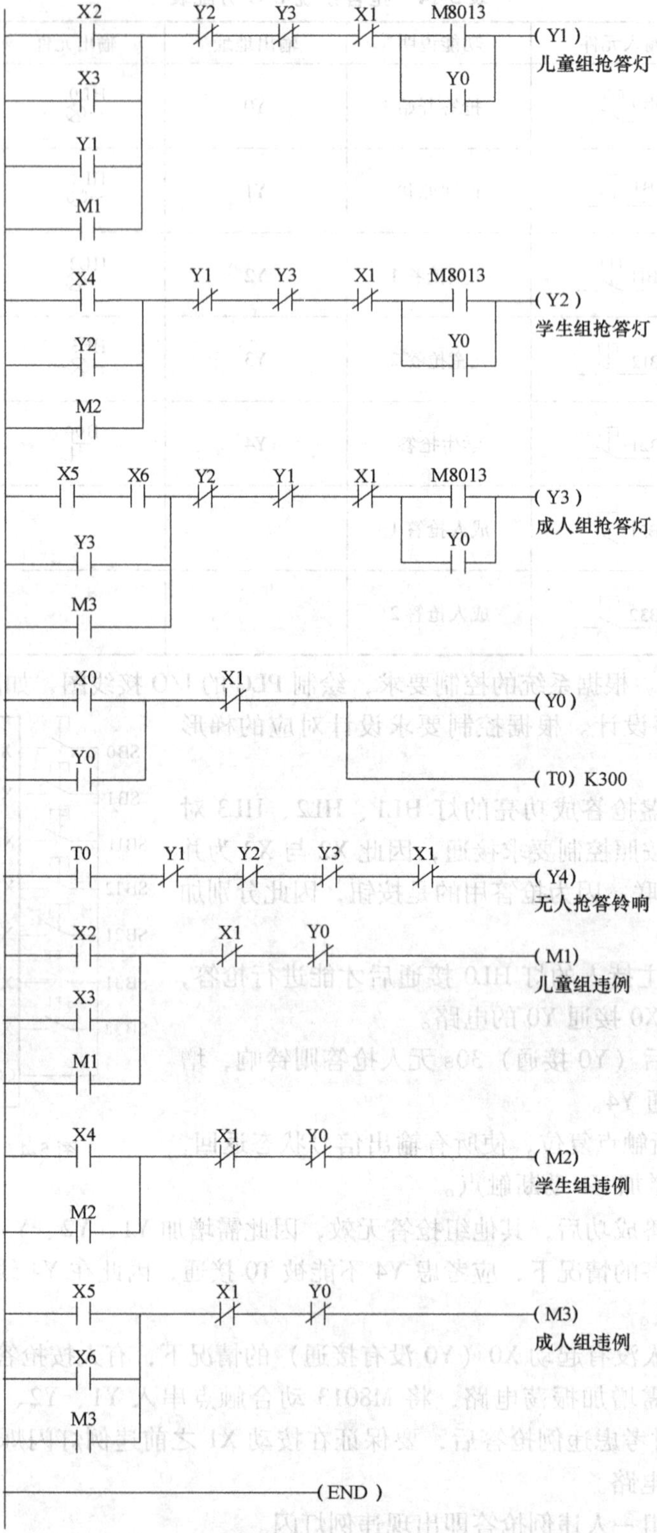

图 5-48　智力竞赛抢答显示系统梯形图

5.4.2　继电器—接触器控制电路转换法

用 PLC 改造继电器—接触器控制系统时，因为原有的继电器—接触器控制系统经过长期使用和考验，已被证明能够完成系统要求的控制功能，而且继电器—接触器控制电路图与梯形图在表示方法和分析方法上有很多相似之处，因此可以将继电器—接触器控制电路图转换为具有相同功能的 PLC 外部接线图和梯形图。这种设计方法一般不需要改造控制面板及其元器件，因此可以减少硬件改造的费用和工作量。

在使用这种设计方法时应注意梯形图是 PLC 程序，而继电器—接触器控制电路是由硬件电路组成的，软件和继电器硬件电路有本质的区别。

1. 继电器—接触器控制电路转换法的步骤

1）了解和熟悉被控设备的工艺过程和机械的动作情况，根据继电器—接触器控制电路图分析和掌握控制系统的工作过程。

2）确定继电器—接触器控制电路的输入信号和输出负载以及它们对应的梯形图中的输入继电器和输出继电器的元件，画出 PLC 的 I/O 接线图。

3）确定继电器—接触器控制电路图中中间继电器、时间继电器对应的梯形图中的辅助继电器和定时器的元件号。

4）根据上述的对应关系，参照继电器—接触器控制电路图画出 PLC 对应的控制梯形图。

5）依据梯形图程序设计原则，对 4）步骤生成的梯形图进行优化。

2. 继电器—接触器控制电路转换法的应用

例题 5-6：三相交流异步电动机的Y-△减压起动电路如图 5-49，试用 PLC 进行改造。

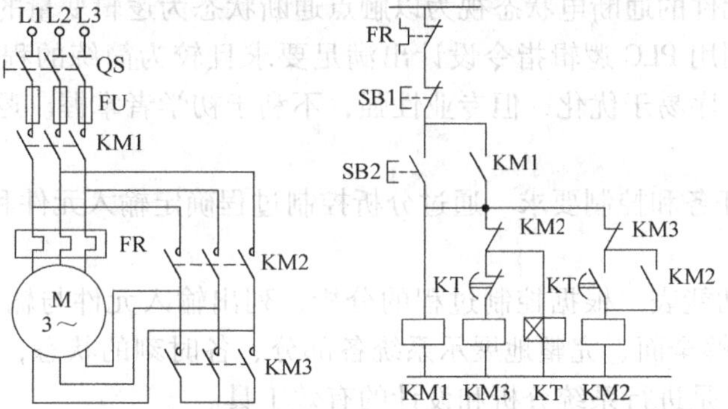

图 5-49　三相交流异步电动机Y-△减压起动电路

解：1）I/O 接线图。根据图 5-49 所示电路可知，SB1、SB2 为两个主令元件，KM1、KM2、KM3 为三个执行元件。绘制 I/O 接线图，如图 5-50 所示。

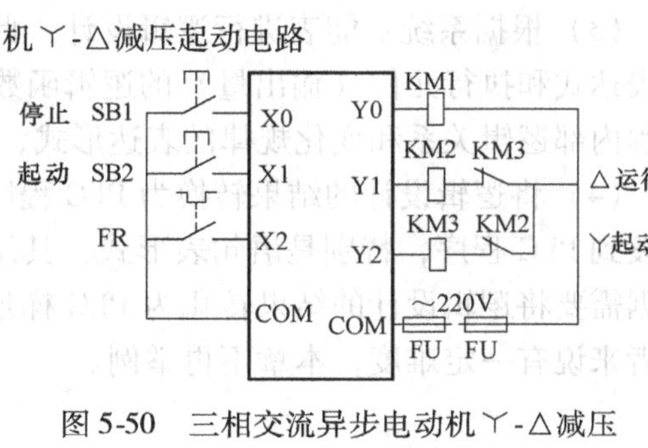

图 5-50　三相交流异步电动机Y-△减压起动 PLC 控制 I/O 接线图

2）参照图 5-49 所示三相交流异步电动机Y-△减压起动的继电器—接触器控制电路，画出 PLC 对应的控制梯形图，如图 5-51 所示。

3）对图 5-51 所示梯形图进行优化，得到梯形图程序如图 5-52 所示。

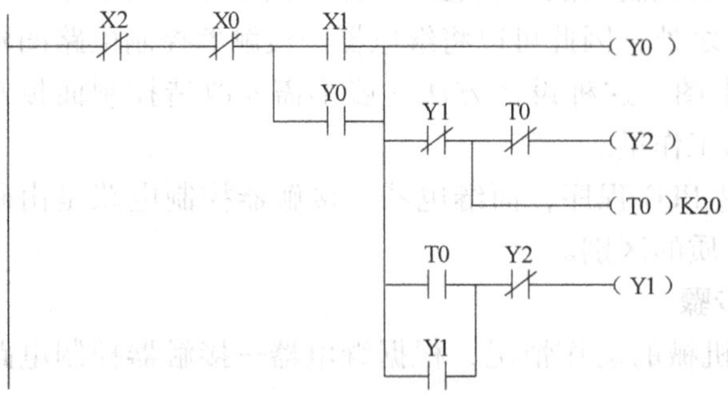

图 5-51　参照继电器—接触器控制电路的梯形图

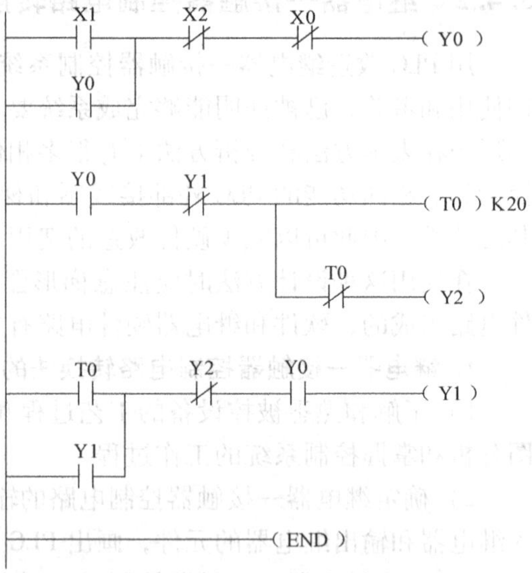

图 5-52　优化后的梯形图

5.4.3　逻辑设计法

逻辑设计法就是应用逻辑代数和逻辑组合的方法设计程序。逻辑法的理论基础是逻辑函数，逻辑函数就是逻辑运算与、或、非的逻辑组合。因此，从本质上来说，PLC 梯形图程序就是与、或、非的逻辑组合，也可以用逻辑函数表达式来表示。逻辑设计法是先对控制任务进行逻辑分析，将元件的通断电状态视为以触点通断状态为逻辑变量的逻辑函数，再经过逻辑函数化简，最后利用 PLC 逻辑指令设计出满足要求且较为简练的程序。这种设计方法思路清晰，所编写的程序易于优化，但专业性强，不利于初学者掌握。逻辑设计法一般有 4 个基本步骤：

（1）明确控制任务和控制要求　通过分析控制过程确定输入元件和输出元件，绘制 I/O 接线图。

（2）绘制系统功能表　根据控制过程的分析，列出输入元件与输出元件功能表（逻辑真值表）。功能表能够全面、完整地展示系统各部分、各时刻的状态，以及状态之间的联系与转换，非常直观，是进行系统分析和设计的有效工具。

（3）根据系统功能表进行逻辑设计　此步骤的工作主要是列写中间记忆元件的逻辑函数表达式和执行元件（输出量）的逻辑函数式，这两个函数式（组）既是生产机械或生产过程内部逻辑关系和变化规律的表达形式，又是构成控制系统实现控制目标的具体程序。

（4）将逻辑设计的结果转换为 PLC 程序　逻辑设计的结果（逻辑函数式）能够方便地过渡到 PLC 程序，特别是语句表形式，其结果和形式都与逻辑函数式非常相似。设计者可根据需要将逻辑设计的结果转化为 PLC 梯形图程序。由于逻辑设计法专业性较强，对于初学者来说有一定难度，本章不再举例。

习 题

5-1 写出图 5-53 所示的梯形图的指令表程序。

5-2 写出图 5-54 所示的梯形图的指令表程序。

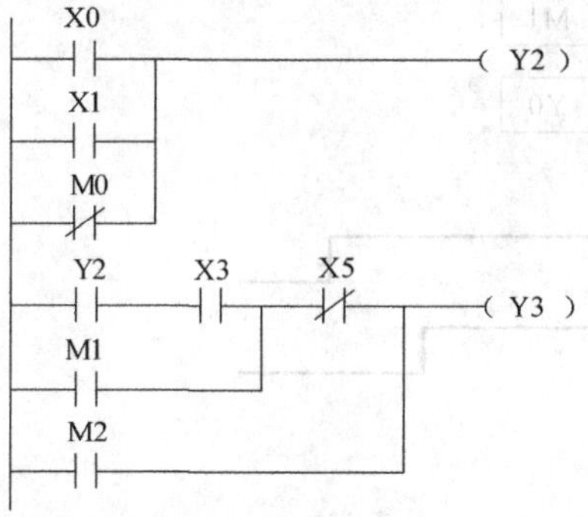

图 5-53 题 5-1 图

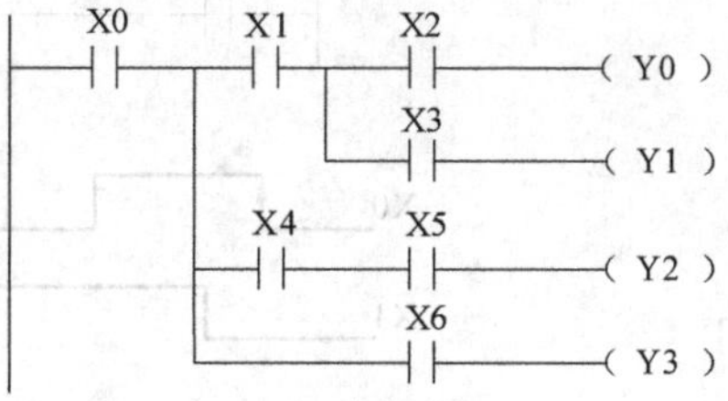

图 5-54 题 5-2 图

5-3 写出图 5-55 所示的梯形图的指令表程序。

5-4 写出图 5-56 所示的梯形图的指令表程序。

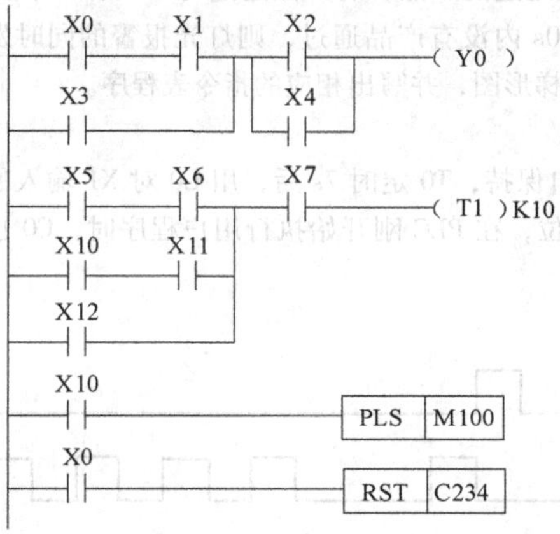

图 5-55 题 5-3 图

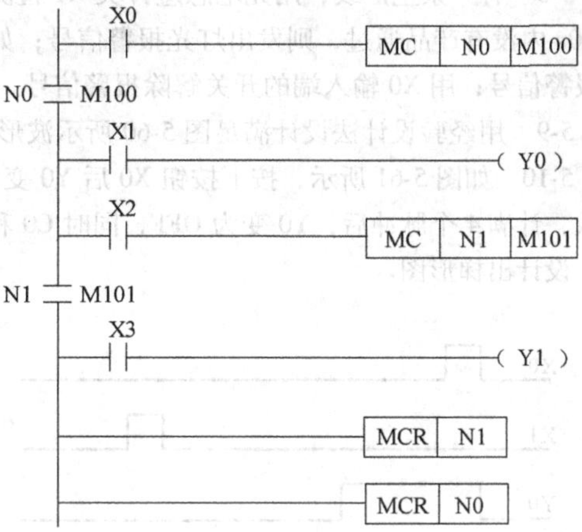

图 5-56 题 5-4 图

5-5 画出图 5-57 所示指令对应的梯形图。

5-6 画出图 5-58 所示指令对应的梯形图。

0	LD	X0	9	OR	X7
1	AND	X1	10	ANB	
2	ANI	X2	11	OUT	Y2
3	OR	X3	12	LD	X10
4	OUT	Y1	13	OR	X11
6	LD	X4	14	AND	X12
7	OR	X5	15	OUT	Y3
8	LD	X6			

图 5-57 题 5-5 图

0	LD	X0	11	ORB	
1	MPS		12	ANB	
2	LD	X1	13	OUT	Y1
3	OR	X2	14	MPP	
4	ANB		15	AND	X7
5	OUT	Y0	16	OUT	Y2
6	MRD		17	LD	X10
7	LDI	X3	18	ORI	X11
8	AND	X4	19	ANB	
9	LD	X5	20	OUT	Y3
10	ANI	X6			

图 5-58 题 5-6 图

5-7 根据图 5-59 所示梯形图补充时序图。

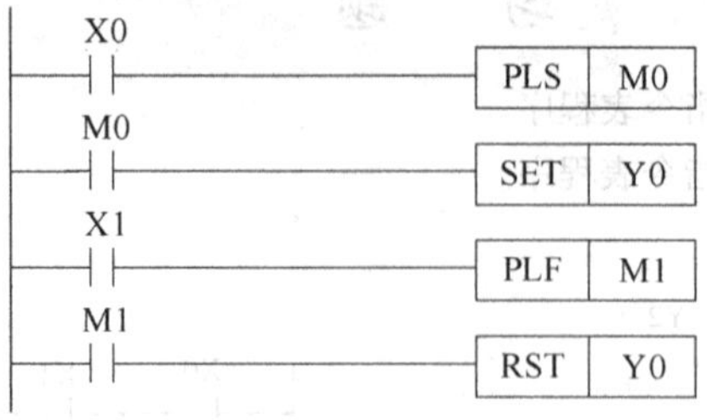

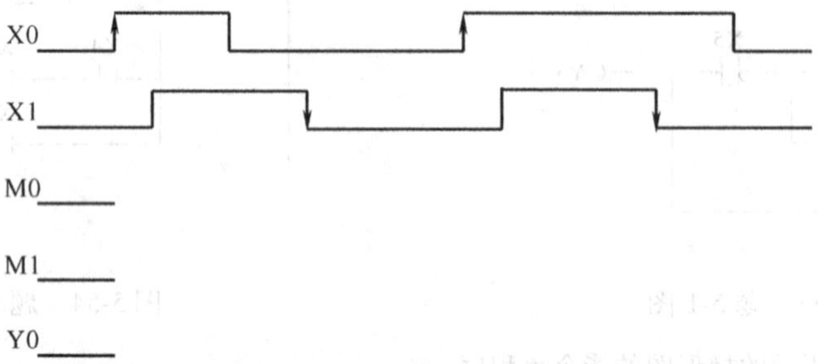

图 5-59 题 5-7 图

5-8 有一条生产线，用光电感应开关 X1 检测传送带上通过的产品，有产品通过时 X1 为 ON；如果连续 10s 内没有产品通过，则发出灯光报警信号；如果连续 20s 内没有产品通过，则灯光报警的同时发出声音报警信号；用 X0 输入端的开关解除报警信号。请设计其梯形图，并写出相应的指令表程序。

5-9 用经验设计法设计满足图 5-60 所示波形的梯形图。

5-10 如图 5-61 所示，按下按钮 X0 后 Y0 变为 ON 并自保持，T0 定时 7s 后，用 C0 对 X1 输入的脉冲计数，计满 4 个脉冲后，Y0 变为 OFF，同时 C0 和 T0 被复位，在 PLC 刚开始执行用户程序时，C0 也被复位，设计出梯形图。

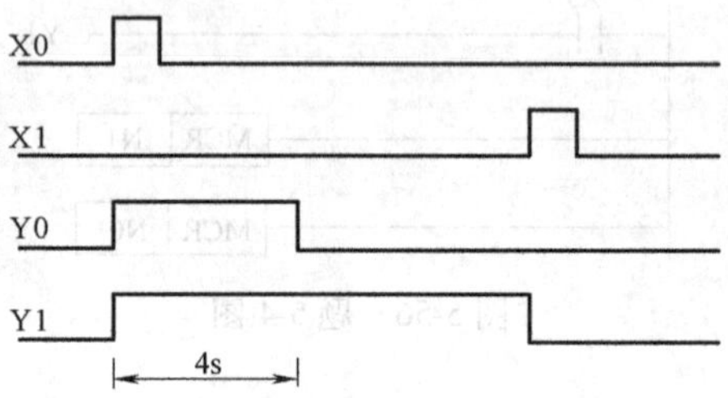

图 5-60 题 5-9 图

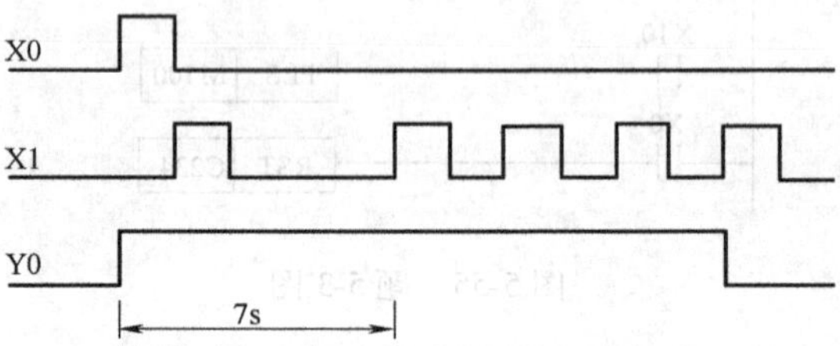

图 5-61 题 5-10 图

5-11 如图 5-62 所示，送料小车用异步电动机拖动，按钮 X0 和 X1 分别用来起动小车右行和左行。小车在限位开关 X3 处装料，Y2 为 ON；10s 后装料结束，开始右行，碰到 X4 后停下来卸料，Y3 为 ON；15s 后左行，碰到 X3 后又停下来装料，这样不停地循环工作，直到按下停止按钮 X2。画出 PLC 的外部接线图，用经验设计法设计小车送料控制系统的梯形图。

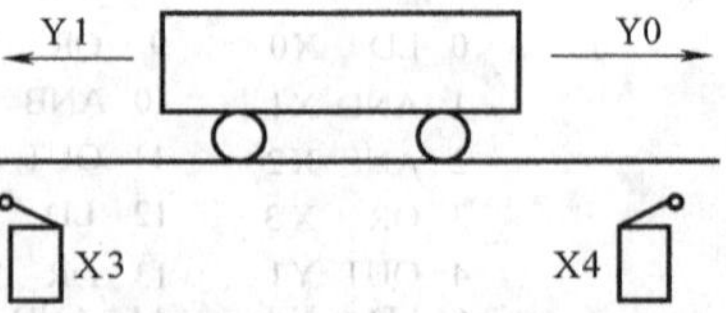

图 5-62 题 5-11 图

5-12 利用继电器—接触器控制电路转换法为一台异步电动机设计控制系统，继电器—接触器控制电路如图 5-63 所示。

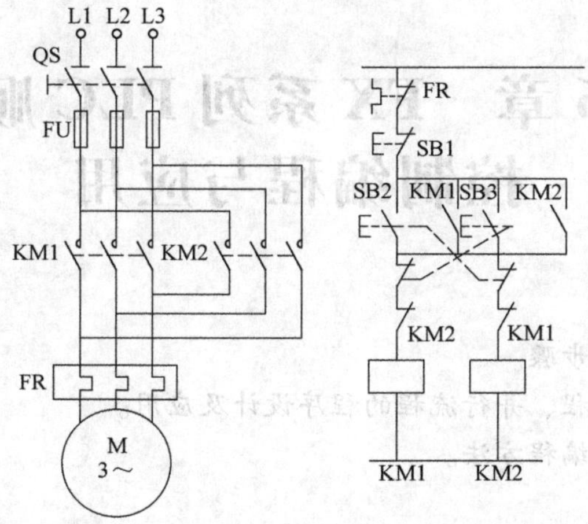

图 5-63　题 5-12 图

第 6 章　FX 系列 PLC 顺序控制编程与应用

【本章教学重点】

(1) 顺序控制设计的步骤。

(2) 单流程、选择流程、并行流程的程序设计及应用。

(3) 步进顺控指令的编程方法。

【本章能力要求】

通过本章的学习，读者应该掌握顺序控制设计的基本步骤和内容，能够熟练进行单流程、选择流程和并行流程的程序设计，并转换成步进梯形图和指令表程序。

用梯形图设计程序是 PLC 控制系统设计的一种重要方法，但是对于一些复杂的控制程序，尤其是顺序控制程序，由于内部存在很多的联锁和互锁关系，用梯形图设计程序存在一定的难度。顺序功能图（Sequential Function Chart，SFC）是描述控制系统的控制过程、功能和特性的一种语言，专门用于编制顺序控制程序。

6.1　顺序控制设计法

所谓的顺序控制，就是按照生产工艺的流程顺序，在各个输入信号的作用下，根据内部状态和时间的顺序，使生产过程中各个执行机构自动而有序地进行工作。顺序控制设计法又称步进控制设计法，它是一种先进的设计方法，很容易被初学者接受；同时对于有经验的工程师来说，也可以提高设计的效率，程序的调试、修改和阅读也很方便。

6.1.1　顺序控制设计步骤

利用顺序控制设计法进行设计的基本步骤及内容如下：

1. 步的划分

分析被控对象的工作过程及控制要求，将系统的工作过程划分成若干阶段，这些阶段称为“步”。步是根据 PLC 输出量的状态变化来划分的，只要系统的输出量状态发生变化，系统就从原来的步进入新的步。如图 6-1 所示，整个工作过程可划分为 4 步。在任意一步内，各输出量的状态均保持不变，但是相邻两步输出量的状态是不同的。

在使用顺序功能图编程时，步是用状态继电器 S 或辅助继电器 M 进行表达的，步的这种划分方法也使代表各步的编程元件的状态和各输出量的状态之间有着简单的逻辑关系。

2. 转换条件的确定

转换条件是使系统从当前步进入下一步的条件。常见的转换条件可以是外部输入信号，例如按钮、行程开关的接通、断开等；也可以是 PLC 内部产生的信号，例如定时器、计数器触点的通断等；转换条件还可能是若干个信号与、或、非的逻辑组合。

顺序控制设计法是用转换条件去控制代表各步的编程元件，使它们的状态按一定的顺序变化，然后用代表各步的编程元件去控制各输出继电器。

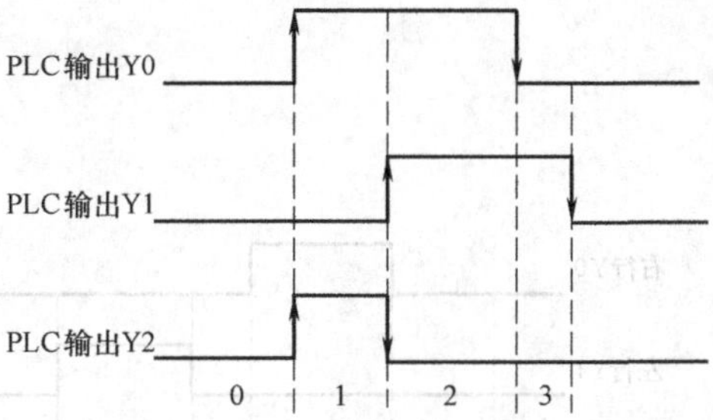

图 6-1　步的划分

3. 顺序功能图的绘制

根据上述分析画出描述系统工作过程的顺序功能图。这是顺序功能设计法中最关键的一个步骤。顺序功能图的绘制方法将在后面内容进行介绍。

4. 梯形图的绘制

根据顺序功能图，采用步进顺控指令等编程方式设计出梯形图，有关设计方法将在 6. 2 和 6. 3 节进行介绍。

6. 1. 2　顺序功能图

顺序功能图是一种通用的技术语言，可以让不同专业的人员之间进行技术交流。

1. 顺序功能图的组成要素

顺序功能图主要由步、动作、有向连线和转换、转换条件等要素组成。

（1）步　顺序控制设计法最基本的思想是将系统的一个工作周期划分成若干状态不同且顺序相连的阶段，这些阶段称为步（Step），可以用编程软件（如状态继电器 S 和辅助继电器 M）来代表各步。下面举一个例子来说明，如图 6-2 所示，送料小车开始停在左侧限位开关 X4 处，按下起动按钮 X0，Y2 变为 ON，打开储料斗的闸门进行装料，同时定时器 T0 开始定时，10s 后关闭储料斗的闸门，Y0 变为 ON 并开始右行，碰到限位开关 X3 后 Y3 为 ON，开始停车卸料，同时定时器 T1 定时，5s 后 Y1 变为 ON，开始左行，碰到限位开关 X4 后返回初始状态，停止运行。

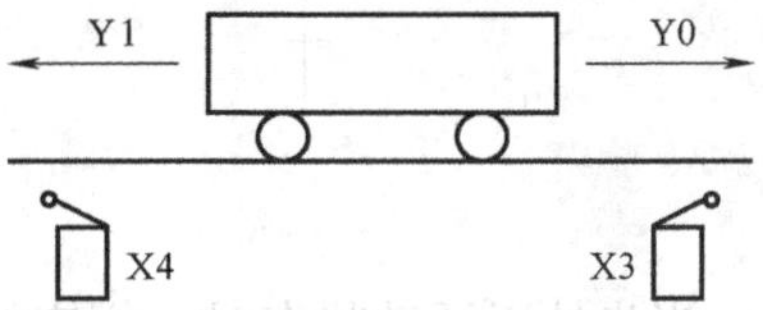

图 6-2　小车工作示意图

根据 Y0 ~ Y3 的状态变化绘制时序图，如图 6-3 所示。显然一个工作周期分为装料、右行、卸料和左行 4 步，另外还应该设置等待起动的初始步，分别用 S20、S21、S22、S23、S0 来代表这 5 步。该系统的顺序功能图如图 6-4 所示，步在顺序功能图中用矩形框表示，方框中的数字表示该步的编号，如 S20 等。

当系统正工作于某一步时，该步处于活动状态，称为“活动步”。步为活动状态时，相应的动作被执行；步为非活动状态时，相应的非保持型动作被停止执行。

系统的初始状态对应的步称为“初始步”。初始状态一般是系统等待起动命令的相对静止的状态。初始步通常用双线方框表示，每一个顺序功能图至少有一个初始步。

（2）与步对应的动作　所谓“动作”是指某步为活动状态时，PLC 向被控系统发出的命令或被控系统应执行的动作。动作用矩形框（或椭圆形框）中的文字或符号表示，该矩形框应与相应步的矩形框相连接。如果某一步有几个动作，可以用图 6-5 中的两种画法来表示，但是不能说明这些动作之间的顺序关系。

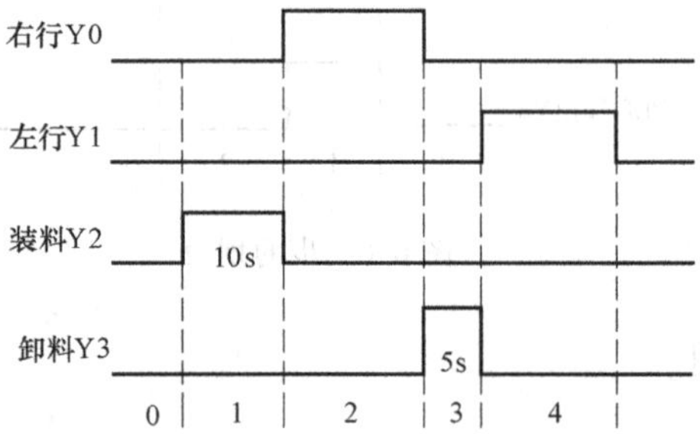

图6-3　系统输出时序图

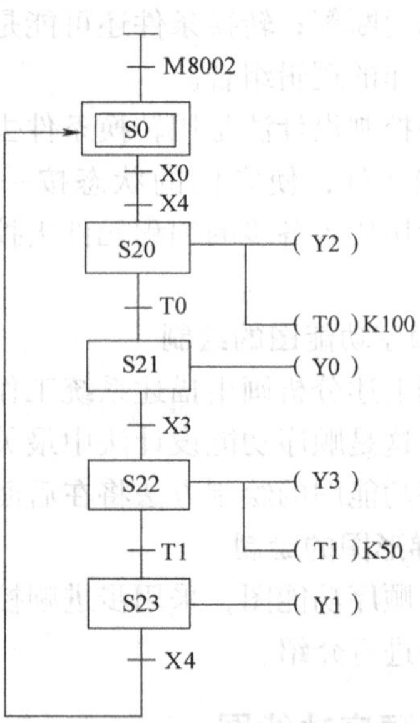

图6-4　顺序功能图

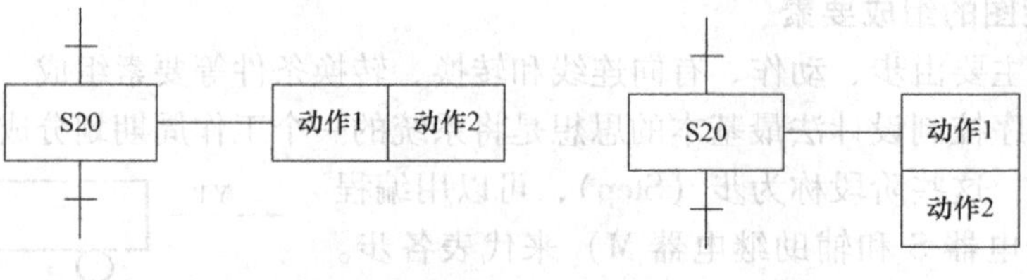

图6-5　动作的表示方法

当步处于活动状态时，相应的动作被执行。注意标明动作是保持型还是非保持型的。保持型的动作是当该步为活动状态时执行该动作，当该步变为非活动状态时继续执行该动作；非保持型动作是指当该步为活动状态时执行该动作，当该步变为非活动状态时停止执行该动作。一般保持型的动作在顺序功能图中应该用文字或助记符指令标注，而非保持型动作不用标注。

（3）有向连线　在顺序功能图中，随着时间的推移和转换条件的实现，将会发生步的活动状态的变化，这种变化按有向连线规定的路线和方向进行。在画顺序功能图时，将代表各步的方框按它们成为活动步的先后次序排列，并用有向连线将它们连接起来。步的活动状态默认的进展方向是从上到下或从左到右，在这两个方向上有向连线的箭头可以省略，如果不是上述默认方向，必须在有向连线上用箭头标注变化方向。

若画图时有向连线必须中断（例如在复杂的图中，或者用几个图来表示一个顺序功能图时），应在有向连线中断之处标明下一步的标号或所在的页数，例如步40，第5页。

（4）转换、转换条件　转换采用有向连线上与有向连线垂直的短划线来表示，转换将相邻两步分隔开。步的活动状态的进展是由转换的实现来完成的，并与控制过程的发展相对应。步与步之间不允许直接相连，必须有转换隔开，而转换与转换之间也同样不能直接相连，必须有步隔开。

转换条件是与转换相关的逻辑命题，转换条件可以用文字语言、布尔代数表达式或图形符号标注在表示转换的短线旁边。转换条件 X 和 $\overline{X}$ 分别表示当二进制信号 X 为“1”和“0”的状态。符号 $X\downarrow$ 和 $X\uparrow$ 分别表示 X 从“1”（接通）到“0”（断开）的状态以及从“0”到“1”的状态。

2. 顺序功能图的基本结构

根据步和步之间转换的不同情况，顺序功能图有以下几种不同的基本结构形式。

（1）单流程结构　顺序功能图的单流程结构形式最为简单，它由一系列按顺序排列、相继激活的步组成。每一步后面仅有一个转换，每一个转换后面只有一个步，如图 6-6 所示。在单流程里，有向连线没有分支与合并。

（2）选择流程结构　选择流程的开始称为分支，选择流程的分支是指一个前级步后面紧接着若干个后续步可供选择，每分支都有各自的转换条件，转换符号只能标在水平连线之下。图 6-7a 所示为选择流程的分支。假设步 5 为活动步，如果转换条件 e 成立，则步 5 向步 6 实现转换；如果转换条件 g 成立，则步 5 向步 11 实现转换。分支中一般一次只允许选择其中一个序列。

选择流程的结束称为合并，几个选择分支合并到一个公共序列上，每个分支都有各自的转换条件，转换条件只能标在水平线之上。图 6-7b 所示为选择流程的合并。假设步 7 为活动步，如果转换条件 m 成立，则步 7 向步 13 实现转换；如果步 9 为活动步，如果转换条件 n 成立，则步 9 向步 13 实现转换。

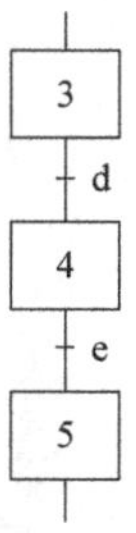

图 6-6　单流程结构图

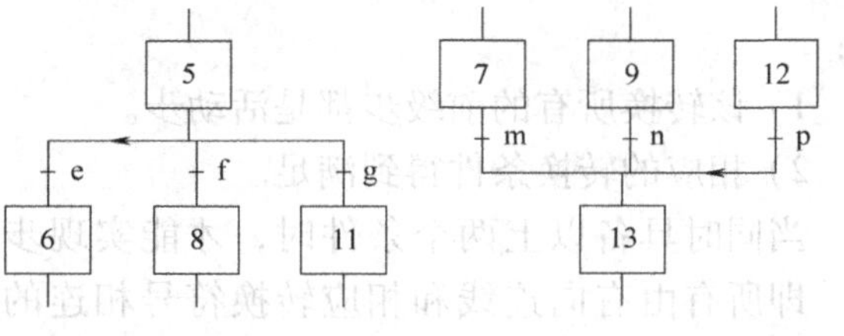

a) 选择流程的分支　　b) 选择流程的合并

图 6-7　选择流程结构

（3）并列流程结构　并列流程结构用来表示系统的几个同时工作的独立部分的工作情况。并列流程也有开始和结束之分，并列流程的开始称为分支，并列流程的结束称为合并。

图 6-8a 所示为并列流程的分支。它是指当转换条件 e 成立后，步 4、6、8 将会同时激活，为了强调转换的同步实现，水平连线用双线表示，当多个后续步被同时激活后，每一序列接下来的转换将独立进行。图 6-8b 所示为并列流程的合并。当直接连在双线上的所有前级步 5、7、9 都为活动步，且转换条件 d 成立时，才能实现转换，即步 10 变为活动步。

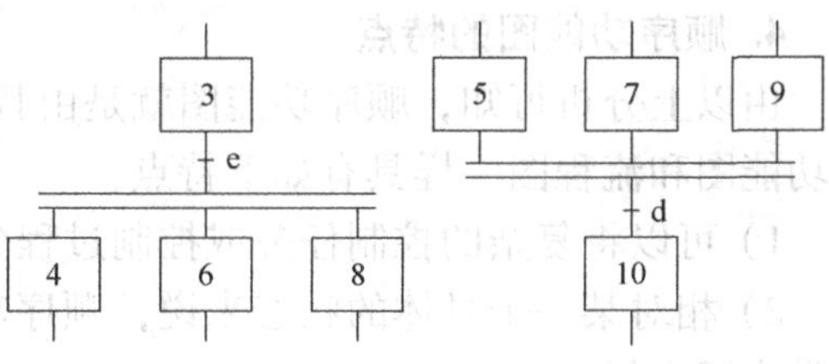

a) 并列流程的分支　　b) 并列流程的合并

图 6-8　并列流程结构

（4）子步结构　所谓子步结构是指在顺序功能图中，某一步包含着一系列子步和转换。图 6-9 所示的顺序功能图采用了子步的结构形式。顺序功能图中步 6 包含了 6.1、6.2、

6.3、6.4 四个子步。这些子步结构通常表示整个系统中的一个完整子功能，类似于计算机编程中的子程序。采用子步结构形式的优点是逻辑性强、思路清晰，可以减少设计错误，缩短设计时间。

（5）其他流程结构　除了上述的四种基本流程结构外，还有其他的一些流程结构：跳步、重复和循环流程结构。这些结构实际上都是选择流程结构的特殊形式。

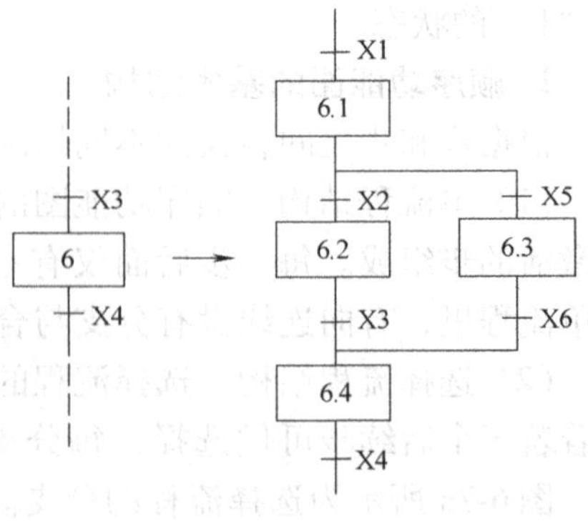

图 6-9　子步结构

图 6-10a 所示为跳步流程结构，当步 3 为活动步时，如果转换条件 X0 成立，则跳过步 4 和步 5 直接进入步 6。

图 6-10b 所示为重复流程结构。当步 5 为活动步时，如果转换条件 X4 不成立而条件 X0 成立，则重新返回步 4，重复执行步 4 和步 5，直到转换条件 X4 成立，重复结束，转入步 6。

在实际控制系统中，顺序功能图往往不是单一的某一种序列结构，而是综合运用各种结构的组合。

3. 顺序功能图中转换实现的基本规则

在顺序功能图中，步的活动状态的进展是由转换的实现来完成的。转换实现必须同时满足两个条件：

1）该转换所有的前级步都是活动步。

2）相应的转换条件得到满足。

当同时具备以上两个条件时，才能实现步的转换。即所有由有向连线和相应转换符号相连的后续步都变成为活动步，而所有由有向连线和相应转换符号相连的前级步都变成为非活动步。在单流程和选择流程的结构中，一个转换只有一个前级步和一个后续步。在并行流程结构中一个转换的前级步或后续步不止一个，转换的实现则称为同步实现，为了强调同步实现，有向连线的水平部分用双线表示，如图 6-8 所示。转换实现的基本规则是根据顺序功能图设计梯形图的基础，它适用于任意结构中的转换。

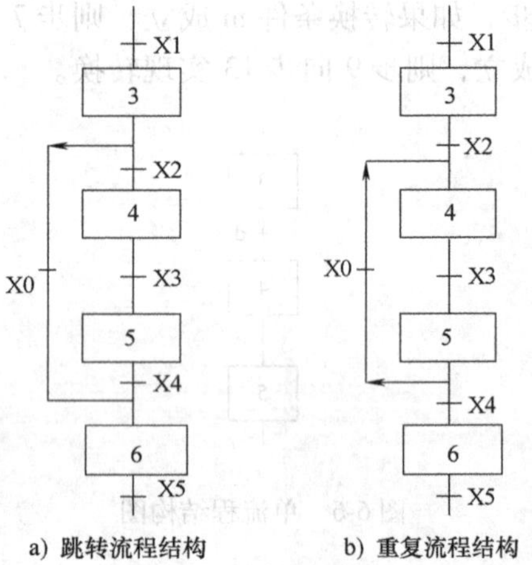

图 6-10　其他流程结构

4. 顺序功能图的特点

由以上分析可知，顺序功能图就是由状态、状态转移条件和转移方向构成的流程图。顺序功能图和流程图一样具有如下特点：

1）可以将复杂的控制任务或控制过程分解成若干个状态，有利于程序的结构化设计。

2）相对某一个具体的状态来说，顺序功能图可以使控制任务简单化，给局部程序的编写带来了方便。

3）整体程序是局部程序的综合，只要搞清楚各状态需要完成的动作、状态转移的条件和转移的方向，就可以进行程序设计。

4）顺序功能图容易理解，可读性很强，能清楚地反映整个控制的工艺过程。

5）顺序功能图中两个步不能直接相连，必须用一个转换将它们分隔开。两个转换也不能直接相连，必须用一个步将它们分隔开。

6）顺序功能图中的初始步一般对应于系统等待起动的初始状态，初始步可以没有动作，但它却是必不可少的，否则系统无法返回到初始状态。

7）自动控制系统应能够多次重复执行同一个工艺过程，因此在顺序功能图中一般应具有由步和有向连线构成的闭环，即在完成一次工艺过程的全部操作之后，应从最后一步返回到初始步或下一个工作周期的第一步。

6.1.3　步进顺控指令及编程方法

根据控制系统的顺序功能图设计梯形图的方法称为顺序控制梯形图的编程方法，主要有三种基本编程方法：使用起保停电路的编程方法、以转换为中心的编程方法和步进顺控指令编程方法。下面将主要介绍步进顺控指令编程方法。

顺序功能图绘制好后，可以将其转换成步进梯形图，进而生成指令表程序。

1. 步进顺控指令

多数 PLC 都有专门用于编制顺序控制程序的指令和编程元件。

FX 系列 PLC 仅有两条步进顺控指令，其中 STL（Step Ladder）是步进梯形指令，表示步进开始，以使该状态的动作可以被驱动；RET 是步进返回指令，使步进顺控程序执行完毕时，非步进顺控程序的操作在主母线上完成。为防止出现逻辑错误，步进顺控程序的结尾必须使用 RET（步进返回指令）。利用这两条指令，可以很方便地编制步进梯形图和对应的指令表程序。

2. 步进梯形图的编制

STL 指令只有与状态继电器 S 配合才具有步进的功能，使用 STL 指令的状态继电器的常开触点称为 STL 触点。使用 STL 和 RET 指令编制步进梯形图的原则为：先进行负载的驱动处理，然后进行状态的转移处理，如图 6-11 所示。从图中可以看出顺序功能图和梯形图之间的对应关系，STL 触点驱动的电路块具有三个功能，即对负载的驱动处理、指定转换条件和指定转换目标。

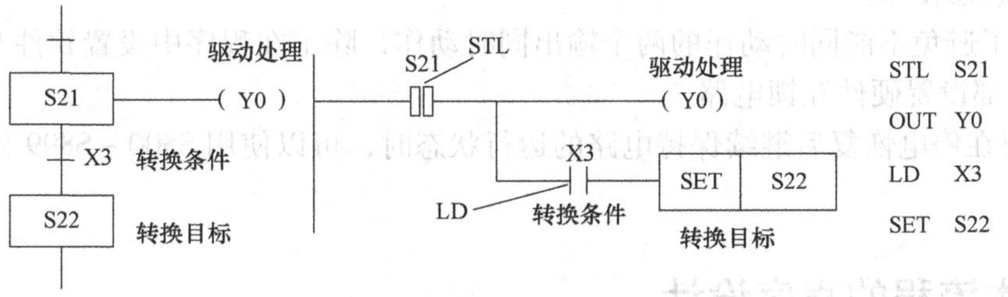

图 6-11　顺序功能图、步进梯形图和指令表

除了并行流程的电路外，STL 触点是与左母线相连的动合触点，当某一步为活动步时，对应的 STL 触点接通，该步的负载被驱动。该步后面的转换条件满足时，转换实现，即后续步对应的状态被 SET 指令或是 OUT 指令置位，后续步变为活动步，同时与原活动步对应

的状态被系统程序复位，原活动步对应的 STL 触点断开。

3. 编程的注意事项

1）STL 指令只有与状态继电器 S 配合才具有步进功能。S0 ~ S9 用于初始步，S10 ~ S19 用于自动返回原点。STL 触点用符号┤├表示，没有动断的 STL 触点。

2）与 STL 触点相连的触点应使用 LD 或 LDI 指令，下一条 STL 指令的出现意味着当前 STL 程序区的结束和新的 STL 程序区的开始，最后一个 STL 程序区结束时一定要用 RET 指令，否则程序出错。

3）初始状态必须预先作好驱动，否则状态流程不能向下进行。一般用控制系统的初始条件，若无初始条件可以使用 M8000 或 M8002 进行驱动。

M8000 是运行监视信号，它在 PLC 的运行开关由 STOP→RUN 后一直得电，初始状态 S0 一直处在被“激活”的状态，直到 PLC 停电或是 PLC 运行开关由 RUN→STOP。M8002 是初始脉冲信号，它只在 PLC 运行开关由 STOP→RUN 时产生一个扫描周期的脉冲信号，初始状态 S0 只被它“激活”一次。

4）STL 触点可以直接驱动或通过其他触点驱动 Y、M、S、T、C 等元件的线圈。若同一线圈需要在连续多个状态下驱动，则可在各个状态下分别使用 OUT 指令，也可以使用 SET 指令将其置位，等到不需要驱动时，用 RST 指令将其复位。

5）由于 CPU 只执行活动步对应的程序，在没有并行流程结构时，任何时候只有一个活动步，因此使用 STL 指令时允许双线圈输出，即同一元件的线圈可以分别被几个不同时闭合的 STL 触点驱动。在并行流程结构中，同一元件的线圈不能在同时为活动步的 STL 程序区内出现。需要注意的是，状态继电器 S 在状态转移图中不能重复使用。

6）STL 触点驱动的电路块不能使用 MC、MCR 指令，同样不能使用栈（MPS）指令，但是可以使用 CJ 指令。当执行 CJ 指令跳入某一 STL 电路块时，不管该 STL 触点是否为“1”状态，均执行 CJ 指令指定的 STL 电路块。

7）顺序不连续的状态转移不能使用 SET 指令，应改为 OUT 指令进行状态转移。

8）在活动状态的转移过程中，相邻两个状态的状态继电器会同时 ON 一个扫描周期，可能会引起瞬时的双线圈问题。因此，要注意两个问题：

① 定时器在下一次运行之前，应将它的线圈断电复位。因此，同一定时器的线圈不可以在相邻的状态使用。

② 为了避免不能同时动作的两个输出同时动作，除了在程序中设置软件互锁以外，还应在 PLC 外部设置硬件互锁电路。

9）需要在停电恢复后继续保持电路的运行状态时，可以使用 S500 ~ S899 停电保持型状态继电器。

6.2 基本流程的程序设计

6.2.1 单流程的程序设计

1. 单流程结构的设计步骤

单流程结构是顺序功能图中最简单的一种形式，其设计步骤如下：

1）根据控制要求，列出 PLC 的 I/O 分配表，画出 I/O 分配图。

2）将整个工作过程按工作步序进行分解，每个工作步对应一个状态，将其分为若干个状态。

3）理解每个状态的功能和作用，设计驱动程序。

4）找出每个状态的转移条件和转移方向。

5）根据上述分析，画出控制系统的状态转移图。

6）根据状态转移图写出指令表。

2. 单流程程序设计的实例

例题 6-1：用步进顺控指令设计一个三相异步电动机正反转循环的控制系统。其控制要求如下：按下起动按钮，电动机正转 3s，暂停 2s，反转 3s，暂停 2s，如此循环 5 个周期，然后自动停止。运行中，可按停止按钮停止，热继电器动作也可以使电动机停止运行。

解：1）I/O 分配。根据控制要求，其 I/O 分配：X0 为 SB 动合触点（停止按钮）；X1 为 SB1 动合触点（起动按钮）；X2 为 FR 动合触点（热继电器）；Y0 为 KM1（电动机正转接触器）；Y1 为 KM2（电动机反转接触器）。根据以上分析绘制 PLC 的 I/O 接线图，如图 6-12 所示。

2）顺序功能图程序设计。通过分析控制要求可知，这是一个单流程控制程序，其工作流程如图 6-13 所示。根据工作流程图画出顺序功能图如图 6-14 所示。

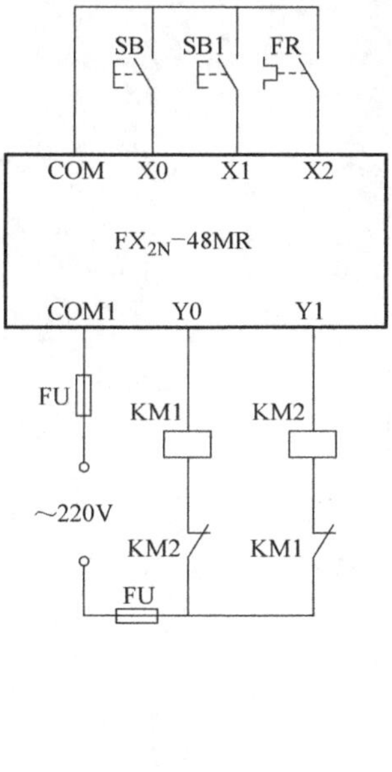

图 6-12　I/O 接线图

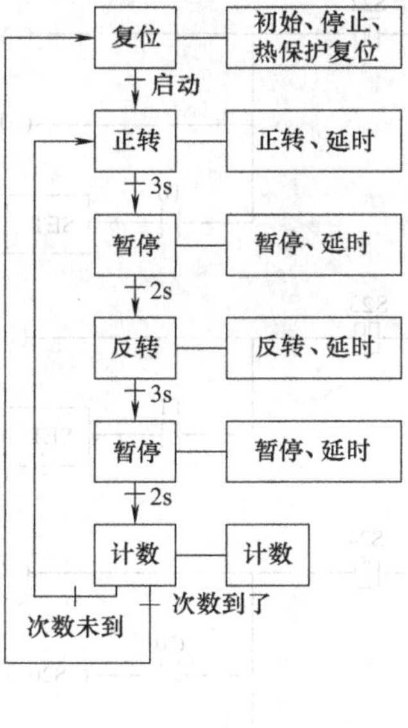

图 6-13　工作流程图

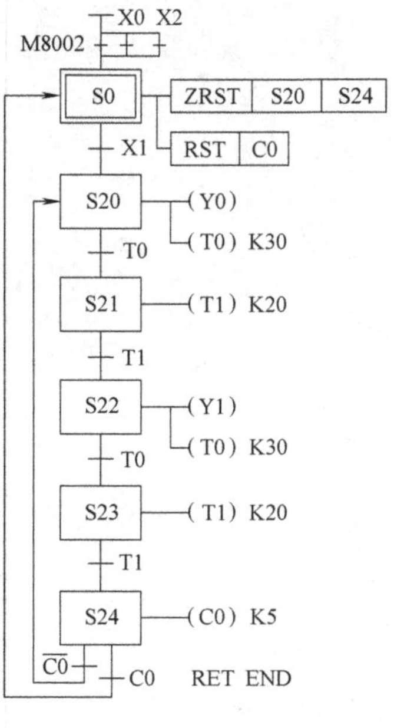

图 6-14　顺序功能图

3）步进梯形图及指令表程序。由图 6-14 可转换成步进梯形图，如图 6-15 所示，并生成指令表程序如表 6-1 所示。

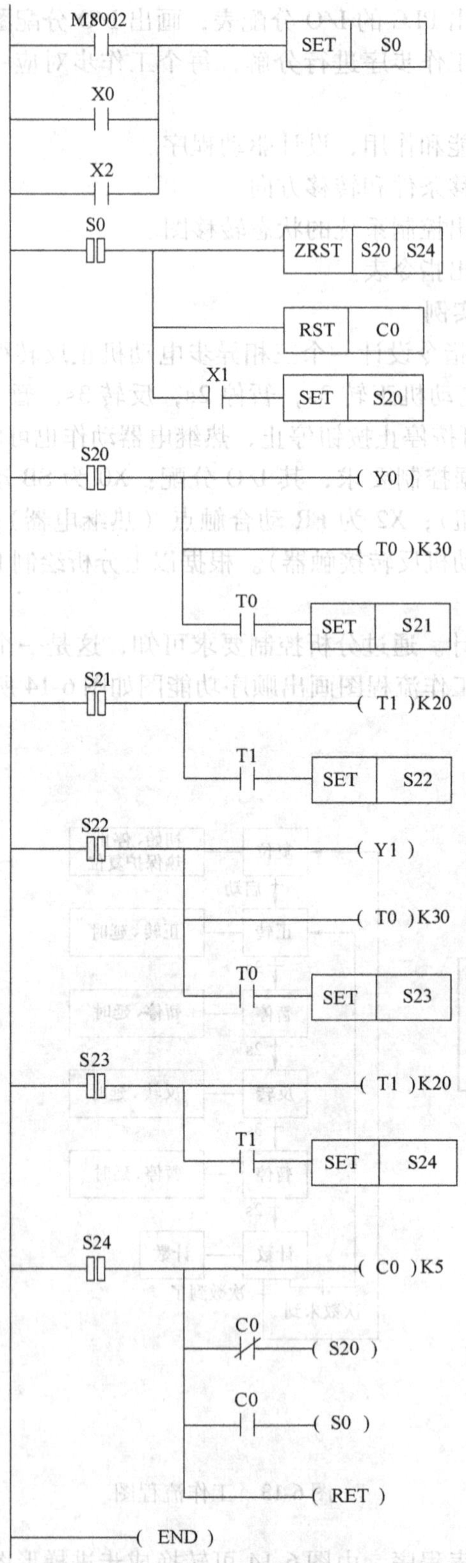
M8002
SET S0
X0
X2
S0
ZRST S20 S24
RST C0
X1
SET S20
S20
Y0
T0 K30
T0
SET S21
S21
T1 K20
T1
SET S22
S22
Y1
T0 K30
T0
SET S23
S23
T1 K20
T1
SET S24
S24
C0 K5
C0
S20
C0
S0
RET
END

图 6-15　步进梯形图

表 6-1　指令表程序

LD　M8002	STL　S21	OUT　C0　K5
OR　X0	OUT　T1　K20	LDI　C0
OR　X2	LD　T1	OUT　S20
SET　S0	SET　S22	LD　C0
STL　S0	STL　S22	OUT　S0
ZRST　S20　S24	OUT　Y1	RET
RST　C0	OUT　T0　K30	END
LD　X1	LD　T0	
SET　S20	SET　S23	
STL　S20	STL　S23	
OUT　Y0	OUT　T1　K20	
OUT　T0　K30	LD　T1	
LD　T0	SET　S24	
SET　S21	STL　S24	

例题 6-2：设计一个用 PLC 系统控制的搬运系统，要求将工件从 A 点搬运至 B 点。控制要求如下：手动操作时，每个动作均能单独操作，用于将机械手复位至原点位置；连续运行时，在原点位置按起动按钮，机械手按图 6-16 所示连续工作一个周期。一个周期的工作过程如下：原点→放松（2s）→下降→夹紧（2s）→上升→右移→下降→放松（2s）→上升→左移并夹紧至原点，原点位于左上限位置。

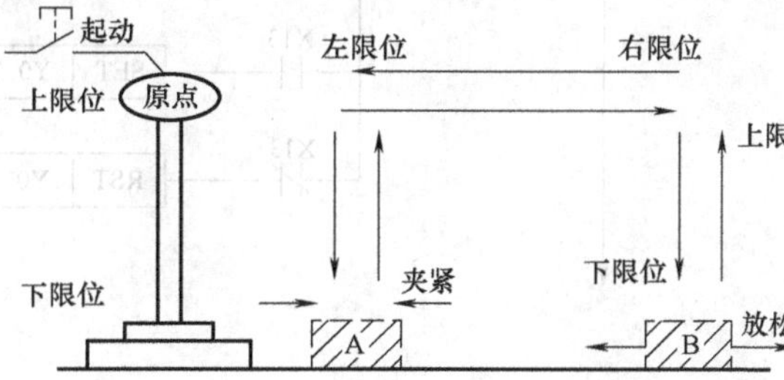

图 6-16　机械手动作示意图

解：1）I/O 分配。根据控制要求，其 I/O 分配：X0 为 SA1（自动/手动转换）；X1 为 SB1 动合触点（停止按钮）；X2 为 SB2 动合触点（起动按钮）；X3 为 SQ1 动合触点（上限位）；X4 为 SQ2 动合触点（下限位）；X5 为 SQ3 动合触点（左限位）；X6 为 SQ4 动合触点（右限位）；X7 为 SB3 动合触点（手动上升）；X10 为 SB4 动合触点（手动下降）；X11 为 SB5 动合触点（手动左移）；X12 为 SB6 动合触点（手动右移）；X13 为 SA2（夹紧/放松）；Y0 为 YA1（夹紧/放松电磁铁）；Y1 为 YA2（上升）；Y2 为 YA3（下降）；Y3 为 YA4（左移）；Y4 为 YA5（右移）；Y5 为 HL1（原点指示）。根据以上分析绘制 PLC I/O 接

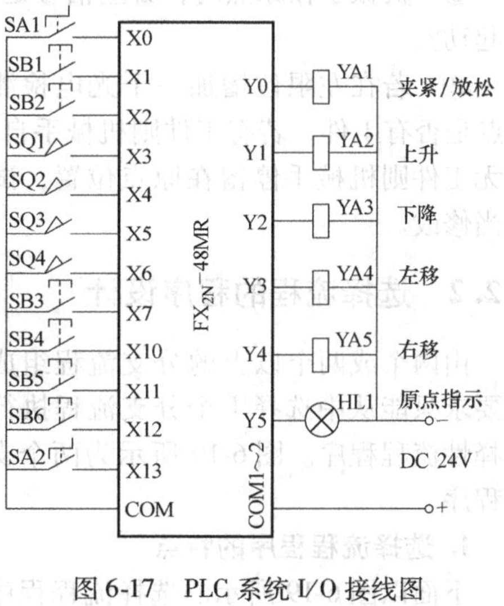

图 6-17　PLC 系统 I/O 接线图

线图，如图 6-17 所示。

2）顺序功能图程序的设计。通过分析控制要求可知，这是一个单流程控制程序，设计其顺序功能图如图 6-18 所示。

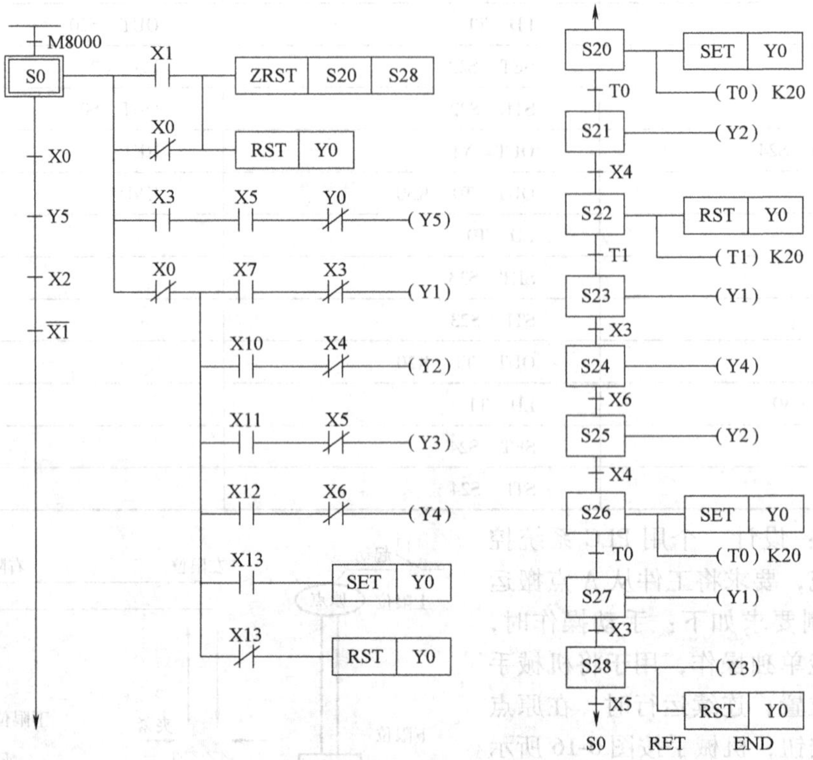

图 6-18　搬运机械手顺序功能图

3）知识拓展。同学们可以根据步进梯形图和指令表程序的编制原则，将图 6-18 所示搬运机械手的顺序功能图转换成步进梯形图和指令表程序，并进行以下思考：

① 机械手在原点时，哪些信号是必须闭合的？自动运行时，要求哪些信号必须闭合才能起动？

② 若在左限位增加一个光电检测开关，检测 A 点是否有工件，若有工件则机械手自动执行程序，若无工件则机械手停留在原点位置，试将程序进行适当修改。

6.2.2　选择流程的程序设计

由两个或两个以上的分支流程组成的，根据控制要求只能从中选择 1 个分支流程执行的程序称为选择性流程程序。图 6-19 所示为两个支路的选择流程程序。

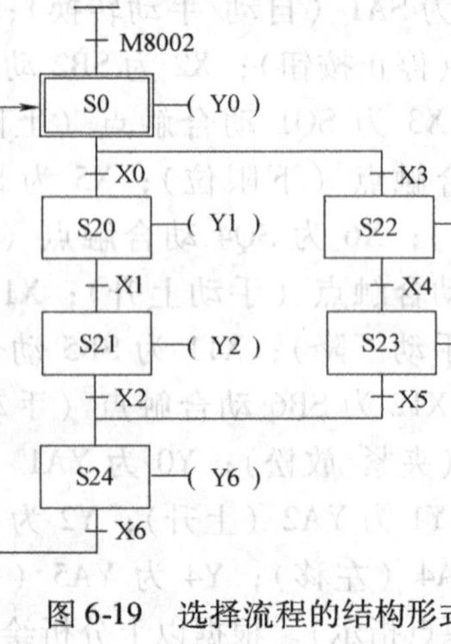

图 6-19　选择流程的结构形式

1. 选择流程程序的特点

下面以图 6-19 所示的选择流程程序为例介绍选

择流程程序的特点。

1）从两个流程中选择执行哪个流程由转移条件 X0 和 X3 决定。

2）转移条件 X0 和 X3 不能同时满足，哪个先满足就执行哪个分支。

3）当 S0 处于活动步时，一旦 X0 转移条件满足，程序就向 S20 转移，同时 S0 复位。即使以后 X3 转移条件满足了，程序也不会向 S22 转移。

4）选择流程合并时，状态 S24 可以由 S21 或 S23 任意一个驱动。

2. 选择流程的编程

选择流程分支的编程与一般状态的编程一样，先进行驱动处理，然后进行转移处理，所有的转移处理按顺序执行，简称“先驱动后转移”。

选择流程合并的编程是先进行汇合前状态的驱动处理，然后按顺序向汇合状态进行转移处理。图 6-19 所示的选择流程可以转换成步进梯形图，如图 6-20 所示。

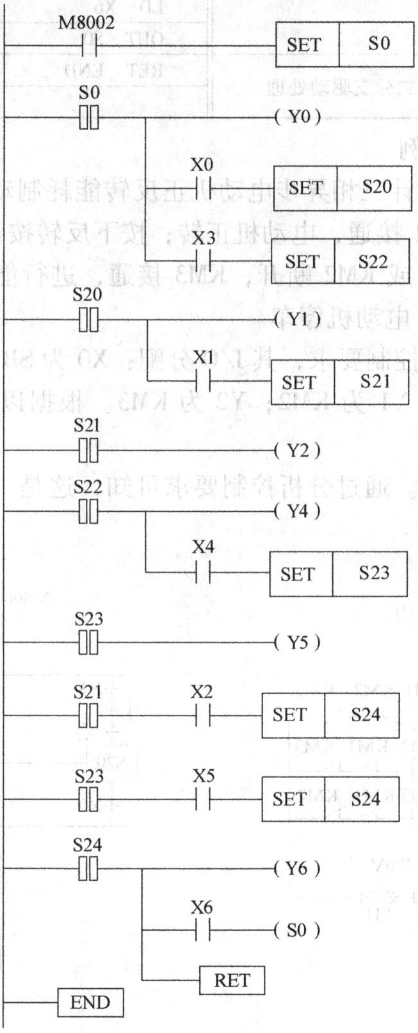

图 6-20　选择流程的步进梯形图

图 6-19 所示的选择流程转换成指令表程序如表 6-2 所示。

表 6-2　选择流程的指令表程序

程　序	注　释	程　序	注　释
LD　M8002	驱动处理	LD　X4	第二分支驱动处理
SET　S0		SET　S23	
STL　S0		STL　S23	
OUT　Y0		OUT　Y5	
LD　X0	转移到第一分支	STL　S21	第一分支转移到汇合点
SET　S20		LD　X2	
LD　X3	转移到第二分支	SET　S24	
SET　S22		STL　S23	第二分支转移到汇合点
STL　S20	第一分支驱动处理	LD　X5	
OUT　Y1		SET　S24	
LD　X1		STL　S24	合并处理
SET　S21		OUT　Y6	
STL　S21		LD　X6	
OUT　Y2		OUT　S0	
STL　S22	第二分支驱动处理	RET　END	
OUT　Y4			

3. 选择流程程序设计实例

例题 6-3：用步进指令设计三相异步电动机正反转能耗制动的控制系统。其控制要求如下：按下正转按钮 SB1，KM1 接通，电动机正转；按下反转按钮 SB2，KM2 接通，电动机反转；按下停止按钮 SB，KM1 或 KM2 断开，KM3 接通，进行能耗制动。要求有必要的电气互锁，若热继电器 FR 动作，电动机停车。

解：1）I/O 分配。根据控制要求，其 I/O 分配：X0 为 SB；X1 为 SB1；X2 为 SB2；X3 为 FR（常开）。Y0 为 KM1；Y1 为 KM2；Y2 为 KM3。根据以上分析绘制 PLC 的 I/O 接线图，如图 6-21 所示。

2）顺序功能图程序设计。通过分析控制要求可知，这是一个选择流程控制程序，设计顺序功能图如图 6-22 所示。

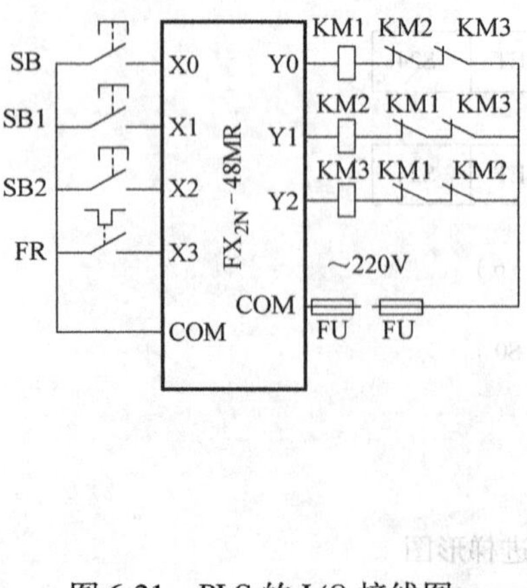

图 6-21　PLC 的 I/O 接线图

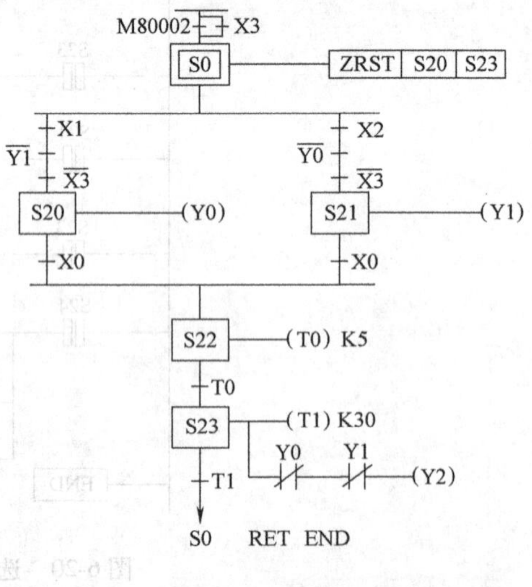

图 6-22　电动机正反转能耗制动的顺序功能图

3）步进梯形图和指令表程序。将上述顺序功能图转换为步进梯形图，如图 6-23 所示。指令表程序略。

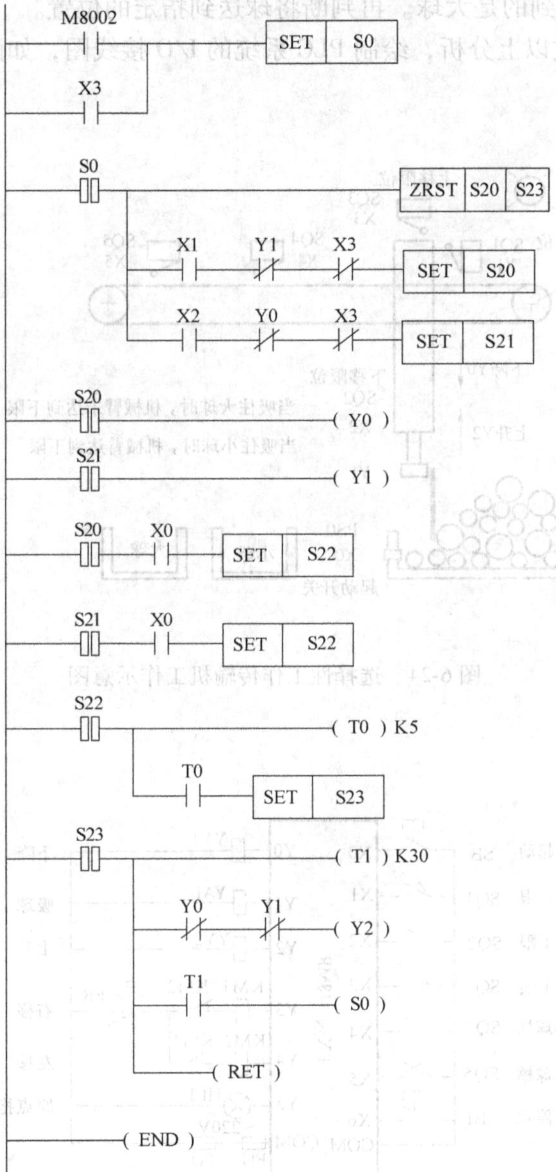

图 6-23　电动机正反转能耗制动的步进梯形图

例题 6-4：设计一选择性工作传输机控制系统，用于将大球、小球分类并分送至两个不同的位置，其工作示意图如图 6-24 所示。传输机左、右运动由三相异步电机 M 驱动，上下运动则由电磁阀驱动气缸来完成。

解：1）工作分析。根据工作示意图可知，选择性工作传输机的动作有：上升、下降、左移、右移，分别对应驱动线圈 Y2、Y0、Y4 和 Y3 去执行。由 Y1 去接通电磁铁吸住球体。当吸到的是小球时机构到达下限位，则 X2 动作。否则，到了一定时间还没有动作就说明机构不能到达下限，即吸到的是大球。再判断将球送到指定的位置。

2）I/O 分配。通过以上分析，绘制 PLC 系统的 I/O 接线图，如图 6-25 所示。

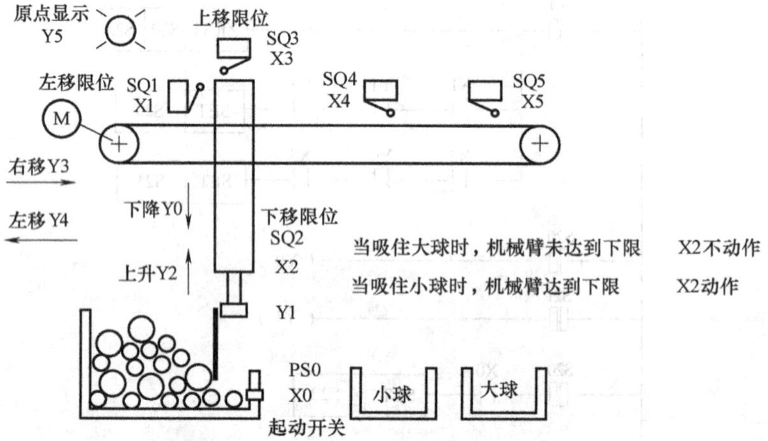

图 6-24　选择性工作传输机工作示意图

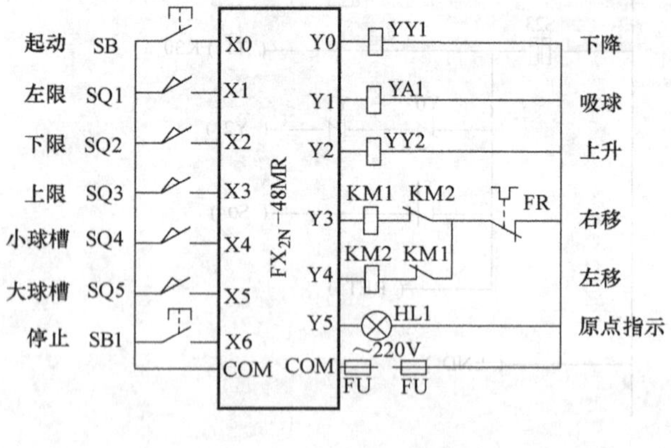

图 6-25　PLC 外部 I/O 接线图

3）顺序功能图程序的设计。通过以上分析可知，这是一个选择流程控制程序，设计顺序功能图如图 6-26 所示。

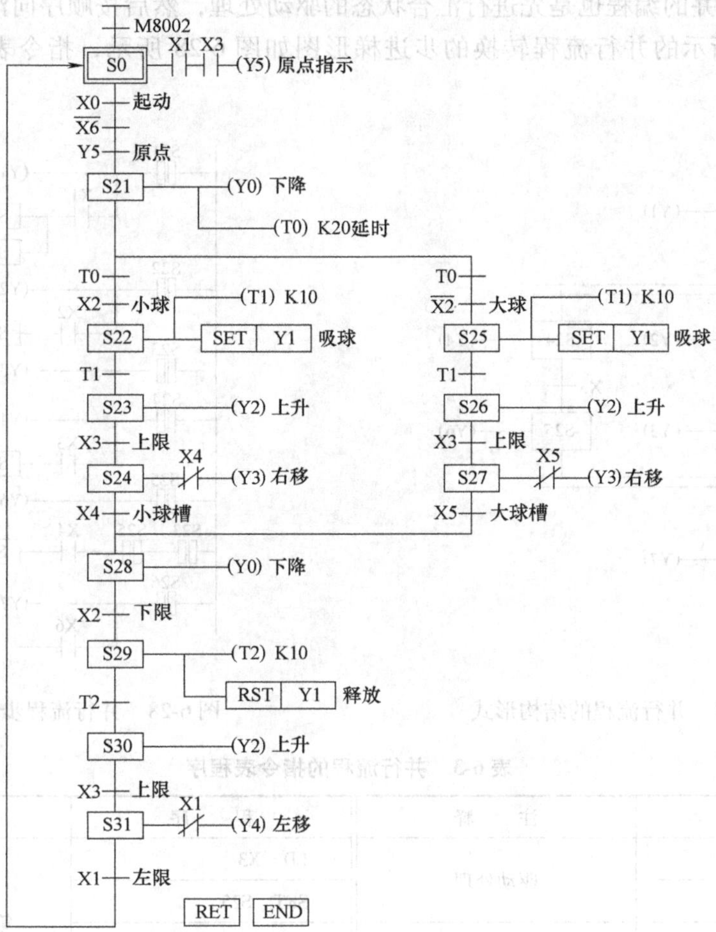

图 6-26 选择性工作传输机顺序功能图

6.2.3 并行流程的程序设计

由两个或两个以上的分支流程组成的，必须同时执行各分支的程序，称为并行流程程序。图 6-27 所示为两个并行分支的并行流程程序。

1. 并行流程的特点

1）如图 6-27 所示，若 S21 是活动步，只要转移条件 X1 满足，则两个流程同时执行，没有先后之分。

2）当各并行流程的动作都结束后（先执行完的流程要等待其他流程执行完成），如图 6-27 所示，一旦转移条件 X4 满足，则转移到汇合状态 S26，之前的 S23 和 S25 均复位。在并行流程的程序中，同一时间可能有两个或两个以上的状态处于激活状态。

2. 并行流程的编程

并行流程分支的编程与选择流程分支的编程一样，先进行驱动处理，然后进行转移处理，所有的转移处理按顺序执行。

并行流程合并的编程也是先进行汇合状态的驱动处理，然后按顺序向汇合状态进行转移处理。图6-27所示的并行流程转换的步进梯形图如图6-28所示，指令表程序如表6-3所示。

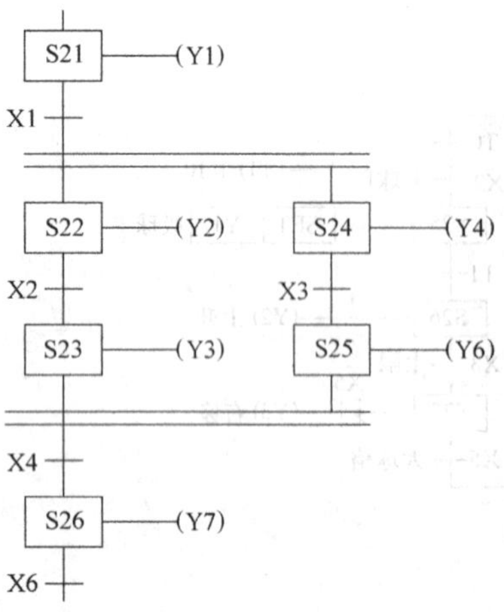

图6-27　并行流程的结构形式

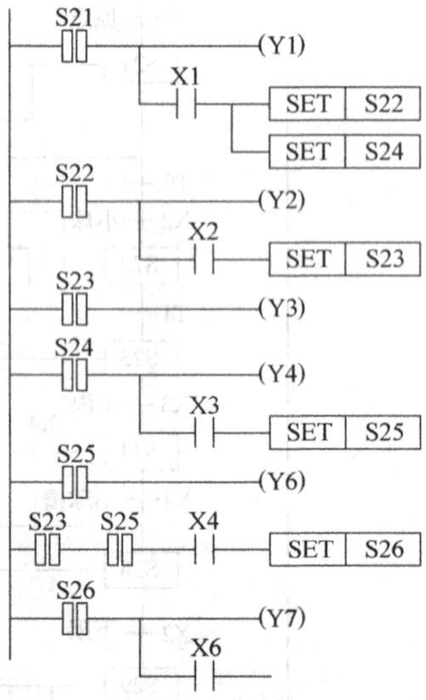

图6-28　并行流程步进梯形图

表6-3　并行流程的指令表程序

程　序	注　释	程　序	注　释
STL　S21	驱动处理	LD　X3	第二分支驱动处理
OUT　Y1		SET　S25	
LD　X1	转移条件	STL　S25	
SET　S22	转移到第一分支	OUT　Y6	
SET　S24	转移到第二分支	STL　S23	各分支转移到汇合点
STL　S22	第一分支驱动处理	STL　S25	
OUT　Y2		LD　X4	
LD　X2		SET　S26	
SET　S23		STL　S26	合并处理
STL　S23		OUT　Y7	
OUT　Y3		LD　X6	
STL　S24	第二分支驱动处理	……	
OUT　Y4			

3. 并行流程程序设计的实例

例题6-5：设计一个用PLC控制的十字路口交通灯的控制系统，其控制要求如下：自动运行时，按起动按钮，交通灯系统按图6-29所示要求开始工作（绿灯闪烁的周期为1s）；按停止按钮，所有信号灯都熄灭；手动运行时，两方向的黄灯同时闪烁，周期是1s。

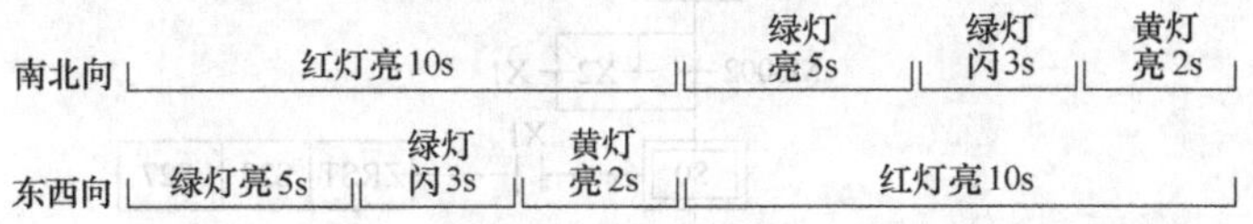

图6-29　交通灯系统工作示意图

解：1）I/O分配。根据控制要求，其I/O分配：X0为起动按钮SB1；X1为手动开关SA；X2为停止按钮SB0；Y0为东西绿灯；Y1为东西黄灯；Y2为东西红灯；Y3为南北绿灯；Y4为南北黄灯；Y5为南北红灯。绘制I/O接线图如图6-30所示。

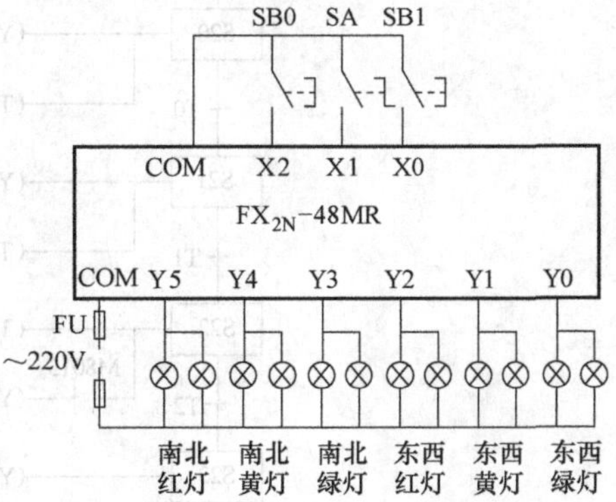

图6-30　PLC系统I/O接线图

2）顺序功能图程序设计。根据交通灯控制要求，绘制出其工作时序图，如图6-31所示。由时序图可知，东西方向和南北方向各信号灯是两个同时进行的独立顺序控制过程，是一个典型的并行流程控制程序。设计顺序功能图如图6-32所示，转换成步进梯形图如图6-33所示。

3）思考。交通信号灯的控制程序也可以编制成单流程结构，同学们可以思考设计。

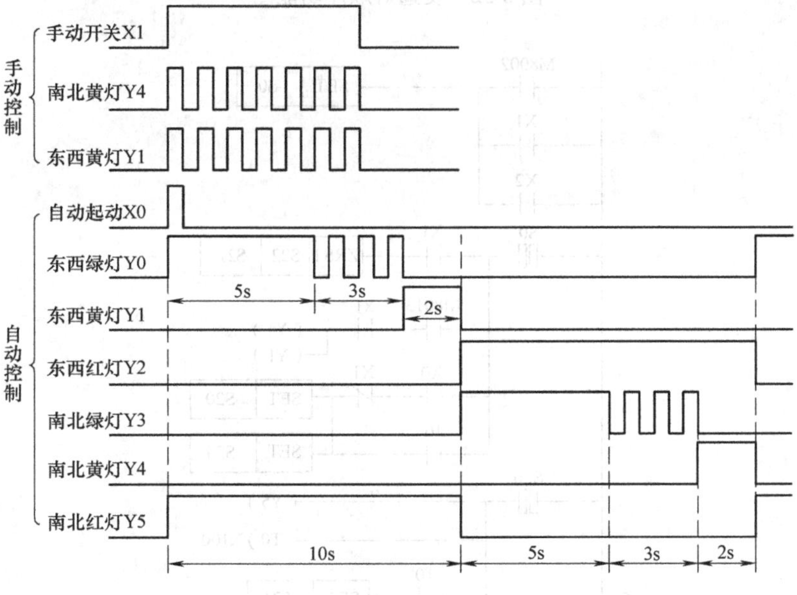

图6-31　交通灯工作时序图

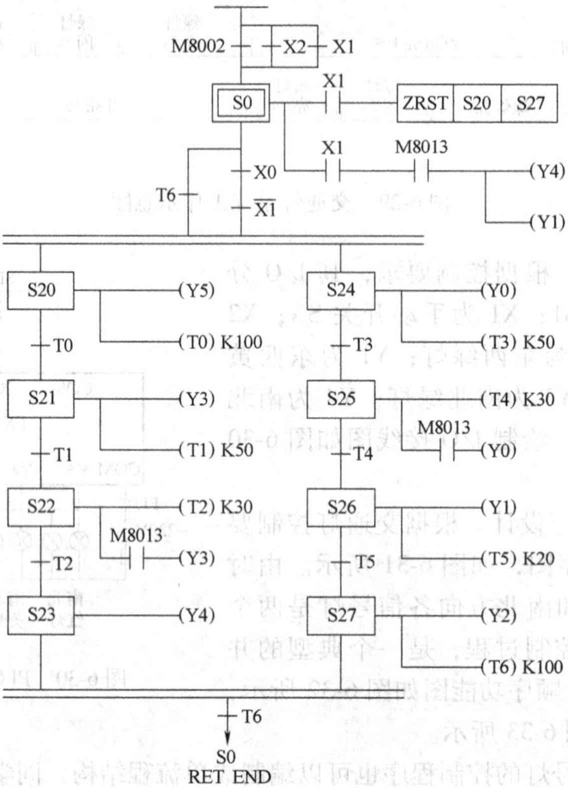

图 6-32　交通灯顺序功能图

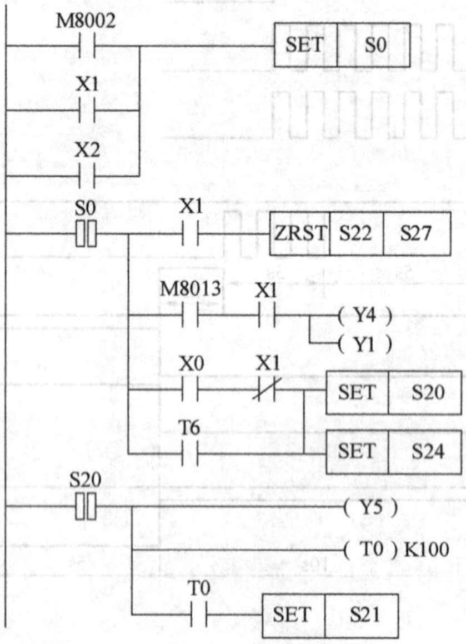

图 6-33　交通灯步进梯形图

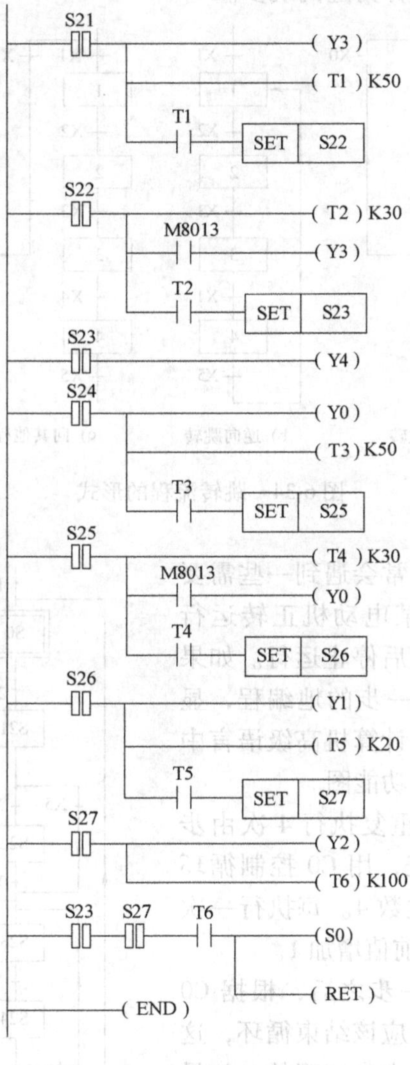

图 6-33　（续）

6.2.4　跳步和循环流程的程序设计

前面详细介绍了顺序功能图的三种基本结构，即单流程、选择流程和并行流程。下面再介绍两种常见的流程结构：跳转和循环流程。

1. 跳转流程的程序设计

凡是不连续的状态之间的转移都称为跳转。跳转其实属于选择序列的一种特殊情况，有正向跳转、逆向跳转、向其他程序跳转等多种形式，如图 6-34 所示。必须注意的是，跳转流程中状态的转移都使用 OUT 指令而不用 SET 指令。

在图 6-35 中，当步 S21 是活动步，并且 X5 转移条件满足时，将跳过步 S22，由步 S21 进展到步 S23。这种跳步与 S21 ~ S23 组成的主序列中有向连线的方向相同，属于正向跳步。当步 S24 是活动步，而且转换条件 $X_4 \cdot \overline{C_0} = 1$ 时，将从步 S24 返回到步 S23，这种跳步与主序列中有向连线的方向相反，称为逆向跳步。

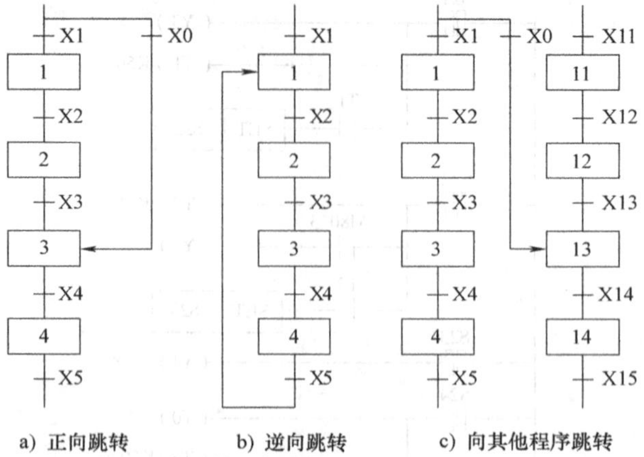

图 6-34　跳转流程的形式

2. 循环流程的程序设计

在设计梯形图程序时，经常会遇到一些需要多次重复的操作，例如要求某电动机正转运行 5s，反转运行 10s，重复 10 次后停止运行。如果将这个过程分为 20 步，一步一步的地编程，显然是非常繁琐的，可以借助用计算机高级语言中的循环语句的思想来设计顺序功能图。

在图 6-35 中，假设要求重复执行 4 次由步 S23 和步 S24 组成的工艺过程，用 C0 控制循环次数，它的设定值等于循环次数 4。每执行一次循环，在步 S24 中使 C0 的当前值增加 1。

每次执行完循环的最后一步之后，根据 C0 的当前值是否为零来判断是否应该结束循环，这是用步 S24 之后选择序列的分支来实现的。如果转移条件 $X_4 \cdot \overline{C_0}=1$，则系统返回到步 S23；如果转移条件 $X_4 \cdot C_0=1$，则系统由步 S24 进展到步 S25。

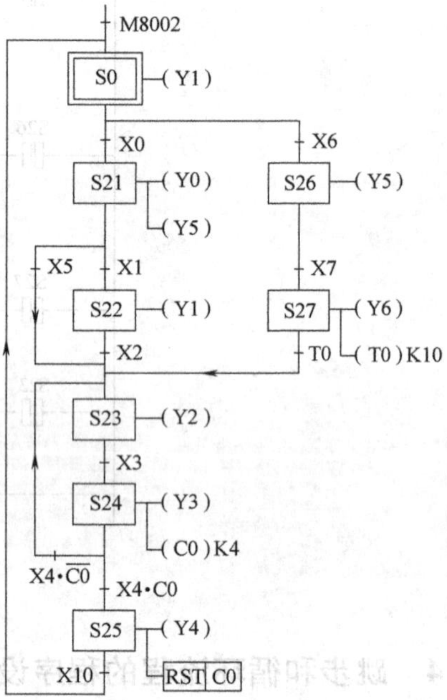

图 6-35　复杂的顺序功能图

在循环程序执行之前或执行之后，应将控制循环的计数器复位。复位后，计数器的当前值为零，才能保证下一次循环时计数器能正常工作，复位操作应放在循环之外。循环其实也属于选择序列的一种特殊情况。

3. 复杂流程程序的设计实例

例题 6-6：用步进指令设计一个按钮式人行横道指示灯的控制程序。其控制要求如下：按 X0 或 X1 按钮，人行道和车道指示灯工作如图 6-36 所示。

解：1）I/O 分配。通过对控制要求和指示灯工作时序图的分析，绘制出 PLC 系统 I/O 接线图，如图 6-37 所示。

2）顺序功能图程序设计。根据控制要求，当未按下 X0 或 X1 按钮时，人行道红灯和车道绿灯亮；当按下 X0 或 X1 时，人行道指示灯和车道指示灯同时开始运行，因此该流程是具有两个分支的并行性流程。顺序功能图程序如图 6-38 所示。

3）步进梯形图程序。根据步进指令的编程方法，将按钮式人行横道指示灯顺序功能图转换为步进梯形图，如图 6-39 所示。

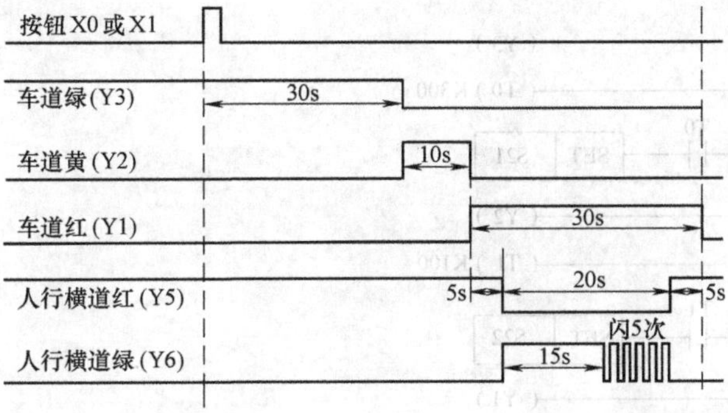

图 6-36 按钮式人行横道指示灯工作时序图

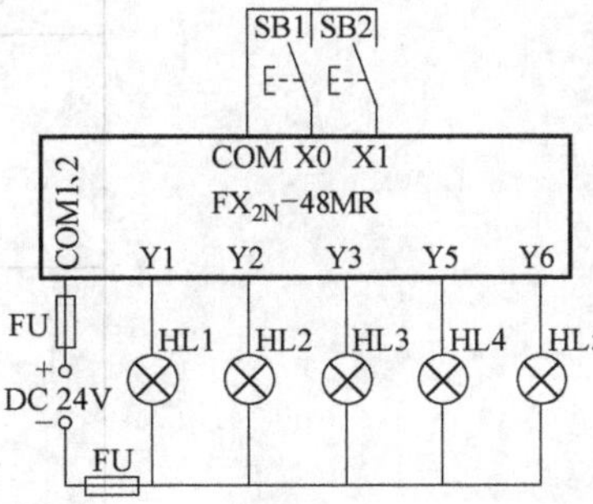

图 6-37 PLC 系统 I/O 接线图

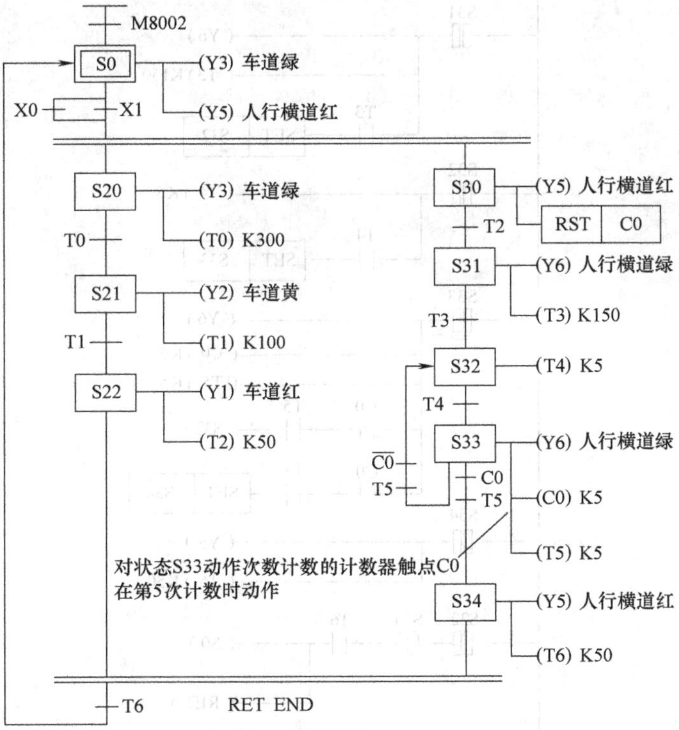

图 6-38 按钮式人行横道指示灯顺序功能图

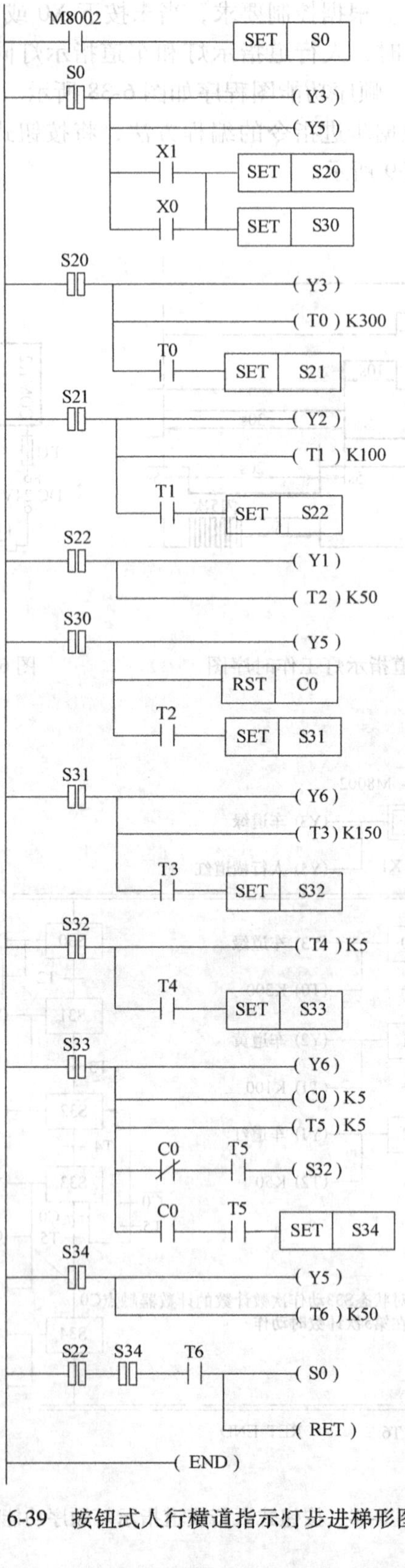

图 6-39　按钮式人行横道指示灯步进梯形图

6.3 用辅助继电器实现顺序控制梯形图的编程方法

前面主要介绍了使用步进顺控指令来设计顺序控制梯形图，下面简单介绍如何使用辅助继电器进行顺序控制梯形图的程序设计。

6.3.1 程序设计思路

1）用辅助继电器 M 来代替顺序功能图中的状态继电器 S。当某一步为活动步时，对应的辅助继电器为 ON，当转移实现时，该转移的后续步变为活动步，前级步变为非活动步。

2）根据顺序功能图设计梯形图。因为多数转移条件都是短暂信号，即它存在的时间比激活后续步所用的时间要短，因此应该使用带有保持功能的电路（起保停电路或置位复位电路）来控制代表步的辅助继电器 M，然后通过辅助继电器 M 的触点来控制输出继电器 Y。

这种设计思想仅使用了与触点、线圈有关的指令，是一种通用的编程方法，适用于任意型号的 PLC。

6.3.2 使用起保停电路的编程方法

设计起保停电路的关键是找出它的起动条件和停止条件。如图 6-40a 所示，M1、M2 和 M3 是顺序功能图中顺序相连的三步，X1 是步 M2 之前的转移条件。由转换实现的基本原则可知，步 M2 变为活动步的条件是 M1 为活动步，并且转换条件 X1 = 1。在起保停电路中，则应将 M1 和 X1 的动合触点串联后作为控制 M2 的起动电路。当 M2 和 X2 均为 ON 时，步 M3 变为活动步，这时步 M2 应变为不活动步，因此可以将 M3 = 1 作为辅助继电器 M2 失电的条件，即将后续步 M3 的动断触点与 M2 的线圈串联，作为起保停电路的停止条件，如图 6-40b 所示。

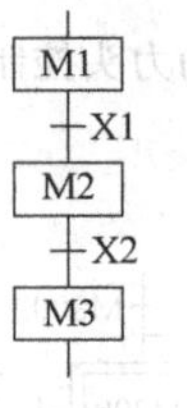

a) 顺序功能图

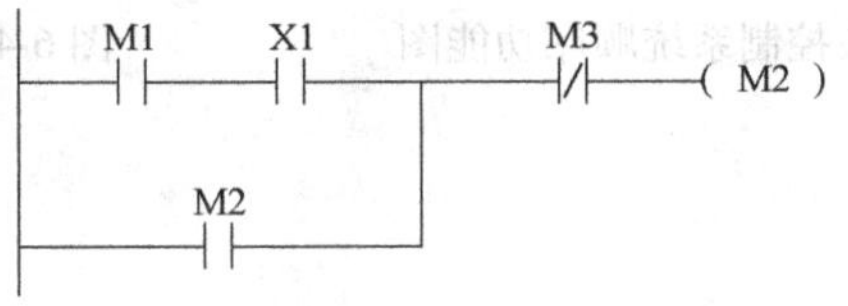

b) 用起保停电路实现

图 6-40　用起保停电路实现程序设计

由于步是根据输出变量的状态变化来划分的，因此它们之间有着简单的对应关系，可以分两种情况来处理：

1）当某输出继电器仅在某一步中为 ON 时，可以将它的线圈和该步所对应的辅助继电器 M 的线圈并联。

2）当某输出继电器在几步中都为 ON 时，应将各有关步的辅助继电器的动合触点并联后再驱动该输出继电器的线圈。

1. 单流程的程序设计

图 6-41 所示为动力头控制系统的顺序功能图，M0 ~ M4 分别代表初始步、快进、工进、延时和快退共 5 步。用起保停电路设计的顺序控制梯形图如图 6-42 所示，为了避免出现双线圈，不能将 Y1 的两个线圈分别与 M1 和 M2 的线圈并联。

2. 选择流程和并行流程的程序设计

图 6-43 和图 6-44 所示分别为选择流程和并行流程的顺序功能图，用起保停电路转换成顺序功能梯形图分别对应于图 6-45 和图 6-46。

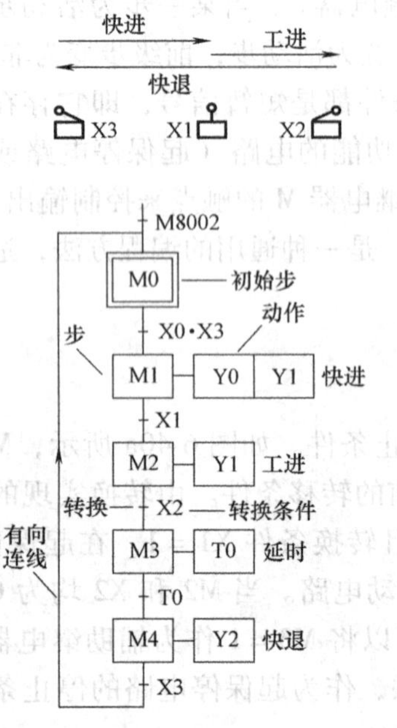

图 6-41　动力头控制系统顺序功能图

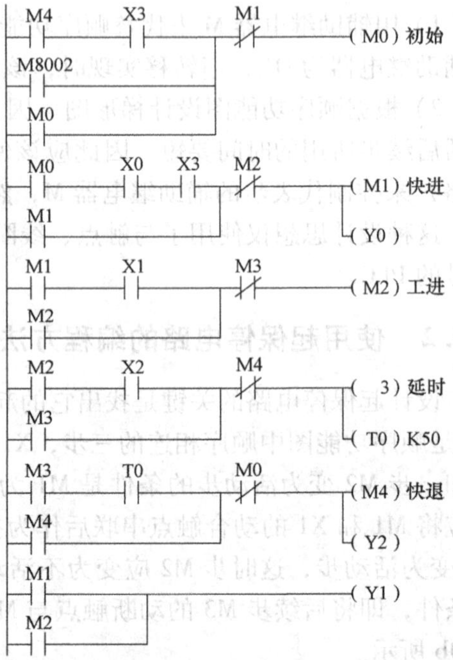

图 6-42　动力头控制系统的顺序控制梯形图

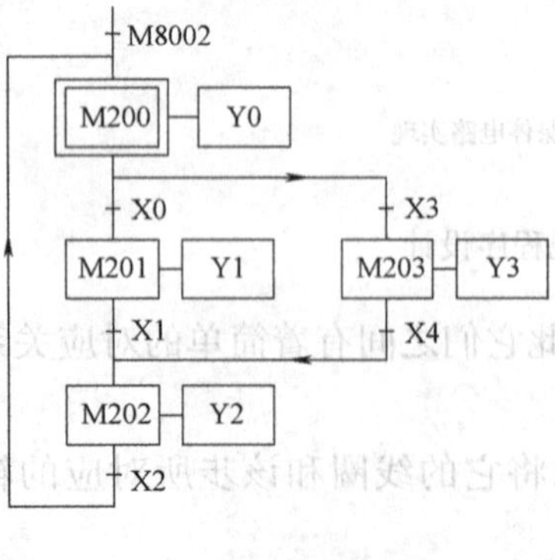

图 6-43　选择流程的顺序功能图

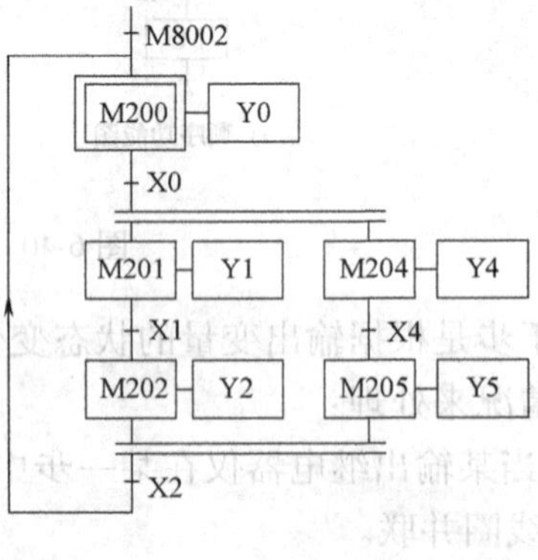

图 6-44　并行流程的顺序功能图

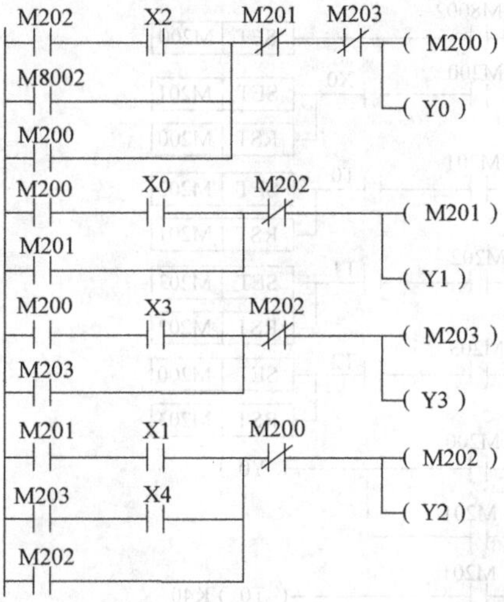

图 6-45　选择流程的顺序控制梯形图

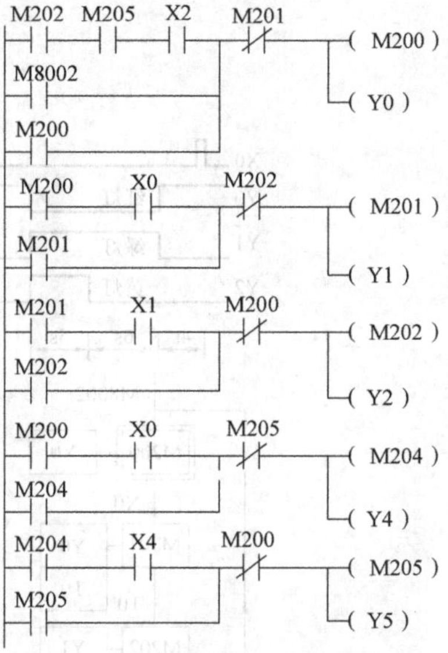

图 6-46　并行流程的顺序控制梯形图

6.3.3　以转换为中心的编程方法

以转换为中心的编程方法设计的顺序功能图和梯形图的对应关系如图 6-47 所示。实现图中 X1 对应的转换，要同时满足两个条件，即该转换的前级步是活动步（M1 = 1）和转换条件满足（X1 = 1）。在梯形图中，用 M1 和 X1 的动合触点闭合来表示上述条件。当两个条件同时满足时，应完成两个操作，即将该转换的后续步变为活动步，用“SET M2”指令将 M2 置位；将该转换的前级步变为不活动步，用“RST M1”指令将 M1 复位。这种编程方法与转换实现的基本规则之间有着严格的对应关系，用这种方法编制程序比较简单方便。

1. 单流程的程序设计

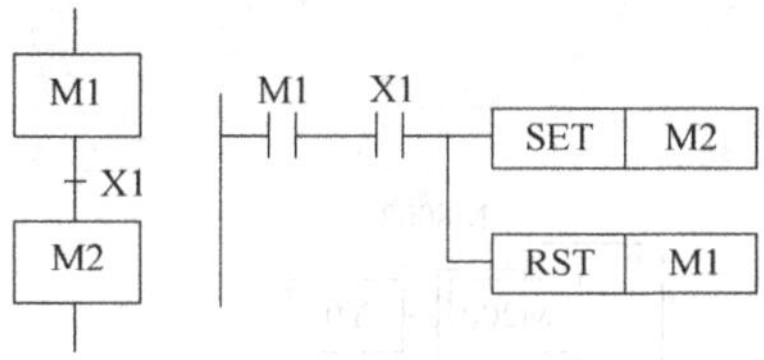

图 6-47　以转换为中心的编程方法

在顺序功能图中，用转移的前级步对应的辅助继电器 M 的动合触点和转移条件对应的触点在电路串联，将它作为转移的后续步对应的辅助继电器置位和前级步对应的辅助继电器复位的条件。这种设计方法特别有规律，初学者容易掌握，但是在使用这种方法时，不能将输出继电器的线圈与 SET 和 RST 指令并联，因为前级步和转移条件的串联电路接通的时间相当短，而输出继电器的线圈至少应该在某一步对应的全部时间内被接通。所以用代表步的辅助继电器的动合触点或它们的并联电路来驱动输出继电器的线圈。图 6-48a 所示为某信号灯控制系统的时序图、顺序功能图，图 6-48b 所示为以转换为中心的编制方法所绘制的该信号灯控制系统的顺序控制梯形图。

2. 选择流程和并行流程的程序设计

图 6-49a 所示为选择流程的顺序功能图，图 6-49b 所示为用以转换为中心的编程方法设计的顺序控制梯形图。

图 6-50a 所示为并行流程的顺序功能图，图 6-50b 所示为用以转换为中心的编程方法设

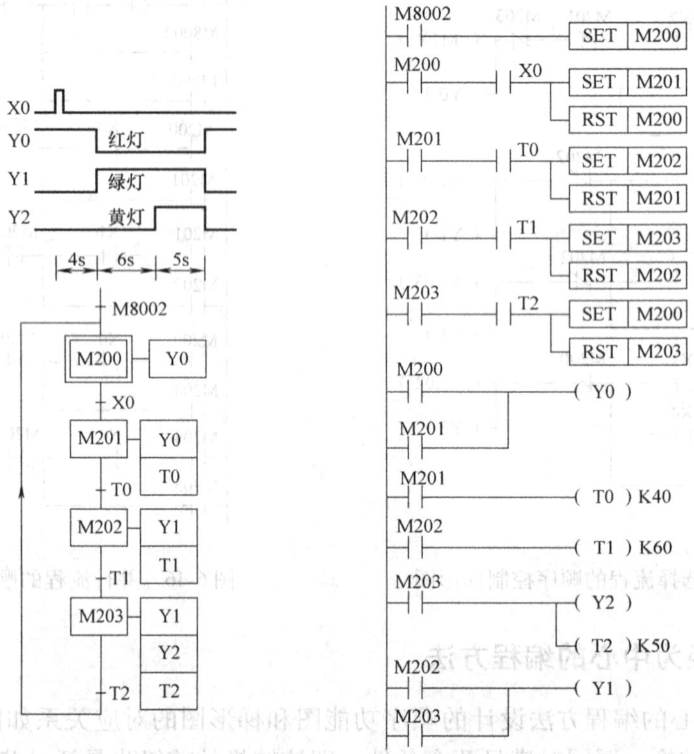

a) 信号灯控制系统的时序图和顺序功能图　　b) 信号灯控制系统 顺序控制梯形图

图 6-48　单流程的程序设计

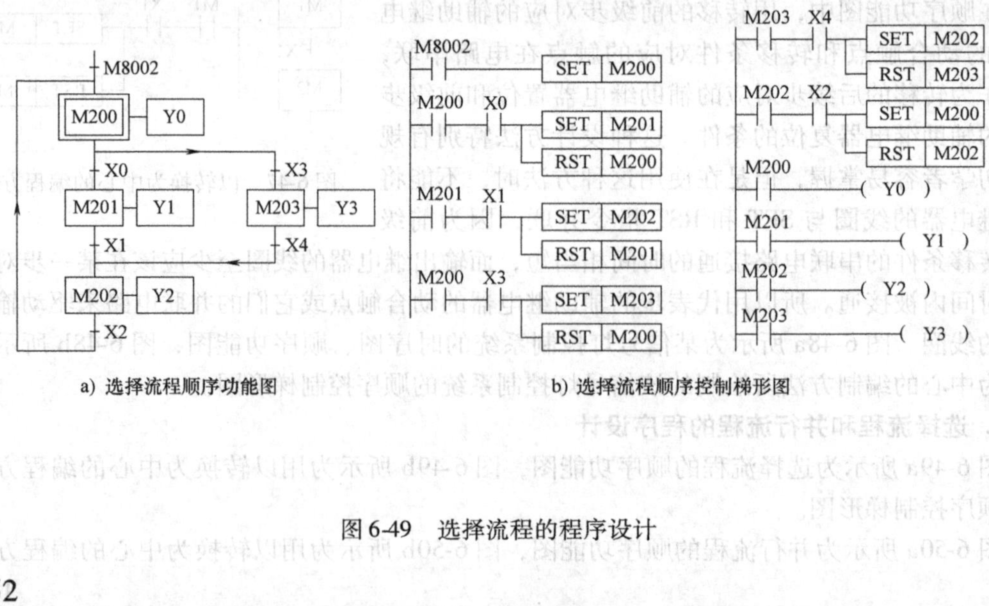

a) 选择流程顺序功能图　　b) 选择流程顺序控制梯形图

图 6-49　选择流程的程序设计

计的顺序控制梯形图。

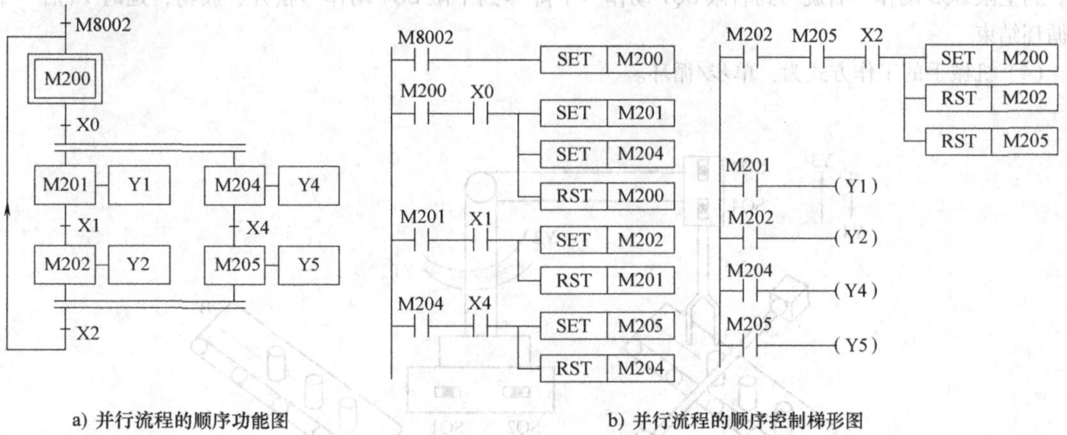

图6-50 并行流程的程序设计

习 题

6-1 简述顺序功能图编程的步骤。

6-2 顺序功能图的组成要素有哪些？

6-3 顺序功能图要实现转换必须满足什么条件？

6-4 设计彩灯顺序控制系统，并生成步进梯形图。控制要求：

（1）A亮1s，灭1s；B亮1s，灭1s；（2）C亮1s，灭1s；D亮1s，灭1s；（3）A、B、C、D亮1s，灭1s；（4）循环三次。

6-5 设计两种液体混合装置控制系统。控制要求：有两种液体A、B需要在容器中混合成液体C待用，初始时容器是空的，所有输出均失效。按下起动信号，阀门YV1打开，注入液体A；到达I时，YV1关闭，阀门YV2打开，注入液体B；到达H时，YV2关闭，打开加热器R；当温度传感器达到60℃时，关闭R，打开阀门YV3，释放液体C；当最低位液位传感器L=0时，关闭YV3进入下一个循环。按下停车按钮，要求停在初始状态。I/O地址分配：X0为起动信号；X1为停车信号；X2为液位H；X3为液位I；X4为液位传感器L信号；X5为温度传感器信号；Y0为阀门YV1；Y1为阀门YV2；Y2为加热器R；Y3为阀门YV3。

6-6 设计气压成型机控制系统。控制要求：开始时，冲头处在最高位置（SQ1闭合）。按下起动按钮，电磁阀YV1得电，冲头向下运动，触到行程开关SQ2时，YV1失电，加工5s时间。5s后，电磁阀YV2得电，冲头向上运动，直到触到行程开关SQ1时，冲头停止。按下停车按钮，要求立即停车。I/O地址分配：X0为起动信号；X1为停车信号；X2为行程开关SQ1；X3为行程开关SQ2；Y0为电磁阀YV1；Y1为电磁阀YV2。

6-7 某气动机械手搬运物品工作示意图如题图6-51所示。传送带A、B分别由电动机M1、M2驱动，传送带A为步进式传送；机械手的回转运动由气动阀Y1、Y2控制、上下运动由气动阀Y3、Y4控制、夹紧与放松由Y5控制。试按以下要求运用步进顺控指令编程。控制动作要求：

（1）机械手在原始位置时（右旋到位）SQ1动作，按下起动按钮，机械手松开，传送带B开始运动，机械手手臂开始上升。

（2）上升到上限时SQ3动作，上升结束，开始左旋；左旋到左限时SQ2动作，左旋结束，开始下降；下降到下限时SQ4动作，下降结束，传送带A起动。

（3）传送带 A 向机械手方向前进一个物品的距离后停止，机械手开始抓物，延时 1s 后机械手开始上升。到上限 SQ3 动作→右旋→到右限 SQ1 动作→下降→到下限 SQ4 动作→松开、放物，延时 1s 后一个工作循环结束。

（4）机械手的工作方式为：单步/循环。

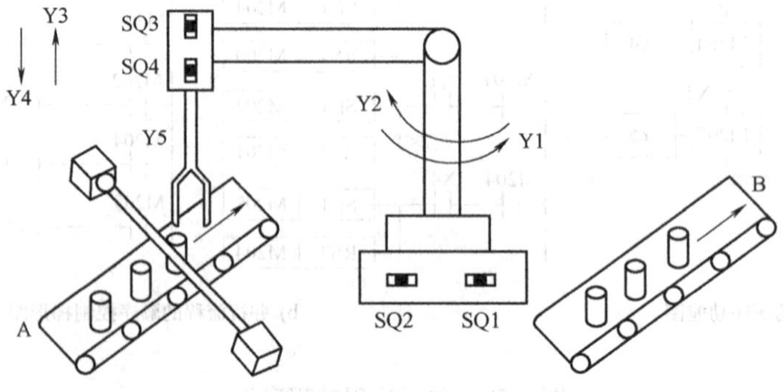

图 6-51　题 6-7 图

6-8　设计电镀生产线 PLC 控制系统，控制要求：

（1）SQ1 ~ SQ4 为行车进退限位开关，SQ5、SQ6 为上下限为开关。

（2）工件提升至 SQ5 停，行车进至 SQ1 停，放下工件至 SQ6，电镀 10s，工件升至 SQ5 停，滴液 5s，行车退至 SQ2 停，放下工件至 SQ6，定时 6s，工件升至 SQ5 停，滴液 5s，行车退至 SQ3 停，放下工件至 SQ6，定时 6s，工件升至 SQ5 停，滴液 5s，行车退至 SQ4 停，放下工件至 SQ6。

（3）完成一次循环。用 STL 指令设计梯形图程序，要求设置手动、连续、单周期、单步 4 种工作方式。画出 PLC 的外接线图和控制系统的顺序功能图，设计梯形图程序。

6-9　设计物料传送控制系统。控制要求：如图 6-52 所示，盛料斗 D 中无料，先起动电动机 M1，5s 后，再起动电动机 M2，经过 7s 后再打开电磁阀 YV，该自动化系统停机的顺序恰好与起动顺序相反。试完成 PLC 程序设计。

6-10　设计钻床主轴多次进给控制系统。控制要求：该机床进给由液压驱动。电磁阀 YV1 得电主轴前进，失电后退。同时，还用电磁阀 YV2 控制前进及后退速度，得电快速，失电慢速。其工作过程如图 6-53 所示。画出系统的顺序功能图，并设计梯形图程序。

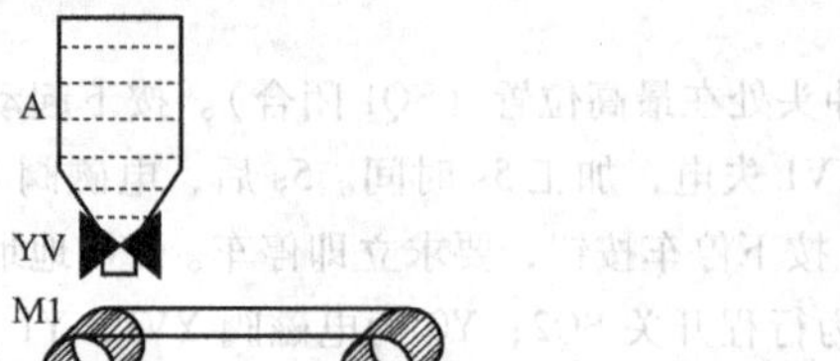

图 6-52　题 6-9 图

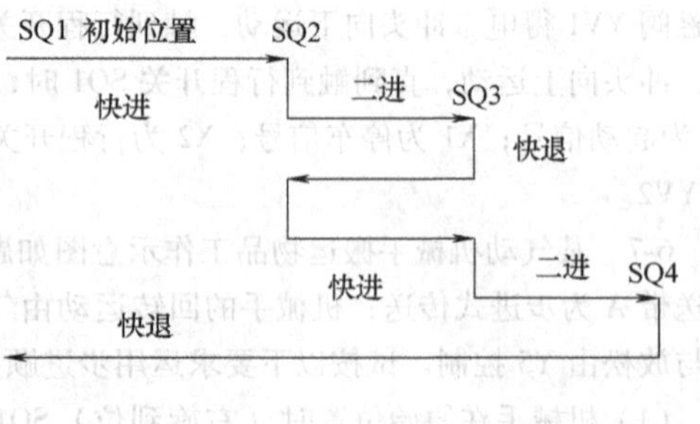

图 6-53　题 6-10 图

第 7 章　FX 系列 PLC 的功能指令与应用

【本章教学重点】

(1) 功能指令的基本格式。

(2) 部分功能指令的梯形图、功能及其使用注意事项。

【本章能力要求】

通过本章的学习，读者应掌握 FX 系列 PLC 的常用功能指令及运用它们编程的方法。

基本逻辑指令和步进指令主要用于逻辑处理的指令。作为工业控制用的计算机，仅仅进行逻辑处理是不够的，现代工业控制在很多场合需要进行数据处理，因此本章将介绍功能指令，也称为应用指令。功能指令的出现大大拓宽了 PLC 的应用范围，也给用户编制程序带来了极大的方便。FX 系列 PLC 有多达 100 多条功能指令，由于篇幅的限制，本章仅对比较常用的功能指令作详细介绍，功能指令参见附录 B。

7.1 PLC 功能指令的概述

7.1.1 功能指令的表示格式

功能指令的表示格式与基本指令不同。一般功能指令都用编号 FNC00～FNC×××表示，并给出对应的助记符（大多用英文名称或缩写表示）。例如 FNC45 的助记符是 MEAN（平均），若使用简易编程器时输入 FNC45，若采用智能编程器或在计算机上编程时也可输入助记符 MEAN。

有的功能指令只有助记符，而大多数功能指令有操作数（通常有 1～4 个）。操作数说明如下：

[S] 表示源操作数，[D] 表示目标操作数，如果使用变址功能，则可表示为 [S.] 和 [D.]。当源或目标不止一个时，用 [S1.]、[S2.]、[D1.]、[D2.] 表示。用 n 和 m 表示其他操作数，它们常用来表示常数 K 和 H，或作为源和目标操作数的补充说明，当这样的操作数多时可用 n1、n2 和 m1、m2 等来表示。

图 7-1 所示为一个计算平均值指令，它有 3 个操作数，其中源操作数为 D0、D1、D2，目标操作数为 D4Z0（Z0 为变址寄存器），K3 表示有 3 个数，当 X0 接通时，执行的操作为将数据寄存器 D0、D1 和 D2 中的数据相加再除以 3，结果存储在 D4Z0 中。

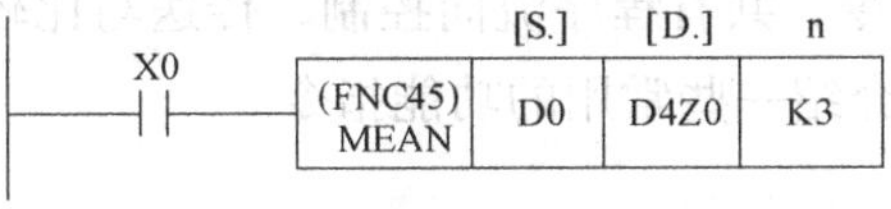


```
0  LD     X0
1  FNC    45
3         D0
5         D4Z0
7         K3
```

图 7-1　功能指令的表示格式

功能指令的指令段通常占 1 个程序步，16 位操作数占 2 步，32 位操作数占 4 步。

7.1.2　功能指令的执行方式与数据长度

1. 执行方式

功能指令的执行方式有连续执行和脉冲执行两种类型。如图 7-2 所示，指令助记符 MOV 后面有“P”表示脉冲执行，即该指令仅在 X1 接通（由 OFF 到 ON）时执行（将 D10 中的数据送到 D12 中）一次；如果没有“P”则表示连续执行，即在 X1 接通（ON）的每一个扫描周期该指令都要被执行。

2. 数据长度

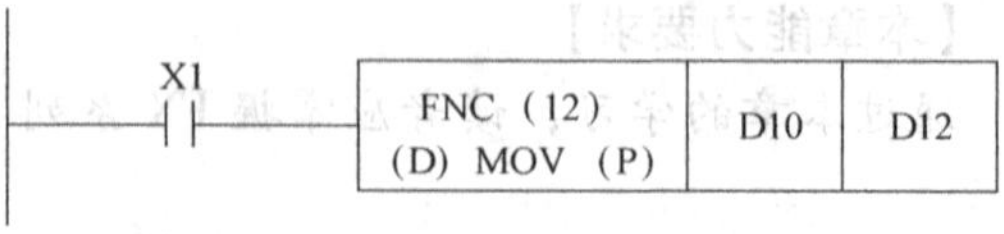

图 7-2　功能指令的执行方式与数据长度的表示

功能指令可处理 16 位数据或 32 位数据。处理 32 位数据的指令是在助记符前加“D”标志，无此标志即为处理 16 位数据的指令。如图 7-2 所示，若 MOV 指令前面带“D”，则当 X1 接通时，该指令将 D11、D10 中的数据传送到 D13、D12 中。在使用 32 位数据时，为了避免出错，建议使用首编号为偶数的操作数。

7.1.3　功能指令的数据格式

FX_{2N}系列可编程序控制器提供的数据表示方法分为位元件、字元件和位元件组合等。

1. 位元件与字元件

只处理 ON/OFF 状态的软元件称为位元件，如 X、Y、M 和 S 等；而处理数值的软元件则称为字元件，一个字元件由 16 位二进制数组成，如 T、C 和 D 等。

2. 位元件的组合

位元件可以通过组合使用，4 个位元件为一个单元，通用表示方法是由 Kn 加起始的软元件号组成，n 为单元数。例如 K2M0 表示 M0 ~ M3 和 M4 ~ M7 组成两个位元件组（K2 表示 2 个单元），它是一个 8 位数据，M7 为最高位，M0 为最低位。同样 K4M10 表示由 M10 ~ M25 四组位元件组成一个 16 位数据，其中 M25 为最高位，M10 为最高位。

注意：如果将 16 位数据传送到不足 16 位的位元件组合（$n<4$）时，只传送低位数据，多出的高位数据不传送，32 位数据传送也一样。在作 16 位数操作时，参与操作的位元件不足 16 位时，高位的不足部分均作 0 处理，这意味着只能处理正数（符号位为 0），在作 32 位数处理时也一样。被组合的元件首位可以任意选择，但为避免混乱，建议采用编号以 0 结尾的元件，如 S10、X0 和 X20 等。

7.2　FX_{2N}系列 PLC 常用功能指令介绍

FX_{2N}系列 PLC 有丰富的功能指令，共有程序流向控制、传送与比较、算术与逻辑运算、循环与移位等功能指令。本节主要介绍一些常用的功能指令。

7.2.1　程序流程控制类指令

程序流程控制类指令（FNC00 ~ FNC09）共 10 条，见表 7-1。

表 7-1　程序流程控制类指令

FNC NO.	指令助记符	指令名称	FNC NO.	指令助记符	指令名称
00	CJ	条件跳转	05	DI	禁止中断
01	CALL	子程序调用	06	FEND	主程序结束
02	SRET	子程序返回	07	WDT	警戒时钟
03	IRET	中断返回	08	FOR	循环范围开始
04	EI	允许中断	09	NEXT	循环范围结束

下面仅介绍 CJ、CALL、SRET 、IRET、EI 、DI 、FEND 、FOR 和 NEXT 指令。

1. 条件跳转指令

条件跳转指令 CJ（P）的编号为 FNC00，操作数为指针标号 P0 ~ P127，其中 P63 为 END 所在步序，不需标记。指针标号允许用变址寄存器修改。CJ 和 CJP 都占 3 个程序步，指针标号占 1 步。

如图 7-3 所示，当 X20 接通时，则由 CJ P9 指令跳到标号为 P9 的指令处开始执行，跳过了程序的一部分，减少了扫描周期。如果 X20 断开，跳转不会执行，则程序按原顺序执行。

使用跳转指令时应注意：

1）CJP 指令表示为脉冲执行方式。

2）在一个程序中一个标号只能出现一次，否则将出错。

3）在跳转执行期间，即使被跳过程序的驱动条件改变，但其线圈（或结果）仍保持跳转前的状态，因为跳转期间根本没有执行这段程序。

4）如果在跳转开始时定时器和计数器已在工作，则在跳转执行期间它们将停止工作，到跳转条件不满足后又继续工作。但对于正在工作的定时器 T192 ~ T199 和高速计数器 C235 ~ C255不管有无跳转仍连续工作。

5）若累积定时器和计数器的复位（RST）指令在跳转区外，即使它们的线圈被跳转，但对它们的复位仍然有效。

2. 子程序调用与子程序返回指令

子程序调用指令 CALL 的编号为 FNC01。操作数为 P0 ~ P127，此指令占用 3 个程序步。

子程序返回指令 SRET 的编号为 FNC02。无操作数，占用 1 个程序步。

子程序是为一些特定的控制目的编制的相对独立的程序。为了区别于主程序，规定在程序编排时，将主程序排在前面，子程序排在后面，以主程序结束指令 FEND 隔开。如图 7-4 所示，如果 X0 接通，则转到标号 P10 处去执行子程序。当执行 SRET 指令时，返回到 CALL 指令的下一步执行。

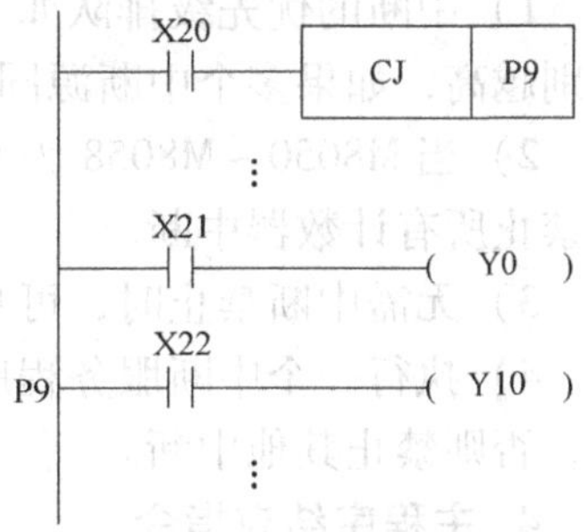

图 7-3　跳转指令的使用

使用子程序调用与返回指令时应注意：

1）转移标号不能重复，也不可与跳转指令的标号重复。

2）子程序可以嵌套调用，最多可 5 级嵌套。

3. 与中断有关的指令

与中断有关的三条功能指令是：中断返回指令 IRET，编号为 FNC03；允许中断（EI）指令，编号为 FNC04；禁止中断指令 DI，编号为 FNC05。它们均无操作数，占用 1 个程序步。

FX 系列 PLC 可设置 9 个中断点，中断信号从 X0～X5 输入，有的定时器也可以作为中断源。中断子程序的标号为 I×××。PLC 通常处于禁止中断状态，由 EI 和 DI 指令组成允许中断范围。在执行到该区间，如有中断源产生中断，CPU 将暂停主程序执行转而执行中断服务程序。当遇到 IRET 时返回断点继续执行主程序。

当有关的特殊辅助继电器置 1 时，相应的中断子程序不能执行。即 M8050～M8058 为 1 时，相应的中断子程序 I0××～I8××不能执行。如图 7-5 所示，允许中断范围中若 X0 为 ON，则转入 I000 为标号的中断服务程序，但 X0 可否引起中断还受 M8050 控制，当 X20 有效时则 M8050 控制 X0 无法中断。

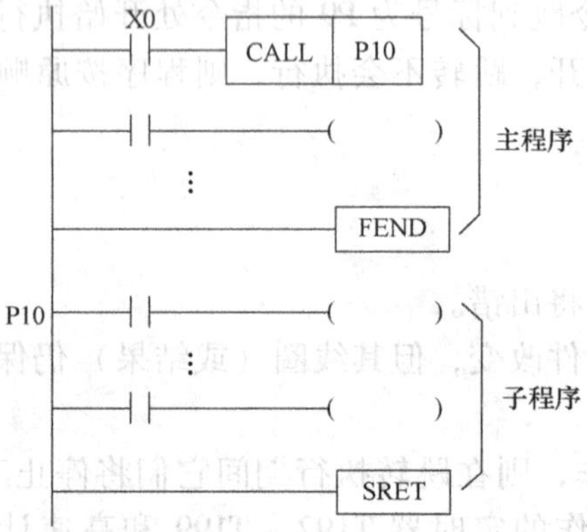

图 7-4　子程序调用与返回指令的使用

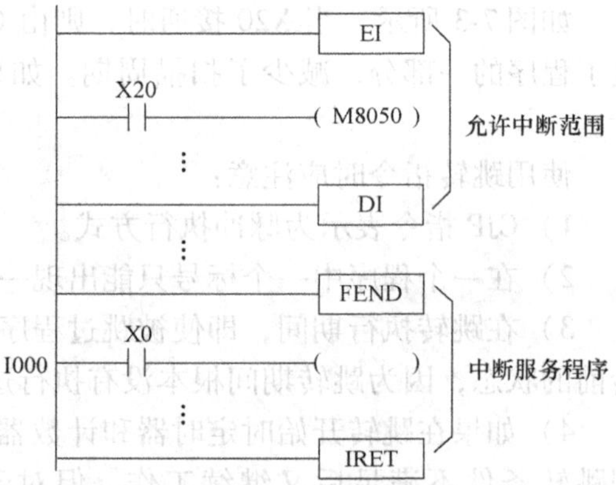

图 7-5　中断指令的使用

使用中断相关指令时应注意：

1）中断的优先级排队如下，如果多个中断依次发生，则以发生先后为序，即发生越早级别越高，如果多个中断源同时发出信号，则中断指针号越小优先级越高。

2）当 M8050～M8058 为 ON 时，禁止执行相应 I0××～I8××的中断，M8059 为 ON 时则禁止所有计数器中断。

3）无需中断禁止时，可只用 EI 指令，不必用 DI 指令。

4）执行一个中断服务程序时，如果在中断服务程序中有 EI 和 DI，可实现二级中断嵌套，否则禁止其他中断。

4. 主程序结束指令

主程序结束指令 FEND 的编号为 FNC06，无操作数，占用 1 个程序步。FEND 表示主程序结束，当执行到 FEND 时，PLC 进行输入/输出处理，监视定时器刷新，完成后返回起始步。

使用 FEND 指令时应注意：子程序和中断服务程序必须写在 FEND 和 END 之间，否则出错。

5. 循环指令

循环指令共有两条：循环开始指令FOR，编号为FNC08，占3个程序步；循环结束指令NEXT，编号为FNC09，占用1个程序步，无操作数。

在程序运行时，位于FOR~NEXT间的程序反复执行 n 次（由操作数决定）后再继续执行后续程序。循环的次数 $n=1\sim32767$。如果 $n=-32767\sim0$ 之间，则当作 $n=1$ 处理。

图7-6所示为一个二重嵌套循环，外层执行5次。如果D0Z0中的数为6，则外层A每执行一次则内层B将执行6次。

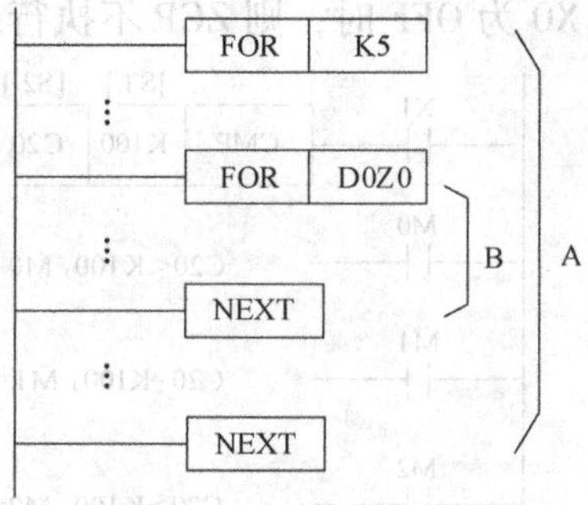

图7-6 循环指令的使用

使用循环指令时应注意：

1）FOR和NEXT必须成对使用。

2）FX_{2N} 系列PLC可循环嵌套5层。

3）在循环中可利用CJ指令在循环没结束时跳出循环体。

4）FOR应放在NEXT之前，NEXT应在FEND和END之前，否则均会出错。

7.2.2 比较与传送类指令

比较与传送类指令（FNC10~FNC19）共10条，见表7-2。

表7-2 比较与传送类指令

FNC NO.	指令助记符	指令名称	FNC NO.	指令助记符	指令名称
10	CMP	比较	15	BMOV	块传送
11	ZCP	区间比较	16	FMOV	多点传送
12	MOV	传送	17	XCH	交换
13	SMOV	移位传送	18	BCD	BCD转换
14	CML	取反传送	19	BIN	BIN转换

下面仅介绍CMP、ZCP、MOV、XCH、BCD和BIN指令。

1. 比较指令

比较指令包括CMP（比较）和ZCP（区间比较）两条。

（1）比较指令CMP （D）CMP（P）指令的编号为FNC10，指令格式是：（D）CMP（P）[S1.][S2.][D.]。

其中，[S1.]、[S2.] 为两个比较的源操作数；[D.] 为比较结果的标志软元件，指令中给出的是标志软元件的首地址。指令执行时将源操作数 [S1.] 和 [S2.] 的数据进行比较，比较结果用目标操作数 [D.] 的状态来表示。如图7-7所示，当X1为接通时，把常数100与C20的当前值进行比较，比较的结果送入M0~M2中。X1为OFF时不执行，M0~M2的状态仍保持X1断开之前的状态。

（2）区间比较指令ZCP （D）ZCP（P）指令的编号为FNC11，指令格式是：（D）ZCP（P）[S1.][S2.][S.][D.]。

其中，[S1.] 和 [S2.] 为区间起点和终点；[S.] 为比较软元件；[D.] 为标志软元件，指令中给出的是标志软元件的首地址。指令执行时源操作数 [S.] 与 [S1.] 和

［S2.］的内容进行比较，并将比较结果送到目标操作数［D.］中。如图 7-8 所示，当 X0 为 ON 时，把 C30 当前值与常数 100 和 120 相比较，比较结果控制 M3、M4、M5 的相应动作。当 X0 为 OFF 时，则 ZCP 不执行，M3、M4、M5 仍保持 X0 断开之前的状态。

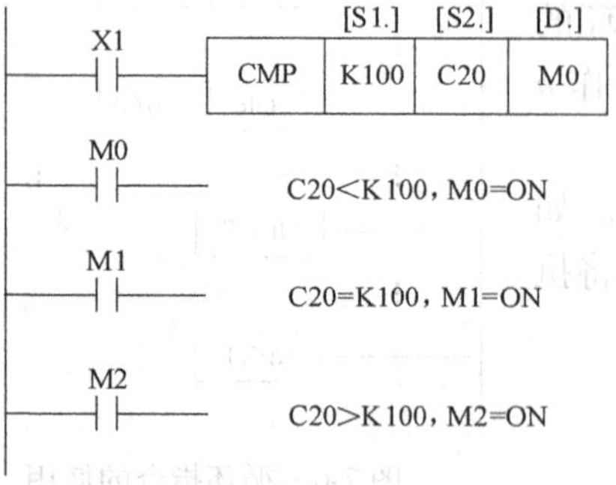

图 7-7　比较指令的使用

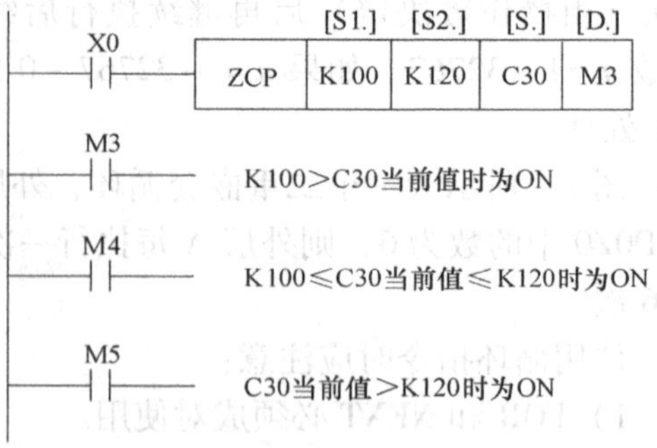

图 7-8　区间比较指令的使用

使用比较指令（CMP、ZCP）时应注意：

1）［S1.］、［S2.］可取任意数据格式，目标操作数［D.］可取 Y、M 和 S。

2）使用 ZCP 时，［S2.］的数值不能小于［S1.］。

2. 传送类指令

传送指令(D)MOV(P)的编号为 FNC12，指令格式是：(D) MOV (P)［S.］［D.］。

其中，［S.］为源数据；［D.］为目标软元件。该指令的功能是将源操作数［S.］的内容传送到目标操作数［D.］中去。如图 7-9 所示，当 X0 为 ON 时，则将［S.］中的数据 K100 传送到目标操作数［D.］即 D10 中。在指令执行时，常数 K100 会自动转换成二进制数。当 X0 为 OFF 时，则指令不执行，数据保持不变。

使用应用 MOV 指令时应注意：

1）源操作数可取所有数据类型，目标操作数可以是 K*n*Y、K*n*M、K*n*S、T、C、D、V、Z。

2）16 位运算时占 5 个程序步，32 位运算时则占 9 个程序步。

3. 数据交换指令

数据交换指令 XCH 的编号为 FNC17，指令格式是：(D) XCH (P)［D1.］［D2.］。

其中，［D1.］、［D2.］为两个目标软元件。该指令是将数据在指定的目标操作数之间交换。如图 7-10 所示，当 X0 为 ON 时，将 D1 和 D19 中的数据相互交换。

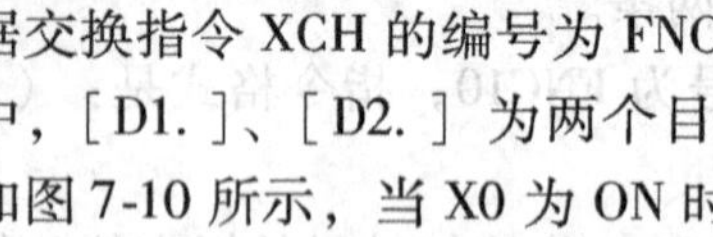

图 7-9　传送指令的使用

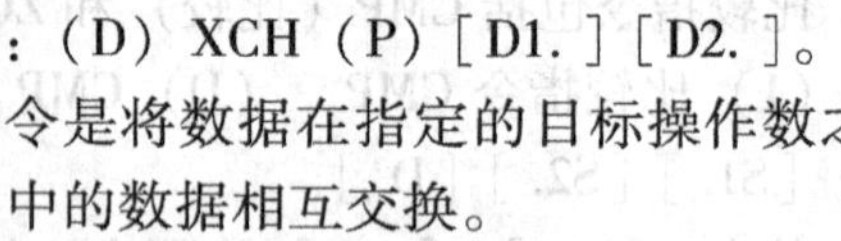

图 7-10　数据交换指令的使用

使用数据交换指令时应该注意：

1）操作数的元件可取 K*n*Y、K*n*M、K*n*S、T、C、D、V 和 Z。

2）交换指令一般采用脉冲执行方式，否则在每一次扫描周期都要交换一次。

3）16 位运算时占 5 个程序步，32 位运算时占 9 个程序步。

4. 数据变换指令

（1）BCD 变换指令　（D）BCD（P）指令的编号为 FNC18。指令格式是：（D）BCD（P）[S.][D.]。

其中，[S.] 为源数据；[D.] 为目标软元件。该指令是将源操作数中的二进制数转换成 BCD 码送到目标操作数中，如图 7-11 所示。

注意： 如果超出了 BCD 码变换指令能够转换的最大数据范围就会出错。16 位操作时范围为 0 ~ 9999；32 位操作时范围为 0 ~ 99999999。PLC 中内部的运算为二进制运算，可用 BCD 指令将二进制数变换为 BCD 码输出到七段显示器。

（2）BIN 变换指令　（D）BIN（P）指令的编号为 FNC19。指令格式是：（D）BIN（P）[S.][D.]。

其中，[S.] 为源数据；[D.] 为目标软元件。该指令是将源元件中的 BCD 数据转换成二进制数据送到目标元件中，如图 7-11 所示。常数 K 不能作为本指令的操作元件，因为在任何处理之前它们都会被转换成二进制数。

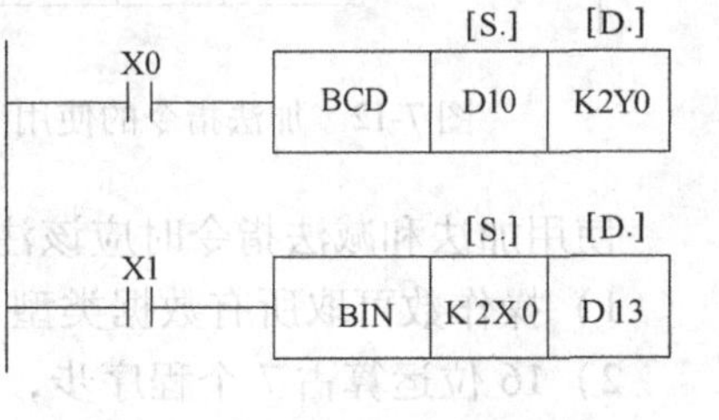

图 7-11　数据变换指令的使用

使用 BCD、BIN 指令时应注意：

1）源操作数可取 KnK、KnY、KnM、KnS、T、C、D、V 和 Z，目标操作数可取 KnY、KnM、KnS、T、C、D、V 和 Z。

2）16 位运算占 5 个程序步，32 位运算占 9 个程序步。

7.2.3　算术和逻辑运算类指令

算术和逻辑运算类指令（FNC20 ~ FNC29）包括算术运算指令和逻辑运算指令，共 10 条，见表 7-3。

表 7-3　算术和逻辑运算类指令

FNC NO.	指令助记符	指令名称	FNC NO.	指令助记符	指令名称
20	ADD	BIN 加法	25	DEC	BIN 减 1
21	SUB	BIN 减法	26	WAND	逻辑字与
22	MUL	BIN 乘法	27	WOR	逻辑字或
23	DIV	BIN 除法	28	WXOR	逻辑字异或
24	INC	BIN 加 1	29	NEG	求补码

下面仅介绍 ADD、SUB、MUL、DIV、WAND、WOR、WXOR 和 NEG 指令。

1. 算术运算指令

（1）加法指令 ADD　（D）ADD（P）指令的编号为 FNC20。指令格式是：（D）ADD（P）[S1.][S2.][D.]。

其中，[S1.]、[S2.] 为两个作为加数的源软元件；[D.] 为存放相加和的目标软元件。该指令是将指定的源元件中的二进制数相加结果送到指定的目标元件中去。如图 7-12 所示，当 X0 为 ON 时，该指令将数据寄存器 D10 和 D12 中的数据相加，结果存放在数据寄存器D14中。

（2）减法指令SUB　（D）SUB（P）指令的编号为FNC21。指令格式是：（D）SUB（P）[S1.][S2.][D.]。

其中，[S1.]、[S2.]分别为作为被减数和减数的源软元件；[D.]为存放相减差的目标软元件。该指令是将[S1.]指定元件中的内容以二进制形式减去[S2.]指定元件的内容，其结果存入由[D.]指定的元件中。如图7-13所示，当X0为ON时，该指令将数据寄存器D10中的数据减去D12中的数据，结果存放在数据寄存器D14中。

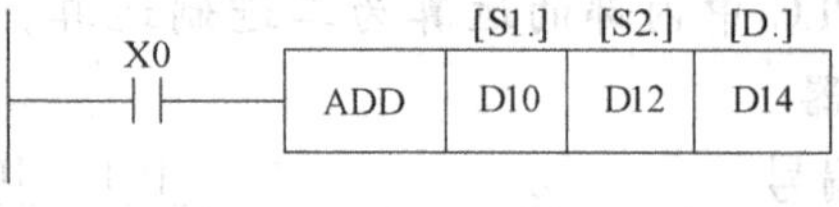

图7-12　加法指令的使用

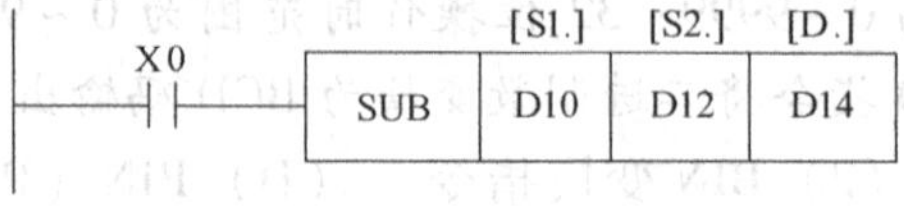

图7-13　减法指令的使用

使用加法和减法指令时应该注意：

1）操作数可取所有数据类型，目标操作数可取KnY、KnM、KnS、T、C、D、V和Z。

2）16位运算占7个程序步，32位运算占13个程序步。

3）数据为有符号二进制数，最高位为符号位（0为正，1为负）。

4）加法指令有三个标志：零标志（M8020）、借位标志（M8021）和进位标志（M8022）。当运算结果超过32767（16位运算）或2147483647（32位运算）则进位标志置1；当运算结果小于-32767（16位运算）或-2147483647（32位运算），借位标志就会置1。

（3）乘法指令MUL　（D）MUL（P）指令的编号为FNC22。指令格式是：（D）MUL（P）[S1.][S2.][D.]。

其中，[S1.]、[S2.]分别为作为被乘数和乘数的源软元件；[D.]为存放相乘积的目标软元件。该指令是将[S1.]指定元件中的内容乘以[S2.]指定元件中的内容，其结果存入由[D.]指定的元件中，数据均为有符号数。如图7-14所示，当X0为ON时，将二进制16位数[S1.]、[S2.]相乘，结果送[D.]中。D为32位，即数据寄存器D0中的数据和D2中的数据相乘，结果存放在数据寄存器D5、D4中（16位乘法）；当X1为ON时，数据寄存器D1、D0中的数据和D3、D2中的数据相乘，结果存放在数据寄存器D7、D6、D5、D4中（32位乘法）。

（4）除法指令DIV　（D）DIV（P）指令的编号为FNC23。指令格式是：（D）DIV（P）[S1.][S2.][D.]。

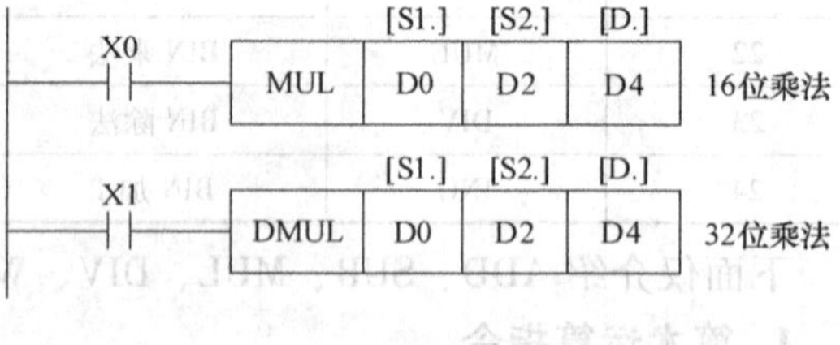

图7-14　乘法指令的使用

其中，[S1.]、[S2.]分别为作为被除数和除数的源软元件；[D.]为存放商和余数的目标软元件。其功能是将[S1.]指定为被除数，[S2.]指定为除数，将除得的结果送到[D.]指定的目标元件中，余数送到[D.]的下一个元件中。如图7-15所示，当X0为ON时，数据寄存器D0中的数据除以D2中的数据，商存放在数据寄存器D4中，余数存放在数据寄存器D5中（16位除法）；当X1为ON时，数据寄存器D1、D0中的数据除以D3、D2中的数据，商存放在数据寄存器D5、D4中，余数存放在数据寄存器D7、D6中

(32位除法)。

使用乘法和除法指令时应注意：

1）源操作数可取所有数据类型，目标操作数可取 KnY、KnM、KnS、T、C、D、V 和 Z，要注意 Z 只有 16 位乘法时能用，32 位不可用。

2）16 位运算占 7 程序步，32 位运算为 13 程序步。

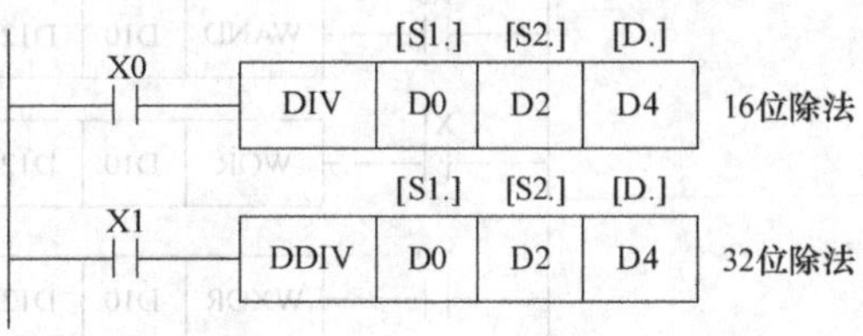

图 7-15　除法指令的使用

3）在 32 位乘法运算中，如用位元件作目标，则只能得到乘积的低 32 位，高 32 位将丢失，这种情况下应先将数据移入字元件再运算；除法运算中将位元件指定为［D.］，则无法得到余数，除数为 0 时发生运算错误。

4）积、商和余数的最高位为符号位。

2. 逻辑辑运算类指令

（1）逻辑与指令 WAND　（D）WAND（P）指令的编号为 FNC26。指令格式是：（D）WAND（P）［S1.］［S2.］［D.］。

其中，［S1.］、［S2.］为两个相“与”的源软元件；［D.］为存放相“与”结果的目标软元件。其功能是将两个源操作数按位进行与操作，结果送至指定元件。

（2）逻辑或指令 WOR　（D）WOR（P）指令的编号为 FNC27。指令格式是：（D）WOR（P）［S1.］［S2.］［D.］。

其中，［S1.］、［S2.］为两个相“或”的源软元件；［D.］为存放相“或”结果的目标软元件。该指令是对两个源操作数按位进行或运算，结果送至指定元件。

（3）逻辑异或指令 WXOR　（D）WXOR（P）指令的编号为 FNC28。指令格式是：（D）WXOR（P）［S1.］［S2.］［D.］。

其中，［S1.］、［S2.］为两个相“异或”的源软元件；［D.］为存放相“异或”结果的目标软元件。该指令是对源操作数按位进行逻辑异或运算。

（4）求补指令 NEG　（D）NEG（P）指令的编号为 FNC29。指令格式是：（D）NEG（P）［D.］。

其中，［D.］为存放求补结果的目标软元件。其功能是将［D.］指定的元件内容的各位先取反再加 1，将其结果再存入原来的元件中。

WAND、WOR、WXOR 和 NEG 指令的使用如图 7-16 所示。当 X0 有效时，数据寄存器 D10 中的数据和数据寄存器 D12 中的数据相与，结果存放到数据寄存器 D14 中去。当 X1 有效时，数据寄存器 D10 中的数据和数据寄存器 D12 中的数据相或，结果存放到数据寄存器 D14 中去。当 X2 有效时，数据寄存器 D10 中的数据和数据寄存器 D12 中的数据相异或，结果存放到数据寄存器 D14 中去。当 X3 有效时，数据寄存器 D10 中的数据每一位取反后再加 1，结果存放在数据寄存器 D10 中。

使用逻辑运算指令时应该注意：

1）WAND、WOR 和 WXOR 指令的［S1.］和［S2.］均可取所有的数据类型，而目标操作数可取 KnY、KnM、KnS、T、C、D、V 和 Z。

2）NEG 指令只有目标操作数，其可取 KnY、KnM、KnS、T、C、D、V 和 Z。

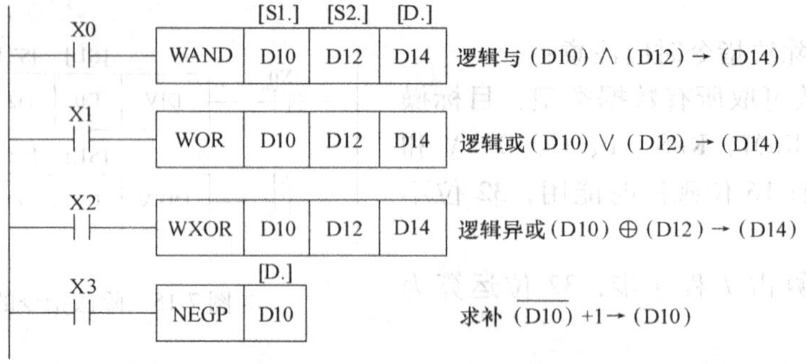

图 7-16 逻辑运算指令的使用

3）WAND、WOR、WXOR 指令 16 位运算占 7 个程序步，32 位运算为 13 个程序步，而 NEG 指令分别占 3 步和 5 步。

7.2.4 循环与移位类指令

循环与移位类指令（FNC30～FNC39）是使字数据和位元件组合的字数据向指定方向循环、移位的指令，共 10 条，见表 7-4。

表 7-4 循环与移位类指令

FNC NO.	指令助记符	指令名称	FNC NO.	指令助记符	指令名称
30	ROR	循环右移	35	SFTL	位左移
31	ROL	循环左移	36	WSFR	字右移
32	RCR	带进位循环右移	37	WSFL	字左移
33	RCL	带进位循环左移	38	SFWR	移位写入
34	SFTR	位右移	39	SFRD	移位读出

下面仅介绍 ROR、ROL、RCR 和 RCL 指令。

1. 循环移位指令

右、左循环移位指令（ROR 和 ROL）编号分别为 FNC30 和 FNC31。指令格式分别是：

（D）ROR（P）[D.] n

（D）ROL（P）[D.] n

其中，[D.] 为要移位的目标软元件；n 为每次移动的位数。执行这两条指令时，各位数据向右（或向左）循环移动 n 位，最后一次移出来的那一位同时存入进位标志 M8022 中，如图 7-17 所示。

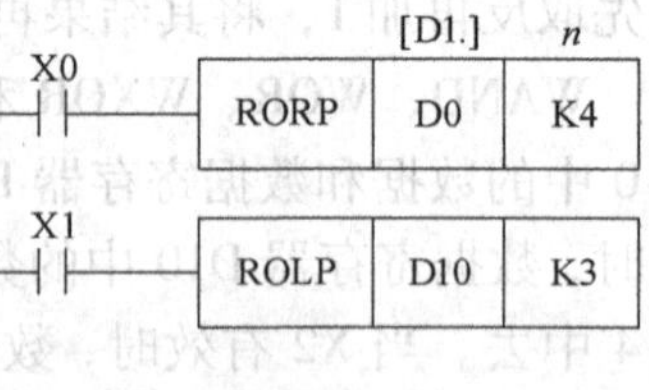

图 7-17 右、左循环移位指令的使用

2. 带进位的循环移位指令

带进位的循环右、左移位指令（RCR 和 RCL）编号分别为 FNC32 和 FNC33。指令格式分别是：

（D）RCR（P）[D.] n

（D）RCL（P）[D.] n

其中，[D.] 为要移位的目标软元件；n 为每次移动的位数。执行这两条指令时，各位数据连同进位（M8022）向右（或向左）循环移动 n 位，如图 7-18 所示。

使用ROR、ROL、RCR、RCL指令时应该注意：

1）目标操作数可取KnY、KnM、KnS、T、C、D、V和Z，目标元件中指定位元件的组合只有在K4（16位）和K8（32位指令）时有效。

2）16位指令占5个程序步，32位指令占9个程序步。

3）用连续指令执行时，循环移位操作每个周期执行一次。

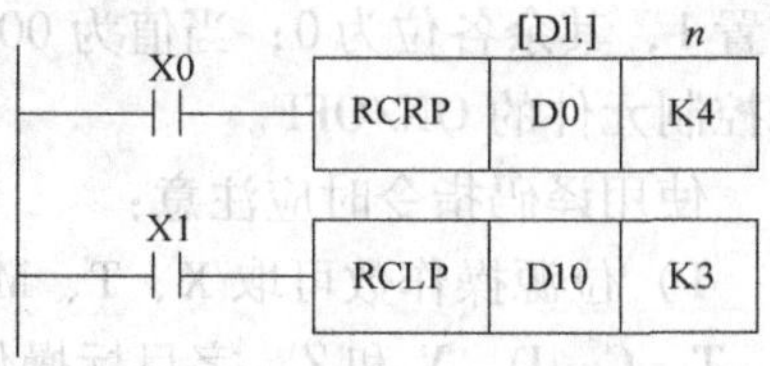

图7-18　带进位右、左循环移位指令的使用

7.2.5　数据处理指令

数据处理指令（FNC40～FNC49）是可以进行复杂的数据处理和实现特殊用途的指令，共10条，见表7-5。

表7-5　数据处理指令

FNC NO.	指令助记符	指令名称	FNC NO.	指令助记符	指令名称
40	ZRST	区间复位	45	MEAN	平均值
41	DECO	译码	46	ANS	报警置位
42	ENCO	编码	47	ANR	报警器复位
43	SUM	求ON位数	48	SOR	BIN数据开方运算
44	BON	ON位判别	49	FLT	BIN整数变换二进制浮点数

下面仅介绍ZRST、DECO和ENCO指令。

1. 区间复位指令

区间复位指令ZRST的编号为FNC40。指令格式是：ZRST（P）[D1.][D2.]。

其中，[D1.]为目标软元件首地址；[D2.]为目标软元件结束地址。该指令是将指定范围内的同类元件成批复位。如图7-19所示，当X0由OFF→ON时，位元件M500～M599成批复位，字元件C235～C255也成批复位。

使用区间复位指令时应注意：

1）[D1.]和[D2.]可取Y、M、S、T、C、D，且应为同类元件，同时[D1.]的元件号应小于[D2.]指定的元件号，若[D1.]的元件号大于[D2.]元件号，则只有[D1.]指定元件被复位。

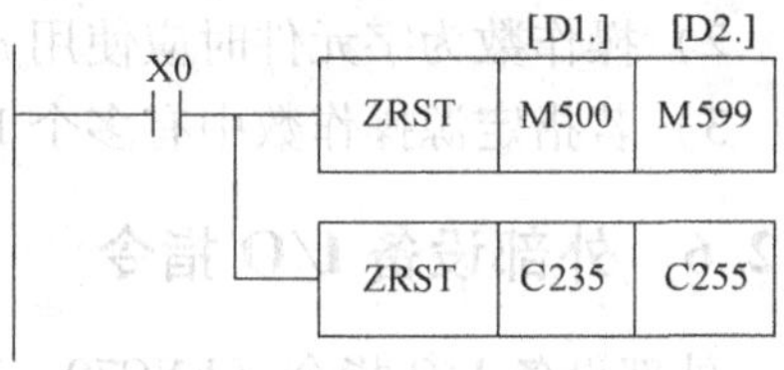

图7-19　区间复位指令的使用

2）ZRST指令只有16位处理功能，占5个程序步，但[D1.]和[D2.]也可以指定32位计数器。

2. 译码和编码指令

（1）译码指令DECO　DECO（P）指令的编号为FNC41。指令格式是：DECO（P）[S.][D.]n。

其中，[S.]为源软元件；[D.]为目标软元件首地址；n为源软元件位数。如图7-20所示，当$n=3$时，则表示[S.]源操作数为3位，即为X0、X1、X2，其状态为二进制数，当值为011时，相当于十进制3，则由目标操作数M7～M0组成的8位二进制数的第3位M3

被置 1，其余各位为 0；当值为 000 时，则 M0 被置 1。用译码指令可通过［D.］中的数值来控制元件的 ON/OFF。

使用译码指令时应注意：

1）位源操作数可取 X、T、M 和 S，位目标操作数可取 Y、M 和 S，字源操作数可取 K、H、T、C、D、V 和 Z，字目标操作数可取 T、C 和 D。

2）若［D.］指定的目标元件是字元件 T、C、D，则 $n \leq 4$；若是位元件 Y、M、S，则 $n = 1 \sim 8$。译码指令为 16 位指令，占 7 个程序步。

（2）编码（ENCO）指令　ENCO（P）指令的编号为 FNC42。指令格式是：ENCO（P）［S.］［D.］n。

其中，［S.］为源软元件首地址；［D.］为目标软元件；n 指充当编码的源软元件位数为 2^n。如图 7-21 所示，当 X1 有效时执行编码指令，将［S.］中最高位的 1（M3）所在位数（3）放入目标元件 D10 中，即把 011 放入 D10 的低 3 位。

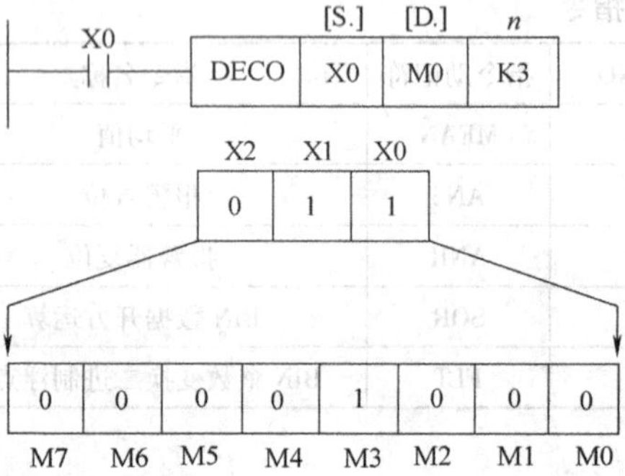

图 7-20　译码指令的使用

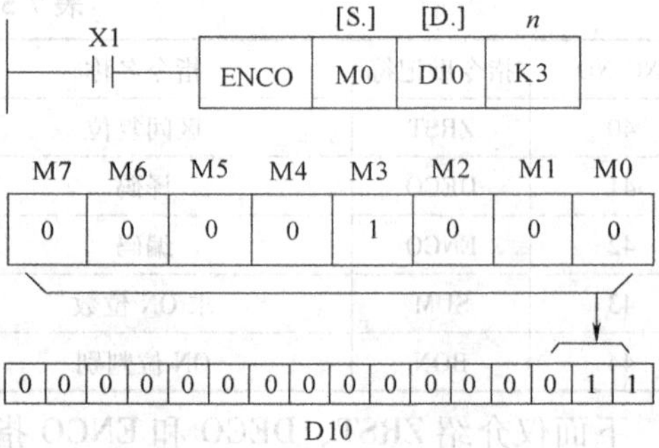

图 7-21　编码指令的使用

使用编码指令时应注意：

1）源操作数是字元件时，可以是 T、C、D、V 和 Z；源操作数是位元件，可以是 X、Y、M 和 S。目标元件可取 T、C、D、V 和 Z。编码指令为 16 位指令，占 7 个程序步。

2）操作数为字元件时应使用 $n \leq 4$，为位元件时则 $n = 1 \sim 8$，$n = 0$ 时不作处理。

3）若指定源操作数中有多个 1，则只有最高位的 1 有效。

7.2.6　外部设备 I/O 指令

外部设备 I/O 指令（FNC70～FNC79）是可编程序控制器的输入/输出与外部设备进行数据交换的指令。这些指令可以通过简单的处理，进行较复杂的控制，见表 7-6。

表 7-6　外部设备 I/O 指令

FNC NO.	指令助记符	指令名称	FNC NO.	指令助记符	指令名称
70	TKY	10 键输入	75	ARWS	方向开关
71	HKY	16 键输入	76	ASC	ASCⅡ码转换
72	DSW	数字开关	77	PR	ASCⅡ码打印
73	SEGD	七段译码	78	FROM	BFM 读出
74	SEGL	带锁存的七段码显示	79	TO	BFM 写入

下面仅介绍 SEGD 指令。

七段译码指令 SEGD 的编号为 FNC73，指令格式是：SEGD［S.］［D.］。

其中，［S.］为源软元件；［D.］为目标软元件。七段译码指令的使用如图 7-22 所示，将［S.］指定元件的低 4 位所确定的十六进制数（0 ~ F）经译码后存于［D.］指定的元件中，以驱动七段显示器，［D.］的高 8 位保持不变。如果要显示 0，则应在 D0 中放入数据为 3FH。

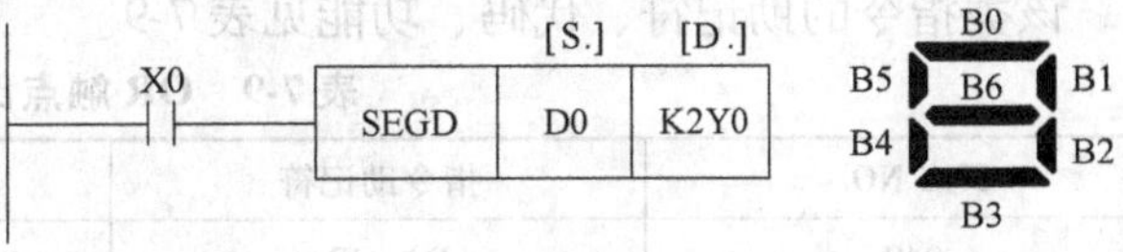

图 7-22　七段译码指令的使用

7.2.7　触点比较指令

触点比较指令（FNC224 ~ FNC246）有以下三类。

1. LD 触点比较指令

该类指令的助记符、代码、功能见表 7-7。

表 7-7　LD 触点比较指令

FNC NO.	指令助记符	导通条件	非导通条件
224	(D) LD =	[S1.] = [S2.]	[S1.] ≠ [S2.]
225	(D) LD >	[S1] > [S2.]	[S1.] ≤ [S2.]
226	(D) LD <	[S1.] < [S2.]	[S1.] ≥ [S2.]
228	(D) LD < >	[S1.] ≠ [S2.]	[S1.] = [S2.]
229	(D) LD≤	[S1.] ≤ [S2.]	[S1.] > [S2.]
230	(D) LD≥	[S1.] ≥ [S2.]	[S1.] < [S2.]

LD = 指令的使用如图 7-23 所示，当计数器 C10 的当前值为 200 时驱动 Y10。其他 LD 触点比较指令不在此一一说明。

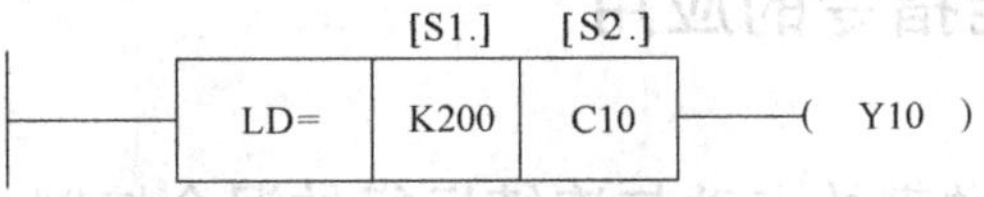

图 7-23　LD = 指令的使用

2. AND 触点比较指令

该类指令的助记符、代码、功能见表 7-8。

表 7-8　AND 触点比较指令

FNC NO.	指令助记符	导通条件	非导通条件
232	(D) AND =	[S1.] = [S2.]	[S1.] ≠ [S2.]
233	(D) AND >	[S1] > [S2.]	[S1.] ≤ [S2.]
234	(D) AND <	[S1.] < [S2.]	[S1.] ≥ [S2.]
236	(D) AND < >	[S1.] ≠ [S2.]	[S1.] = [S2.]
237	(D) AND≤	[S1.] ≤ [S2.]	[S1.] > [S2.]
238	(D) AND≥	[S1.] ≥ [S2.]	[S1.] < [S2.]

AND = 指令的使用如图 7-24 所示，当 X0 为 ON 且计数器 C10 的当前值为 200 时，驱动

Y10。

3. OR 触点比较指令

该类指令的助记符、代码、功能见表 7-9。

表 7-9　OR 触点比较指令

FNC NO.	指令助记符	导通条件	非导通条件
240	(D) OR =	[S1.] = [S2.]	[S1.] ≠ [S2.]
241	(D) OR >	[S1.] > [S2.]	[S1.] ≤ [S2.]
242	(D) OR <	[S1.] < [S2.]	[S1.] ≥ [S2.]
244	(D) OR < >	[S1.] ≠ [S2.]	[S1.] = [S2.]
245	(D) OR≤	[S1.] ≤ [S2.]	[S1.] > [S2.]
246	(D) OR≥	[S1.] ≥ [S2.]	[S1.] < [S2.]

OR = 指令的使用如图 7-25 所示，当 X1 处于 ON 或计数器的当前值为 200 时，驱动 Y10。

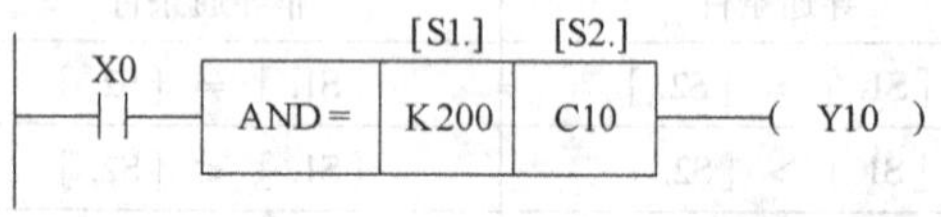

图 7-24　AND = 指令的使用

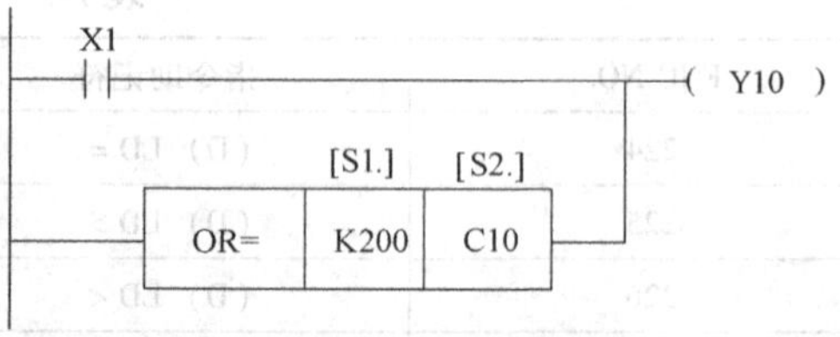

图 7-25　OR = 指令的使用

触点比较指令源操作数可取任意数据格式。16 位运算占 5 个程序步，32 位运算占 9 个程序步。

7.3　PLC 常用功能指令的应用

7.3.1　应用实例：传送带的点动与连续运行的混合控制

1. 设计任务

某传送带的工作过程示意图，如图 7-26 所示。其控制要求如下：

该系统具有自动工作方式和手动点动工作方式，具体由自动工作与手动点动工作转换开关 S1 选择。当 S1 = 1 时为手动点动工作，系统可通过 3 个点动按钮对电磁阀和电动机进行控制，以便对设备进行调整、检修和事故处理。当 S1 = 0 时为自动工作方式。

在自动工作方式起动时，为了避免在后端传送带上造成物料堆积，要求以逆物料流动方向按一定时间间隔顺序起动，其起动顺序：按起动按钮 SB1，第二条传送带的接触器 KM2 吸合起动 M2 电动机，延时 3s 后，第一条传送带的接触器 KM1 吸合起动 M1 电动机，延时 3s 后，卸料斗的电磁阀 YV1 吸合。

在自动工作方式停止时，卸料斗的电磁阀 YV1 尚未吸合时，接触器 KM1、KM2 可立即断电使传送带停止；当卸料斗的电磁阀 YV1 吸合时，为了使传送带上不残留物料，要求顺物料流动方向按一定时间间隔顺序停止。其停止顺序：按 SB2 停止按钮，卸料斗的电磁阀

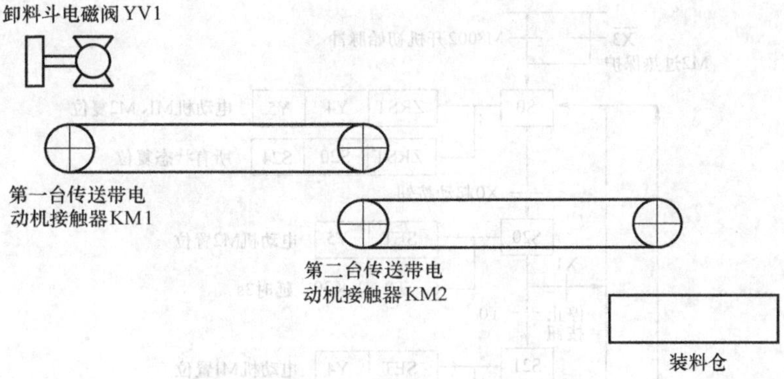

图 7-26　某传送带的工作过程示意图

YV1 断开，延时 6s 后，第一条传送带的接触器 KM1 断开，此后再延时 6s，第二条传送带的接触器 KM2 断开。

表 7-10　传送带 I/O 分配表

输入		输出	
输入设备	输入编号	输出设备	输出编号
起动按钮 SB1	X0	电磁阀 YV1	Y0
停止按钮 SB2	X1	接触器 KM1	Y4
M1 过热保护	X2	接触器 KM2	Y5
M2 过热保护	X3		
电磁阀点动按钮 SB3	X4		
电动机 M1 点动按钮 SB4	X5		
电动机 M2 点动按钮 SB5	X6		
手动自动转换开关 S1	X7		

故障停止：在正常运转中，当第二条传送带电动机发生故障时（热继电器 FR2 触头断开），卸料斗、第一条和第二条传送带同时停止。当第一条传送带电动机发生故障时（热继电器 FR1 触头断开），卸料斗、第一条传送带同时停止，经 6s 延时后，第二条传送带再停止。

2. 设计步骤

1）确定输入/输出（I/O）分配表，见表 7-10。

2）根据工艺要求画出手动、自动程序结构，如图 7-27 所示。

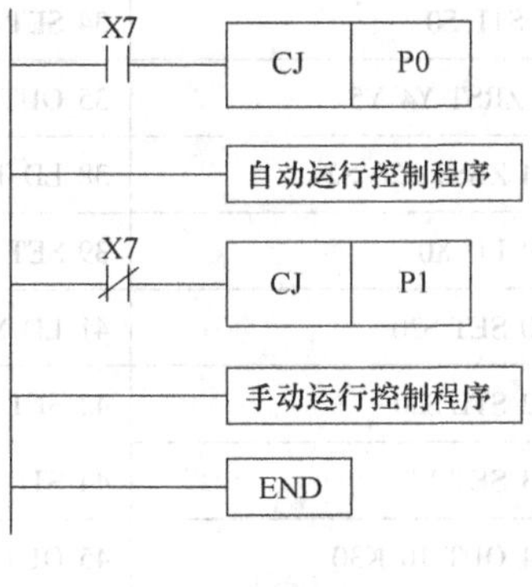

图 7-27　手动、自动程序结构

根据自动运行时的工艺要求画出状态转移图，如图 7-28 所示。图中 X2、X3 为 M1、M2 过热保护，由于采用热继电器保护时，动断触点比动合触点输入有优先级（即动断触点先断开后，动合触点才接通），因此，做保护使用时一般都采用动断触点进行输入。

根据手动、自动程序结构图和状态转移图画出梯形图，如图 7-29 所示，指令语句表见表 7-11。

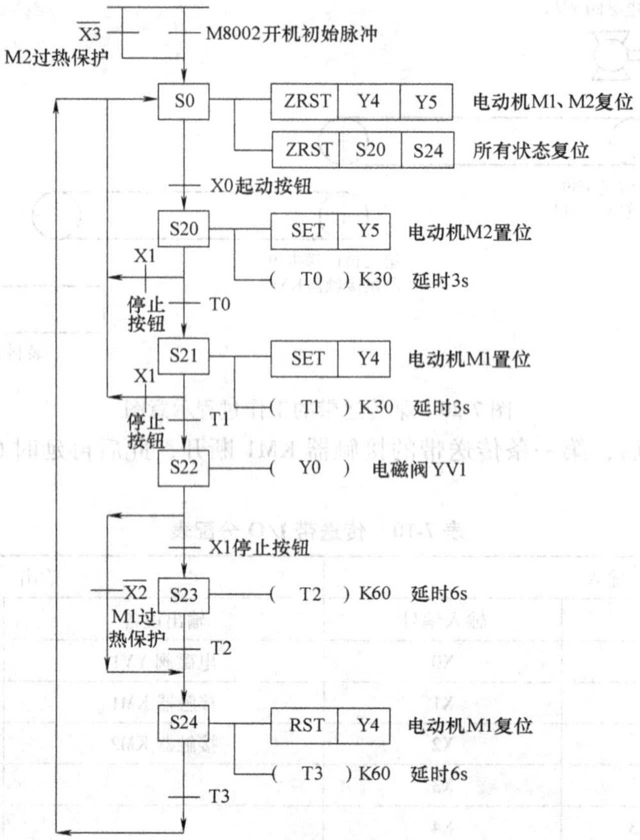

图 7-28　自动传送状态转移图

表 7-11　指令语句表

0 LD X7	27 LD T0	46 LD X1	67 RET
1 CJ P0	28 SET S21	47 SET S23	68 P0
4 LDI X3	30 LD X1	49 LDI X2	69 LDI X7
5 OR M8002	31 SET S0	50 SET S24	70 CJ P1
6 SET S0	33 STL S21	52 STL S23	73 LD X4
8 STL S0	34 SET Y4	53 OUT T2 K60	74 OUT Y0
9 ZRST Y4 Y5	35 OUT T1 K30	56 LD T2	75 LD X5
14 ZRST S20 S24	38 LD T1	57 SET S24	76 OUT Y4
19 LD X0	39 SET S22	59 STL S24	77 LD X6
20 SET S20	41 LD X1	60 RST Y4	78 OUT Y5
22 STL S20	42 SET S0	61 OUT T3 K60	79 P1
23 SET Y5	44 STL S22	64 LD T3	80 END
24 OUT T0 K30	45 OUT Y0	65 SET S0	

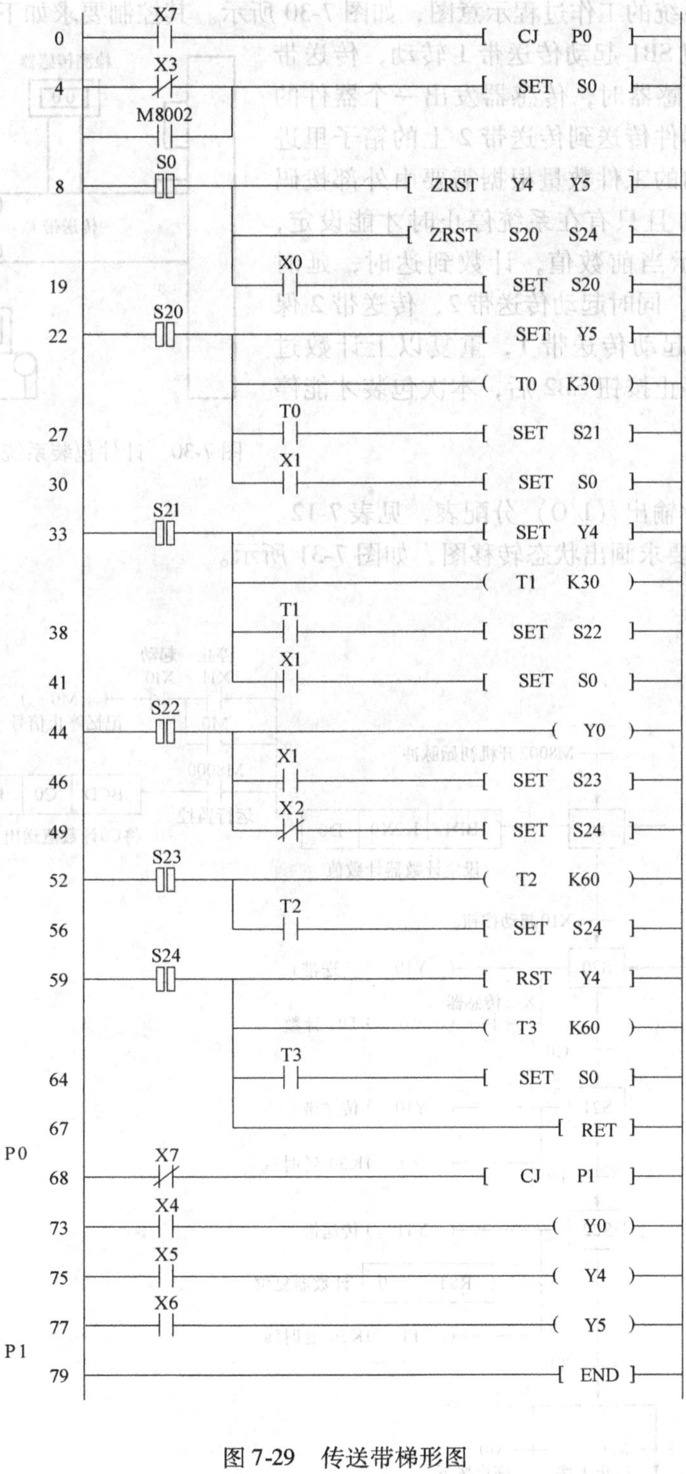

图 7-29　传送带梯形图

7.3.2　应用实例：计件包装系统

1. 设计任务

某计件包装系统的工作过程示意图，如图7-30所示。其控制要求如下：

按下起动按钮SB1起动传送带1转动，传送带1上的器件检测传感器时，传感器发出一个器件的计数脉冲，并将器件传送到传送带2上的箱子里进行计数包装，盒内的工件数量根据需要由外部拨码盘设定（0～99），且只有在系统停止时才能设定，用两位数码管显示当前数值，计数到达时，延时3s，停止传送带1，同时起动传送带2，传送带2保持运行5s后，再起动传送带1，重复以上计数过程，当中途按下停止按钮SB2后，本次包装才能停止。

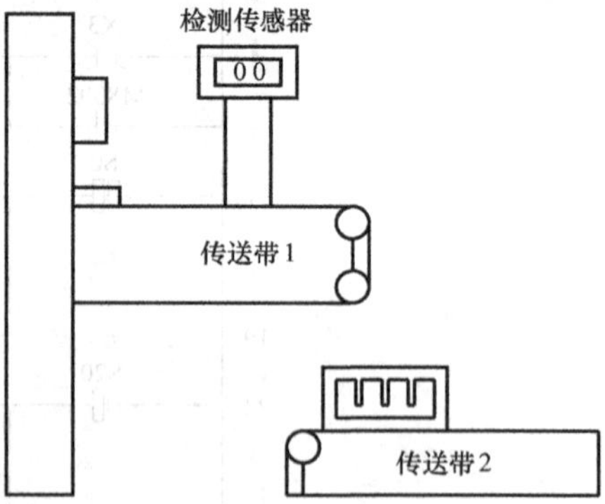

图7-30　计件包装系统的工作过程示意图

2. 设计步骤

1）确定输入/输出（I/O）分配表，见表7-12。

2）根据工艺要求画出状态转移图，如图7-31所示。

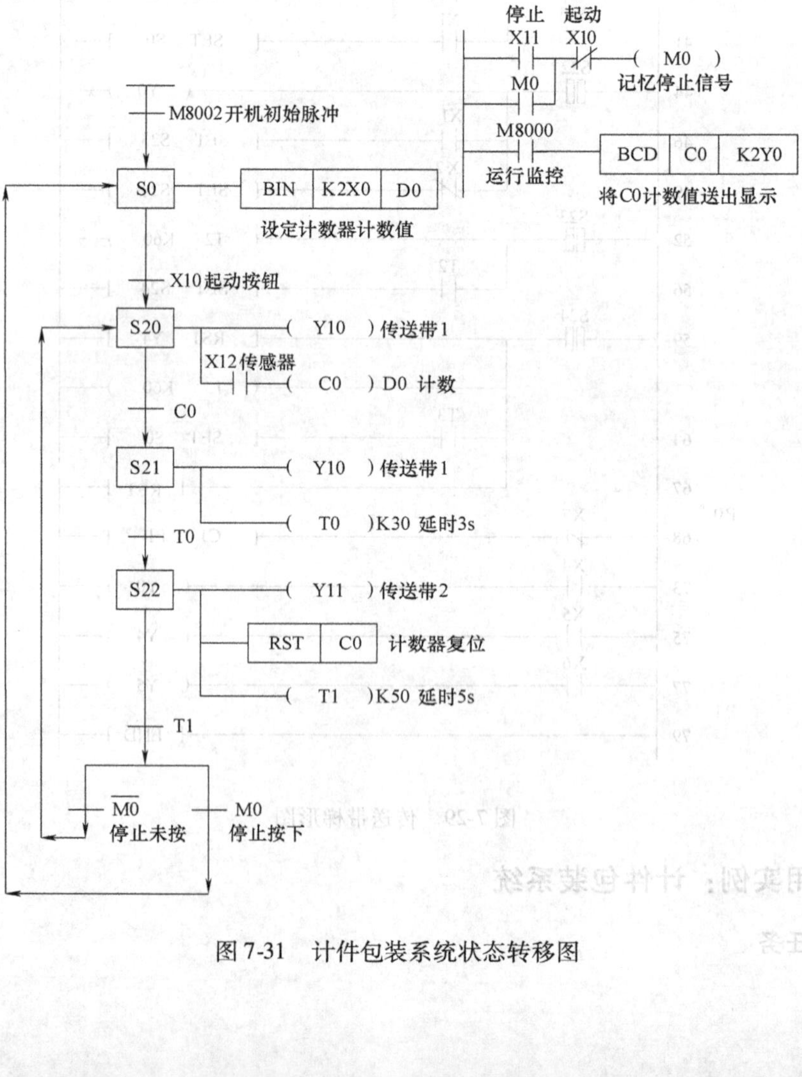

图7-31　计件包装系统状态转移图

表 7-12　计件包装系统 I/O 分配表

输入		输出	
输入设备	输入编号	输出设备	输出编号
数码盘输入 1	X0	数码管显示 1	Y0
	X1		Y1
	X2		Y2
	X3		Y3
数码盘输入 2	X4	数码管显示 2	Y4
	X5		Y5
	X6		Y6
	X7		Y7
起动按钮 SB1	X10	传送带 1	Y10
停止按钮 SB2	X11	传送带 2	Y11
检测传感器	X12		Y12

3）根据状态转移图画出梯形图及指令语句表，梯形图如图 7-32 所示，指令语句表见表 7-13。

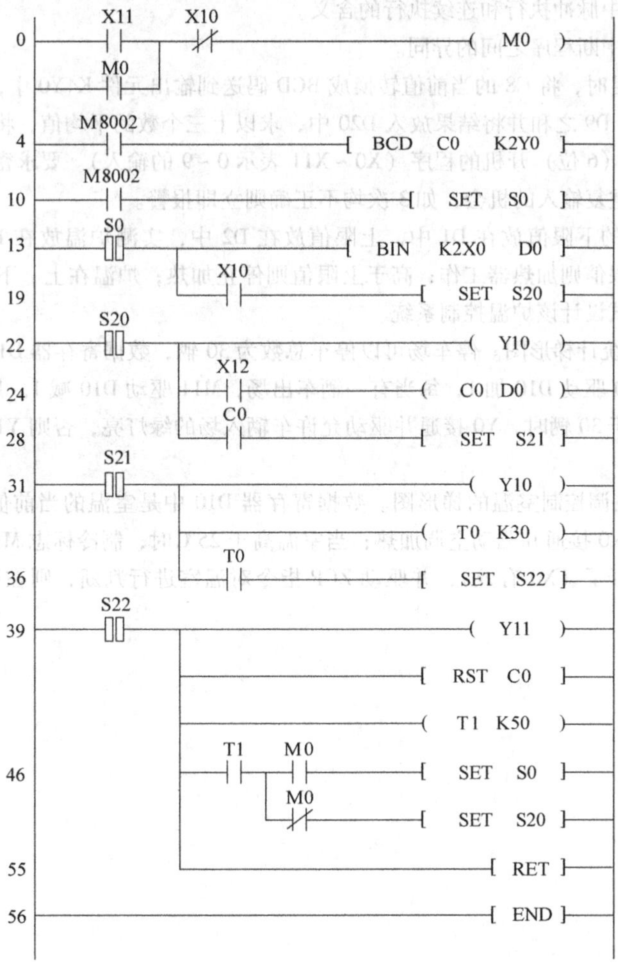

图 7-32　计件包装系统梯形图

表 7-13 指令语句表

0 LD X11	14 BIN K2X0 D0	31 STL S21	46 LD T1
1 OR M0	19 LD X10	32 OUT Y10	47 MPS
2 ANI X10	20 SET S20	33 OUT T0 K30	48 AND M0
3 OUT M0	22 STL S20	36 LD T0	49 SET S0
4 LD M8000	23 OUT Y10	37 SET S22	51 MPP
5 BCD C0 K2Y0	24 LD X12	39 STL S22	52 ANI M0
10 LD M8002	25 OUT C0 D0	40 OUT Y11	53 SET S20
11 SET S0	28 LD C0	41 RST C0	55 RET
13 STL S0	29 SET S21	43 OUT T1 K50	56 END

习　题

7-1 什么是功能指令？比较其与基本逻辑指令的异同。

7-2 FX_{2N}系列 PLC 功能指令共有哪几种类型？它们各有什么用途？

7-3 简述功能指令中脉冲执行和连续执行的含义。

7-4 比较子程序和中断程序之间的异同。

7-5 当输入 X0 满足时，将 C8 的当前值转换成 BCD 码送到输出元件 K4Y0 中，画出梯形图。

7-6 计算 D5、D7、D9 之和并将结果放入 D20 中，求以上三个数的平均值，将其放入 D30 中。

7-7 设计一个密码（6 位）开机的程序（X0 ~ X11 表示 0 ~ 9 的输入）。要求密码正确时按开机键即开机；密码错误时有 3 次重复输入的机会，如 3 次均不正确则立即报警。

7-8 假定允许炉温的下限值放在 D1 中，上限值放在 D2 中，实测炉温放在 D10 中，按下启动按钮，系统开始工作，低于下限值则加热器工作；高于上限值则停止加热；炉温在上、下限之间时则维持。按下停止按钮，系统停止。试设计该炉温控制系统。

7-9 试编写停车数统计梯形图。停车场可以停车总数为 30 辆，数据寄存器 D10 中是停车数的当前值，每当有一辆车入场，M10 驱动 D10 加 1；每当有一辆车出场，M11 驱动 D10 减 1。用 M8000 驱动 CMP 指令进行判断，当停车数小于 30 辆时，Y0 接通并驱动允许车辆入场的绿灯亮，否则 Y1 接通并驱动车辆满位的红灯亮。

7-10 试编写变频空调控制室温的梯形图。数据寄存器 D10 中是室温的当前值。当室温低于 18℃时，加热标志 M10 被激活，Y0 接通并驱动空调加热；当室温高于 25℃时，制冷标志 M12 被激活，Y2 接通并驱动空调制冷。只要空调开了（X0 有效），并驱动 ZCP 指令对温室进行判断，则在所有温度情况下，Y1 接通并驱动电扇运行。

第 8 章　PLC 控制系统的设计

【本章教学重点】

（1）PLC 控制系统设计的步骤。

（2）PLC 选型及硬件配置。

（3）可编程序控制器的安装与维护。

【本章能力要求】

通过本章的学习，读者应掌握 PLC 系统设计的基本步骤，能够根据控制要求选择合适的 PLC 型号并完成相应的硬件配置。

由于可编程序控制器具有较高的可靠性和方便性，并且其自身的功能一直在不断地提高和完善，因此，目前的 PLC 产品几乎可以完成工业控制领域的所有任务。本章在学习了 PLC 的工作原理、基本结构、编程方法以后，结合具体实际问题进行 PLC 控制系统的设计。PLC 控制系统设计包括电气控制电路设计（硬件部分）和程序设计（软件部分）两部分。电气控制电路是以 PLC 为核心的系统电气原理图，程序是与原理图中 PLC 的 I/O 点对应的梯形图和指令表。

8.1　PLC 控制系统的设计步骤

1. PLC 控制系统设计的基本原则

1）最大限度地满足工艺流程和控制要求。工艺流程的特点和要求是开发 PLC 控制系统的主要依据。设计前，应深入现场进行调查研究，收集资料，明确控制任务。

2）精度要求和监控参数的指标以满足实际需要为准，不宜过多、过高，力求使控制系统简单、经济、使用及维修方便，并可降低系统的复杂性和开发成本。

3）保证控制系统的运行安全、稳定、可靠。正确进行程序调试、充分考虑环境条件、选用可靠性高的 PLC、定期对 PLC 进行维护和检查等都是很重要和必不可少的。

4）考虑到生产的发展和工艺的改进，在选择 PLC 容量时，应适当留有余量。

2. PLC 控制系统设计的基本步骤

PLC 控制系统设计在遵循以上设计原则的基础上，实现被控对象的工艺要求，一般都要按照图 8-1 所示的步骤来完成设计。

（1）确定控制总体方案　首先，根据系统需要完成的控制任务，对被控对象的工艺过程、工作特点和控制系统的控制过程、控制规律、功能及特性进行详细分析，归纳出工作流程图。

然后，根据 PLC 的技术特点，与继电器—接触器控制系统和微机控制系统进行比较后进行选择。如果被控系统是工业环境较差，而安全条件、可靠性要求较高、输入/输出量多并且大多属于开关量信号、系统工艺流程复杂且多变，则用 PLC 进行控制系统设计是较合适的。

最后，明确其控制要求和设计要求，明确划分控制的各个阶段及其特点，明确阶段之间的转换条件，最后归纳出各执行元件的动作顺序表。

（2）I/O 点数确定及 I/O 分配 根据控制要求确定所需的用户输入设备（按钮、操作开关、限位开关、传感器等）、输出设备（继电器、接触器、电磁阀、信号灯等执行元件），确定 PLC 的 I/O 点数，生成 I/O 地址分配表。

（3）确定 PLC 机型 PLC 是控制系统的核心部件，正确选择 PLC 对于保证整个控制系统能否完成控制要求起着重要的作用，本章的 8.2 节将具体介绍如何选择 PLC 的型号。

（4）PLC 硬件方面设计 这部分主要是进行硬件电路设计、制作控制柜及操作台和 PLC 安装及配线。在硬件电路设计过程中，关键的一步就是设计电气原理图，还要绘制电气布置图、电气安装接线图和 PLC 的 I/O 接线图。在设计过程中，还要注意对 PLC 的保护，对输入电源一般要经断路器再送入，为防止电源干扰可以设计 1:1 的隔离变压器或增加电源滤波器。当输入信号源为感性元件、输出驱动的负载也为感性元件时，对于直流电路应在它们两端并联续流二极管，对于交流电路，应在两端并联阻容吸收电路，如图 8-2 所示。

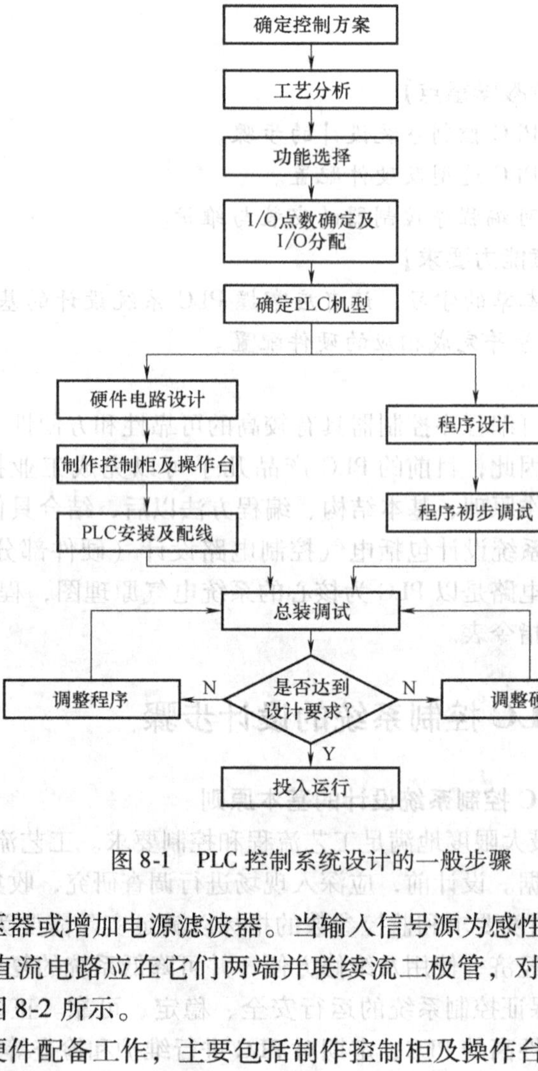

图 8-1 PLC 控制系统设计的一般步骤

在控制电路设计完成以后要进行硬件配备工作，主要包括制作控制柜及操作台和进行现场施工、PLC 的安装、输入输出的连接等。

（5）PLC 软件设计 在 PLC 硬件设计的同时，可以进行控制程序的设计，主要包括控制系统流程图、梯形图。开关量程序一般用梯形图语言进行设计，较简单系统的梯形图可以用经验法设计，对于比较复杂的系统一般采用顺序控制设计法。具体内容可参考第 5 章和第 6 章。

PLC 是按程序进行控制的，因此程序设计必须经过反复测试、修改，直到满足

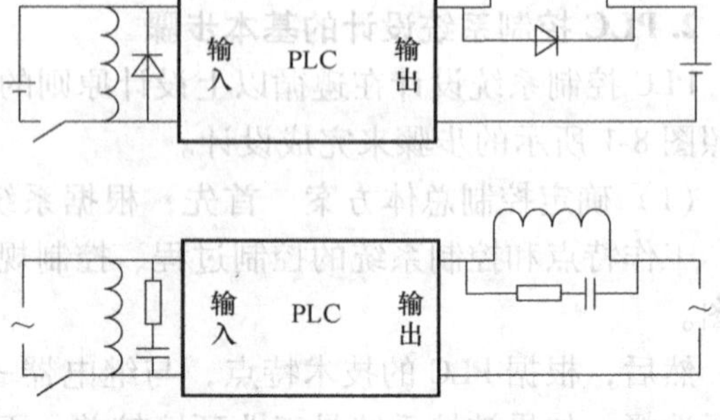

图 8-2 输入/输出电路处理

要求为止。设计好程序后，一般先做模拟调试，有的 PLC 厂家提供了在计算机上运行的仿真软件，它可以代替 PLC 硬件来调试用户程序，如三菱 GX Developer 编程软件配套的 GX Simulator 仿真软件。在仿真时，按照系统功能的要求，可将位输入元件置为 ON 或 OFF，或改写某些元件中的数据，监视是否能实现要求的功能。

如果有 PLC 的硬件，可以用小开关和按钮来模拟 PLC 实际的输入信号，例如用它们发出操作指令，或者在适当的时候用它们来模拟实际的反馈信号，例如限位开关触头的接通和断开。通过输出模块上各输出位对应的发光二极管，观察输出信号是否满足设计的要求。调试时一般不用接 PLC 实际的负载。

（6）现场总装调试　完成上述工作后，将 PLC 安装在控制现场进行联机总调试。将模拟调试好的程序传送到现场使用的 PLC 存储器中，可先不带负载，只带上接触器线圈、信号灯等进行调试。待各部分功能都调试正常后，再带上实际负载运行。在调试过程中，将暴露出系统中可能存在的传感器、执行器和硬接线等方面的问题，以及 PLC 的外部接线图和梯形图程序设计中的问题，应该对出现的问题及时进行解决。

（7）试运行、验收、交付使用，并编制控制系统的技术文件　编制控制系统的技术文件包括设计说明、使用说明书、电气图（含软硬件两部分）、电气元器件明细表等。

8.2　PLC 型号及硬件配置的选择

8.2.1　PLC 型号的选择

现在市场上 PLC 的种类繁多，对于初学者，如何选择合适的 PLC 是个重要的问题。在选择 PLC 型号时既要满足控制系统的功能要求，还要考虑使用的可扩展性，更要兼顾控制系统的成本。因此，在选择 PLC 型号时应该从多个方面进行考虑。

1. PLC 物理结构

PLC 的基本结构可以分为整体式和模块式两种。小型 PLC 控制系统一般采用整体式，具有体积小、价格便宜等优点，适用于工艺过程比较稳定，控制要求比较简单的系统。

模块式 PLC 的功能扩展方便灵活，维修时更换模块、判断故障范围也很方便，因此比较复杂的、控制要求较高的系统一般选择模块式 PLC。

三菱的 FX 系列的 PLC 综合了整体式和模块式的优点。它的基本单元、扩展单元和扩展模块不用基板，仅用扁平电缆连接，PLC 拼装后组成一个整齐的长方体，输入和输出点数的配置相当灵活。

2. PLC 用户存储器容量

用户程序所需内存容量要受到多个因素的影响：I/O 点数、控制要求、运算处理量、程序结构等。因此，在选型时只能粗略估算。

1）开关量输入：所需存储器字数 = 输入点数 ×10。

2）开关量输出：所需存储器字数 = 输出点数 ×8。

3）仅有模拟量输入：所需存储器字数 = 模拟量路数 ×120。

4）既有模拟量输入也有模拟量输出：所需存储器字数 = 模拟量路数 ×250。

5）使用通信接口：所需存储器字数 = 通信接口数量 ×300。

6）程序设计者的编程水平对所编制的程序长度和程序运行的时间也有很大的影响。一般来说，对初学者应为内存多留一些余量，而有经验的编程者可以少留一些余量。

在上述所得的存储器总字数的基础上再加 25% 的余量。可以看出，PLC 的 I/O 点数和存储器容量基本配套，点数越多，容量越大。

3. PLC 的 I/O 点数

一般来说，PLC 控制系统的规模大小是用输入/输出的点数来衡量的。在设计系统时，应准确统计被控对象的输入信号和输出信号的总数，考虑到以后调整和工艺改进的需要，在实际统计的点数基础上增加 10% ~20% 的备用量。

对于整体式的基本单元，I/O 点数是固定的，但是三菱 FX 系列中不同型号的 I/O 点数比例是不同的，应根据 I/O 点数的比例情况，选择合适的 PLC 型号。

8.2.2 PLC 的硬件配置的选择

1. 开关量 I/O 模块及扩展单元的选择

三菱 FX 系列的 PLC 分为基本单元、扩展单元和控制模块，在选型时能用一个基本单元完成配置就尽量不要用基本单元加扩展单元的模式。

开关量 I/O 模块按外部接线方式分为隔离式、分组式和汇点式三种。隔离式的每点平均价格较高，如果信号之间不需要隔离，应选用后两种。现在 FX 系列 PLC 的输入模块一般都是分组式和汇点式，输出模块则是隔离式和分组式组合。

开关量输入模块的输入电压一般为 DC 24V 和 AC 220V 两种。直流（DC）输入可以直接与接近开关、光电开关等电子输入装置连接，三菱 FX 系列直流输入模块的公用端已经接在内部电源的 0V，因此直流输入不需要外接直流电源。交流（AC）输入方式的触头接触可靠，适合于在有油雾、粉尘的恶劣环境下使用。较常用的还是直流输入模块。

开关量输出模块有继电器输出、晶体管输出及晶闸管输出。继电器输出模块的触点工作电压范围广，导通电压降小，承受瞬时过电压和过电流的能力较强，但是动作速度较慢，寿命有一定的限制。一般控制系统的输出信号变换不是很频繁，可优先选用继电器型，而且继电器输出型价格最低，容易购买。晶体管型和双向晶闸管型输出模块分别用于直流负载和交流负载，它们的可靠性高，反应速度快，寿命长，但是过载能力较差。选择时应该考虑负载电压的种类和大小、系统对延迟时间的要求、负载状态变化是否频繁等，还应注意同一输出模块对电阻性负载、电感性负载和白炽灯的驱动能力的差异。

2. 编程器和存储器的选择

以前小型 PLC 一般选用体积小的手持编程器，现在的发展趋势是使用个人计算机上运行的编程软件，在个人计算机上安装的编程软件再配上通信电缆，就可以取代手持编程器。

一些型号的 PLC 仍然选用 RAM 和锂电池来保持用户程序。为了防止因干扰和锂电池电压下降等原因破坏 RAM 中的用户程序，还可以选用有断电保护功能的 EEPROM 存储卡。

3. 对特殊功能模块的选择

对于 PID 闭环控制、快速响应、高速计数和运动控制等特殊要求，可以选择有相应特殊 I/O 模块的 PLC。

有模拟量检测和控制功能的 PLC 价格较高，对于精度要求不高的恒值调节系统，可以用电接点温度表和电接点压力表之类的传感器，将被控物理量控制在要求的范围内。

4. 对 PLC 通信接口的选择

如果要求将 PLC 纳入工厂控制网络，需要考虑 PLC 的通信联网功能，例如可以配置什么样的通信接口，最多可以配置多少个接口，可以使用什么样的通信协议，通信的速率与最大通信距离等。备用串行通信接口的 PLC 可以连接人机界面、变频器、其他 PLC 和上位计算机等。

8.3　PLC 系统设计及应用的注意事项

8.3.1　如何降低 PLC 控制系统硬件的费用

性价比高是 PLC 控制系统设计所追求的一个目标，而 PLC 的一个 I/O 点平均价格高达几十元甚至几百元，因此减少所需 I/O 点数是降低系统硬件费用的主要措施。

1. 减少 PLC 输入点数的方法

（1）分组输入　很多设备都有自动和手动控制两种状态，这两种工作方式不会同时执行，可以把这两种方式的输入量分成两组，如图 8-3 所示，输入点 X10 用来切换自动/手动控制方式。当选择自动控制模式时，按钮 SB3 和 SB4 分别接入输入端 X1 和 X2；当选择手动控制模式时，接入到输入端的是按钮 SB1 和 SB2；很显然，X1 输入端可以分别反映两个输入信号的状态，节省了输入点。二极管具有单向导通的性能，可以防止产生寄生电路。

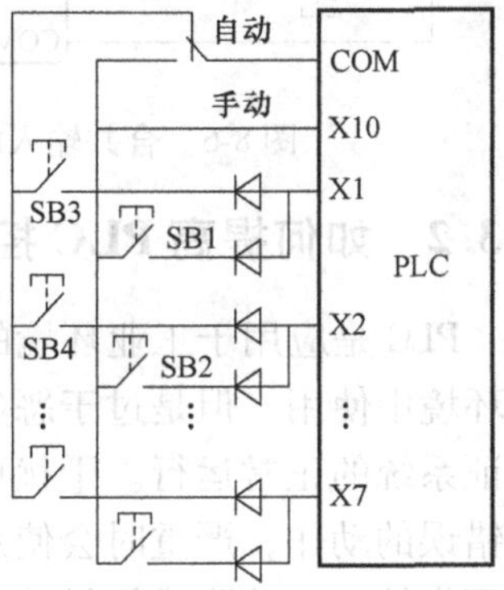

图 8-3　分组输入

（2）矩阵式输入　矩阵输入可以显著减少 PLC 的输入点数，当 PLC 有两个以上富余的输出端点时，可以将二极管开关矩阵的行、列引线分别接到 I/O 端点上。这样，当矩阵为 n 行 m 列时，可以得到 $n \times m$ 个输入信号。三菱 FX 系列提供了三种矩阵输入指令。

矩阵输入指令 MTR 可以用连续的 8 点输入与 n 点（$n = 2 \sim 8$）输出构成 n 行 8 列的输入矩阵，输入点可以达到 16 ~ 64 个，如图 8-4 所示。

16 键输入指令 HKY 可以利用 4 个输入点和 4 个输出点来输入 10 个数字键和 6 个功能键，如图 8-5 所示。

数字开关指令 DSW 只需 4 个或 8 个输入点就能读入一个或两个 4 位 BCD 码数字开关信息。

（3）合并输入触点　修改外部电路，将某些功能相同的的输入信号串联或并联后再作为一个整体输入到 PLC 输入端，这样就只占用 PLC 的一个输入点了。如图 8-6 所示，串联时几个按钮同时闭合有效，并联时其中任何一个按钮闭合都有效，这样不仅减少了输入点数也简化了梯形图程序。

2. 减少 PLC 输出点数的方法

可以将通断状态完全相同的负载并联后共用 PLC 的一个输出点，即一个输出点带多个负载。如果多个负载有着不同的要求，可以通过 PLC 的转换开关 S 进行控制；如果需要用指示灯来显示 PLC 输出信号的状态，可以将指示灯和负载并联，如图 8-7 所示。

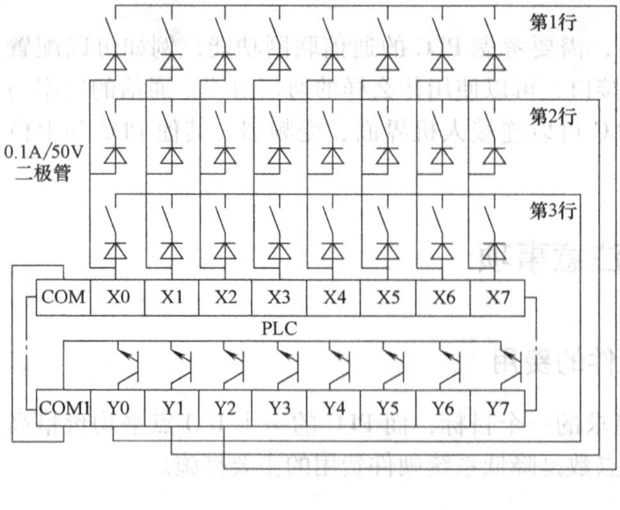

图 8-4　矩阵输入指令接线图

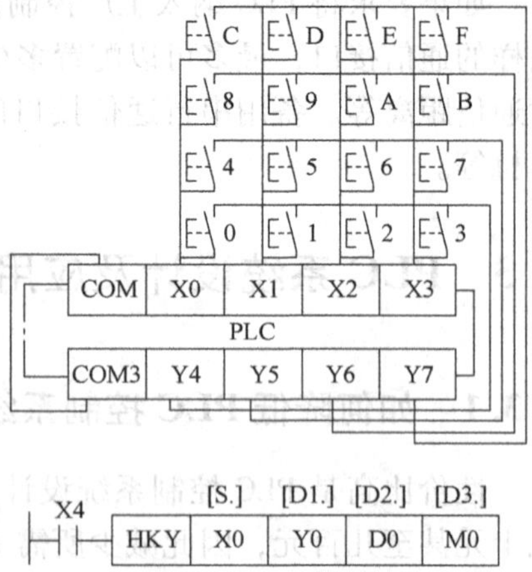

图 8-5　16 键输入接线图

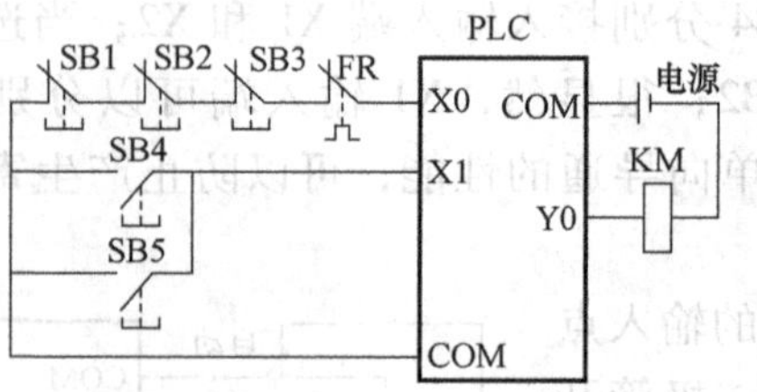

图 8-6　合并输入触点

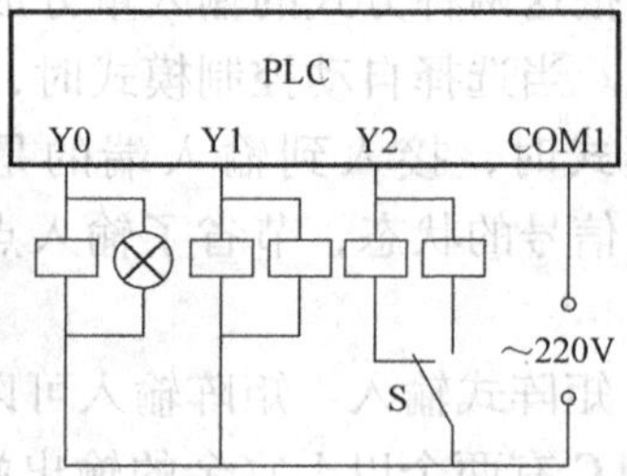

图 8-7　减少 PLC 输出点数

8.3.2　如何提高 PLC 控制系统的可靠性

PLC 是应用于工业环境的控制装置，通常情况下不需要什么特殊的防护措施就可以在工业环境中使用。但是过于恶劣的环境，比如电磁干扰特别强烈，或者安装使用不当，都不能保证系统的正常运行。干扰可能使得 PLC 接收到错误的信号，使 PLC 内部的数据丢失，造成错误的动作，严重时会使系统失控。在设计时，应采用一定的措施来保证 PLC 控制系统的可靠性，以消除或尽量减少干扰的影响。

1. 电源的抗干扰措施

干扰进入 PLC 的一个重要途径就是电源，电源干扰主要是通过供电线路的阻抗耦合产生的，各种大功率用电设备是主要的干扰源。

在干扰较强或对可靠性要求较高的场合，可以在 PLC 的交流电源输入端加接带屏蔽层的隔离变压器和低通滤波器。隔离变压器可以抑制从电源线窜入的外来干扰。在变压器的一次、二次绕组之间加绕屏蔽层，并将它和铁心一起接地，可以减少绕组间的分布电容，可以增强抗共模干扰的能力。低通滤波器可以吸收掉电源中的大部分“毛刺”。

长期实践证明，使用 220V 的直流电源给 PLC 供电，可以显著地减少来自交流电源的干扰，当交流电源消失时，也能保证 PLC 的正常工作。控制系统的控制部分、动力部分、PLC 及 I/O 电源应分别配线。隔离变压器与 PLC 和输入/输出电源之间应采用双绞线连接，外部输入电路使用的外接直流电源最好采用稳压电源。如果 PLC 的开关信号传输距离较远，可以采用屏蔽电缆，模拟信号和高速信号应选择屏蔽电缆。

2. 对感性负载的处理

感性负载感具有储能作用，当它的控制触点断开时，感性负载产生的反电动势比电源电压高几倍甚至几十倍；当控制触点接通时，由于触点的抖动也会产生电弧。应该采用一些措施来减轻或消除感性负载对系统产生的干扰。

当 PLC 的输入端或输出端接有感性元件时，对直流电路来说应该在它两端并联续流二极管，对于交流电路来说应该并联阻容电路，这样可以抑制电路断开时所产生的电弧对 PLC 的影响，如图 8-2 所示。

3. PLC 安装与布线的抗干扰措施

（1）安装时的注意事项　PLC 必须远离强干扰源，不能和高压电器安装在同一个开关柜内，在柜内 PLC 应该远离动力线，并且保证两者的距离应该大于 200mm。PLC 的信号线和功率线应该分开走线，动力电缆应该单独走线，它们应该装入不同的电缆管或电缆槽中，并且保证有足够大的空间距离，避免强电对弱电的干扰。

输入/输出线应该与电源线分开走线，并保持一定距离。如果输入/输出线的长度超过 300m 时，输入线与输出线应该使用不同的电缆。不同的信号线也不要共用一个插接件转接，如果必须用一个插接件，也要用备用端子或底线端子将它们分开，以减少相互干扰。

（2）强干扰环境中的隔离措施　PLC 输入模块的光耦合器、输出模块中的小型继电器和光敏晶闸管等器件都能减少或消除外部干扰对系统的影响，还可以保护 CPU 不受外部窜入的高压信号的危害，因此一般不需要在 PLC 外部再次设置抗干扰的器件。但是在强烈干扰环境中，比如大发电厂，空间中极强的电磁场和高电压、大电流的通断，会对 PLC 产生强烈干扰，导致 PLC 输入端的光耦合器的隔离作用失效，使得 PLC 产生误动作。为了提高抗干扰能力，可以考虑使用光纤通信电缆，或者带光耦合器的通信接口，这也适合在腐蚀性强或潮湿的环境、需要防火、防爆的场合。

（3）PLC 的接地　PLC 和强电设备最好分别使用接地装置，接地线的截面积应不低于 $2mm^2$，接地点与 PLC 的距离应小于 50m。对于有接地网络的场合，为防止不同信号回路接地线上的电流产生的设备之间的干扰，应分系统将弱电信号的内部地线接通，然后分别用规定面积的导线统一引到接地网络的同一点，从而实现控制系统一点接地。

4. 软件抗干扰措施

只采用硬件措施不能完全消除干扰的影响，必须用软件措施加以配合。

1）对于可以预知的干扰，比如执行机构动作时产生的电弧等干扰信号，在容易产生这些干扰的时间内，用软件封锁 PLC 的某些输入信号，在干扰易发期过去后，再取消封锁。

2）故障的检测与诊断。PLC 如果出现故障，可借助自诊断程序找到故障的部位，更换后就可以恢复正常工作了。

3）对于含有较强干扰信号的开关量输入，可以采用软件延时 20ms，两次或两次以上读入同一信号，结果一致才确认输入有效。

4）PLC 的集中采样机制，即 PLC 在一个扫描周期中，对输入状态的采样只在输入处理阶段进行，也提高了抗干扰能力，增强了系统的可靠性。

当然，PLC 控制系统的干扰源多种多样，本节只介绍了几种常用的抗干扰措施，在实际应用中，应根据具体的情况，有针对性地采用合适的抗干扰措施。

习　题

8-1　可编程序控制器系统设计一般分为几步？

8-2　可编程序控制器的选型应考虑哪些因素？

8-3　如何估算可编程序控制器控制系统的 I/O 点数？

8-4　可编程序控制器在使用时应注意哪些问题？

8-5　如果 PLC 的输入端有感性元件，应该采用什么措施来保证 PLC 的正常运行？

附　　录

附录 A　电气简图常用图形、文字符号

附表 A-1　常用电气图形符号

符号名称	图形符号	符号名称	图形符号
直流		导线的 T 形连接	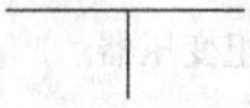
交流		导线的双 T 连接	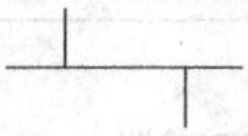
交直流	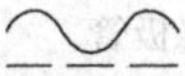	接通的连接片	
正极	+	断开的连接片	
负极	—	插头和插座	
接地一般符号		电阻器	
保护接地		可调电阻器	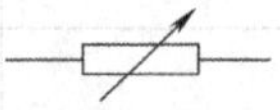
导线		带滑动触点电阻器	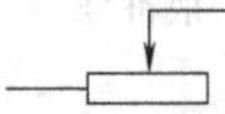
软连接导线		带滑动触点和预调的电位器	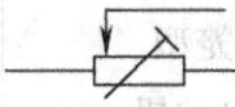
连接点	•	带固定抽头的电阻器	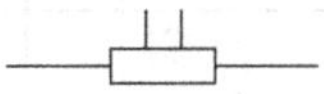
端子	○	带分流和分压端子的电阻器	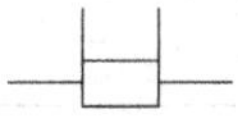
端子板	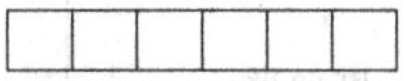	PNP 型晶体管	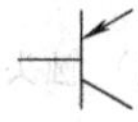
电容器一般符号	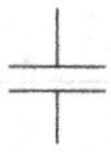	NPN 型晶体管	
极性电容器	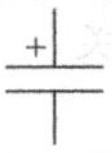	N 型沟道结型场效应晶体管	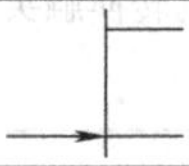
可调电容器		P 型沟道结型场效应晶体管	

（续）

符号名称	图形符号	符号名称	图形符号
线圈绕组		接触器主动合触头	
带磁芯的电感器		接触器主动断触头	
电抗器、扼流圈		半导体二极管	
双绕组变压器	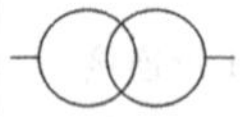	光敏二极管	
电流互感器		发光二极管	
三相变压器 星形-三角形联结	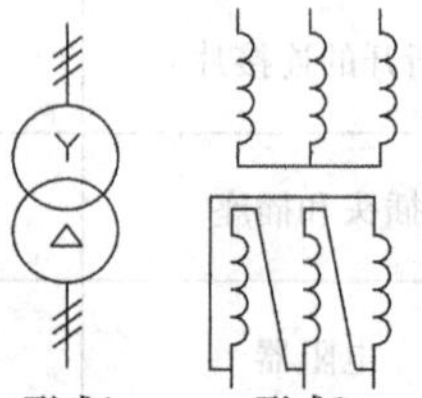	双向三极闸流晶体管	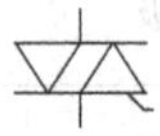
		蓄电池	
电动机一般符号	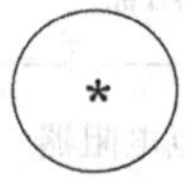	直流串励电动机	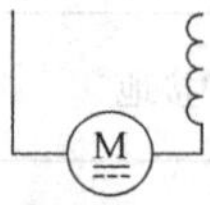
三相笼型 异步电动机		步进电动机	
		电刷	
动合（常开）触头	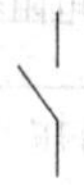	无自动复位的 手动旋钮开关	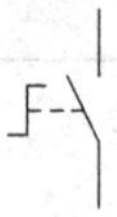
动断（常闭）触头		断路器	
先断后合的转换触头	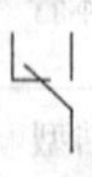	隔离开关	
中间断开的转换触头		负荷隔离开关	

（续）

符号名称	图形符号	符号名称	图形符号
带动合触头的位置开关		手动操作开关	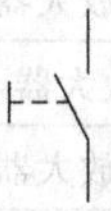
带动断触头的位置开关		组合位置开关	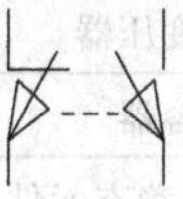
延时闭合的动合触头		接近开关	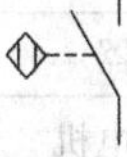
延时断开的动断触头		熔断器开关	
延时断开的动合触头	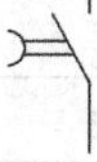	熔断器式隔离开关	
延时闭合的动断触头		电压表	
延时动合触头	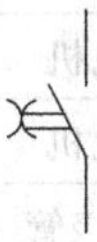	电流表	
驱动器件一般符号	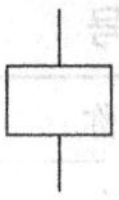	转速表	
缓慢吸合继电器线圈	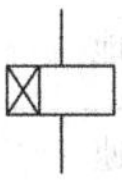	灯，信号灯一般符号	
缓慢释放继电器线圈	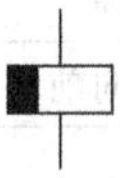	蜂鸣器	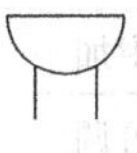
热继电器驱动器件	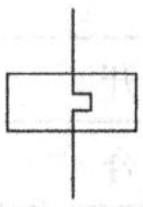	火花间隙	
按钮	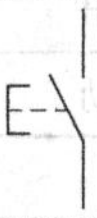	避雷器	

附表 A-2　常用电气文字符号

名 称	文字符号	名 称	文字符号
分离元件放大器	A	按钮	SB
晶体管放大器	AD	行程开关	ST
集成电路放大器	AJ	限位开关	SQ
自整角机旋转变压器	B	三极隔离开关	QS
旋转变压器	BR	单极开关	Q
电容器	C	接触器	KM
双（单）稳态元件	D	继电器	KA
热继电器	FR	时间继电器	KT
熔断器	FU	电压互感器	TV
旋转发电机	G	电磁铁	YA
同步发电机	GS	电磁阀	YV
异步发电机	GA	电磁吸盘	YH
蓄电池	GB	接插器	X
电抗器	L	照明灯	EL
电动机	M	刀开关	Q
直流电动机	MD	电流互感器	TA
交流电动机	MA	电力变压器	TM
电流表	PA	信号灯	HL
电压表	PV	发电机	G
电阻器	R	直流发电机	GD
控制开关	SA	交流发电机	GA
选择开关	SA	半导体二极管	V

附表 A-3　常用辅助文字符号

名 称	文字符号	名 称	文字符号
交流	AC	直流	DC
自动	A AUT	接地	E
加速	ACC	快速	F
附加	ADD	反馈	FB
可调	ADJ	正，向前	FW
制动	B BRK	输入	IN
向后	BW	断开	OFF
控制	C	闭合	ON
延时（延迟）	D	输出	OUT
数字	D	起动	ST

附录 B　FX 系列 PLC 的性能规格和功能指令

附表 B-1　FX_{2N} 系列 PLC 的性能规格

名 称		规 格	备 注
运算控制方法		对存储的程序反复扫描的方式(专用 LSI)	
I/O 控制方法		批次处理(当执行 END 时)	I/O 指令可以刷新
运算处理速度		基本指令:0.08μs/指令。应用指令:1.52 ~ 几百 μs/指令	
编程语言		梯形图和指令表	使用步进梯形图能生成 SFC 类型程序
程序容量		8000 步内置	使用附加寄存器盒可扩展到 16000 步
指令数目		基本指令:27。步进指令:2。应用指令:128	最大可用 298 条应用指令
I/O 配置		最大硬件 I/O 配置 256,视用户选择(最大软件可设定地址:输入为 256、输出为 256)	
辅助继电器(M)	一般	500 点	M0 ~ M499
	锁存	2572 点	M500 ~ M3071
	特殊	256 点	M8000 ~ M8255
状态继电器(S)	一般	490 点	S10 ~ S499
	锁存	400 点	S500 ~ S899
	初始	10 点	S0 ~ S9
	信号报警器	100 点	S900 ~ S999
定时器(T)	100ms	范围:0 ~ 3276.7s,200 点	T0 ~ T199
	10ms	范围:0 ~ 327.67s,46 点	T200 ~ T245
	1ms 保持型	范围:0 ~ 32.767s,4 点	T246 ~ T249
	100ms 保持型	范围:0 ~ 3276.7s,6 点	T250 ~ T255
计数器(C)	一般 16 位	范围:0 ~ 32767,100 点	C0 ~ C99,类型:16 位增计数器
	锁存 16 位	100 点(子系统)	C100 ~ C199,类型:16 位增计数器
	一般 32 位	范围:-2147483648 ~ +32147483647,20 点	C200 ~ C219,类型:32 位增/减计数器
	锁存 32 位	15 点	C220 ~ C234,类型:32 位增/减计数器
高速计数器(C)	单相	范围:-2147483648 ~ +2147483647,一般规则:选择组合技术时,计数频率不大于 20kHz,且所有计数器均为锁存	C235 ~ C240,6 点
	单相带起动/复位输入端		C241 ~ C245,5 点
	双向		C246 ~ C250,5 点
	A/B 相		C251 ~ C255,5 点
数据寄存器(D)	一般	200 点	D0 ~ D199,类型:32 位元件的 16 位数据存储寄存器对

（续）

名称		规格	备注
数据寄存器(D)	锁存	7800 点	D200 ~ D7999，类型：32 位元件的 16 位数据存储寄存器对
	文件寄存器	7000 点	D1000 ~ D7999，14 个子文件寄存器，每个 500 点，类型：16 位数据存储寄存器
	特殊	256 点	从 D8000 ~ D8255，类型：16 位数据存储寄存器
	变址	16 点	V0 ~ V7 和 Z0 ~ Z7，类型：16 位数据存储寄存器
指针(P)	用于跳转	128 点	P0 ~ P127
	用于中断	6 点输入中断、3 点定时中断、6 点计数器中断	100 * ~ 150 *（上升沿触发时，* = 1，下降沿触发时，* = 0；16 * * ~ 18 * *，* * = 时间(单位：ms)：1010 ~ 1060）
嵌套层次		用于 MC 和 MCR 时 8 对	N0 ~ N7
常数	十进位 K	16 位：−32768 ~ 32767，32 位：−2147483648 ~ +2147483647	
	十六进位 H	16 位：0 ~ FFFF，32 位：0 ~ FFFFFFFF	
	浮点	32 位：$\pm 1.175 \times 10^{-38} \sim \pm 3.403 \times 10^{38}$（不能直接输入）	

附表 B-2　FX 系列 PLC 功能指令表

分类	指令序号	指令助记符	功能	FX_{1S}系列	FX_{1N}系列	FX_{2N}系列	FX_{2NC}系列
程序流程	0	CJ	条件跳转	○	○	○	○
	1	CALL	子程序调用	○	○	○	○
	2	SRET	子程序返回	○	○	○	○
	3	IRET	中断返回	○	○	○	○
	4	EI	允许中断	○	○	○	○
	5	DI	禁止中断	○	○	○	○
	6	FEND	主程序结束	○	○	○	○
	7	WDT	警戒时钟	○	○	○	○
	8	FOR	循环范围开始	○	○	○	○
	9	NEXT	循环范围结束	○	○	○	○
传送与比较	10	CMP	比较	○	○	○	○
	11	ZCP	区间比较	○	○	○	○
	12	MOV	传送	○	○	○	○
	13	SMOV	移位传送	—	—	○	○
	14	CML	取反传送	—	—	○	○
	15	BMOV	块传送	○	○	○	○
	16	FMOV	多点传送	—	—	○	○
	17	XCH	交换	—	—	○	○

（续）

分类	指令序号	指令助记符	功能	FX_{1S}系列	FX_{1N}系列	FX_{2N}系列	FX_{2NC}系列
传送与比较	18	BCD	BCD 转换	○	○	○	○
	19	BIN	BIN 转换	○	○	○	○
算术与逻辑运算	20	ADD	BIN 加法	○	○	○	○
	21	SUB	BIN 减法	○	○	○	○
	22	MUL	BIN 乘法	○	○	○	○
	23	DIV	BIN 除法	○	○	○	○
	24	INC	BIN 加 1	○	○	○	○
	25	DEC	BIN 减 1	○	○	○	○
	26	WAND	逻辑字与	○	○	○	○
	27	WOR	逻辑字或	○	○	○	○
	28	WXOR	逻辑字异或	○	○	○	○
	29	NEG	求补码	—	—	○	○
循环与移位	30	ROR	循环右移	—	—	○	○
	31	ROL	循环左移	—	—	○	○
	32	RCR	带进位循环右移	—	—	○	○
	33	RCL	带进位循环左移	—	—	○	○
	34	SFTR	位右移	○	○	○	○
	35	SFTL	位左移	○	○	○	○
	36	WSFR	字右移	—	—	○	○
	37	WSFL	字左移	—	—	○	○
	38	SFWR	移位写入	○	○	○	○
	39	SFRD	移位读出	○	○	○	○
数据处理	40	ZRST	区间复位	○	○	○	○
	41	DECO	译码	○	○	○	○
数据处理	42	ENCO	编码	○	○	○	○
	43	SUM	求 ON 位数	—	—	○	○
	44	BON	ON 位判别	—	—	○	○
	45	MEAN	平均值	—	—	○	○
	46	ANS	报警置位	—	—	○	○
	47	ANR	报警器复位	—	—	○	○
	48	SOR	BIN 数据开方运算	—	—	○	○
	49	FLT	BIN 整数→二进制浮点数转换	—	—	○	○
高速处理	50	REF	输入/输出刷新	○	○	○	○
	51	REFF	滤波器调整	—	—	○	○
	52	MTR	矩阵输入	○	○	○	○
	53	HSCS	比较置位(高速计数器)	○	○	○	○

（续）

分 类	指令序号	指令助记符	功 能	FX_{1S}系列	FX_{1N}系列	FX_{2N}系列	FX_{2NC}系列
高速处理	54	HSCR	比较复位（高速计数器）	○	○	○	○
	55	HSZ	区间比较（高速计数器）	—	—	○	○
	56	SPD	速度检测	○	○	○	○
	57	PLSY	脉冲输出	○	○	○	○
	58	PWM	脉宽调制	○	○	○	○
	59	PLSR	带加减速的脉冲输出	○	○	○	○
方便指令	60	IST	置初始状态	○	○	○	○
	61	SER	数据查找	—	—	○	○
	62	ABSD	凸轮控制（绝对方式）	○	○	○	○
	63	INCD	凸轮控制（增量方式）	○	○	○	○
	64	TTMR	示教定时器	—	—	○	○
	65	STMP	特殊定时器	—	—	○	○
	66	ALT	交替输出	○	○	○	○
	67	RAMP	斜坡信号	○	○	○	○
	68	ROTC	旋转工作台控制	—	—	○	○
	69	SORT	数据排序	—	—	○	○
外围设备 I/O	70	TKY	10 键输入	—	—	○	○
	71	HKY	16 键输入	—	—	○	○
	72	DSW	数字开关	○	○	○	○
	73	SEGD	七段译码	—	—	○	○
	74	SEGL	带锁存的七段码显示	○	○	○	○
	75	ARWS	方向开关	—	—	○	○
	76	ASC	ASCⅡ码转换	—	—	○	○
	77	PR	ASCⅡ码打印	—	—	○	○
	78	FROM	BFM 读出	—	—	○	○
	79	TO	BFM 写入	—	—	○	○
外围设备 SER	80	RS	串行数据传送	○	○	○	○
	81	PRUN	八进制位传送	○	○	○	○
	82	ASCI	HEX- ASCⅡ转换	○	○	○	○
	83	HEX	ASCⅡ- HEX 转换	○	○	○	○
外围设备 SER	84	CCD	求校验码	○	○	○	○
	85	VRRD	电位器读出	○	○	○	○
	86	VRSC	电位器刻度	○	○	○	○
	87						
	88	PID	PID 运算	○	○	○	○
	89						

（续）

分类	指令序号	指令助记符	功能	FX_{1S}系列	FX_{1N}系列	FX_{2N}系列	FX_{2NC}系列
浮点数运算	110	ECMP	二进制浮点数比较	○	○	○	○
	111	EZCP	二进制浮点数区间比较	—	—	○	○
	118	EBCD	二进制浮点数-十进制浮点数转换	—	—	○	○
	119	EBIN	十进制浮点数-二进制浮点数转换	—	—	○	○
	120	EADD	二进制浮点数加法	—	—	○	○
	121	ESUB	二进制浮点数减法	—	—	○	○
	122	EMUL	二进制浮点数乘法	—	—	○	○
	123	EDIV	二进制浮点数除法	—	—	○	○
	127	ESOR	二进制浮点数开方	—	—	○	○
	129	INT	二进制浮点数-BIN 整数转换	—	—	○	○
	130	SIN	浮点数 SIN 运算	—	—	○	○
	131	COS	浮点数 COS 运算	—	—	○	○
	132	TAN	浮点数 TAN 运算	—	—	○	○
定位	147	SWAP	上下字节转换	—	—	○	○
	155	ABS	ABS 现在值读出	○	○	—	—
	156	ZRN	原点回归	○	○	—	—
	157	PLSY	可变速度的脉冲输出	○	○	—	—
	158	DRVI	相对定位	○	○	—	—
	159	DRVA	绝对定位	○	○	—	—
时钟运算	160	TCMP	时钟数据比较	○	○	○	○
	161	TZCP	时钟数据区间比较	○	○	○	○
	162	TADD	时钟数据加法	○	○	○	○
	163	TSUB	时钟数据减法	○	○	○	○
	166	TRD	时钟数据读出	○	○	○	○
	167	TWR	时钟数据写入	○	○	○	○
	169	HOUR	计时仪	○	○	—	—
外围设备	170	GRY	格雷码转换	—	—	○	○
	171	GBIN	格雷码逆转换	—	—	○	○
	176	RD3A	读取 FX_{0N}-3A	—	○	—	—
	177	WR3A	写入 FX_{0N}-3A	—	○	—	—
接点比较	224	LD =	(S1) = (S2)	○	○	○	○
	225	LD >	(S1) > (S2)	○	○	○	○
	226	LD <	(S1) < (S2)	○	○	○	○
	228	LD < >	(S1) ≠ (S2)	○	○	○	○
	229	LD≤	(S1) ≤ (S2)	○	○	○	○
	230	LD≥	(S1) ≥ (S2)	○	○	○	○

（续）

分类	指令序号	指令助记符	功能	FX_{1S}系列	FX_{1N}系列	FX_{2N}系列	FX_{2NC}系列
接点比较	232	AND =	(S1) = (S2)	○	○	○	○
	233	AND >	(S1) > (S2)	○	○	○	○
	234	AND <	(S1) < (S2)	○	○	○	○
	236	AND < >	(S1) ≠ (S2)	○	○	○	○
	237	AND≤	(S1) ≤ (S2)	○	○	○	○
	238	AND≥	(S1) ≥ (S2)	○	○	○	○
	240	OR =	(S1) = (S2)	○	○	○	○
	241	OR >	(S1) > (S2)	○	○	○	○
	242	OR <	(S1) < (S2)	○	○	○	○
	244	OR < >	(S1) ≠ (S2)	○	○	○	○
	245	OR≤	(S1) ≤ (S2)	○	○	○	○
	246	OR≥	(S1) ≥ (S2)	○	○	○	○

参 考 文 献

[1] 方承远,张振国. 工厂电气控制技术[M]. 3 版. 北京:机械工业出版社,2006.

[2] 郁汉琪. 机床电气控制技术[M]. 北京:高等教育出版社,2010.

[3] 夏燕兰. 数控机床电气控制[M]. 北京:机械工业出版社,2006.

[4] 阮友德. 电气控制与 PLC[M]. 北京:人民邮电出版社,2009.

[5] 常晓玲. 电气控制系统与可编程控制器[M]. 北京:机械工业出版社,2007.

[6] 王兆义. 可编程控制器教程[M]. 北京:机械工业出版社,2004.

[7] 廖常初. 可编程序控制器应用技术[M]. 5 版. 重庆:重庆大学出版社,2007.

[8] 孙振强,王晖,孙玉峰. 可编程控制器原理及应用教程[M]. 2 版. 北京:清华大学出版社,2008.

[9] 程宪平. 可编程控制器原理与应用[M]. 北京:化学工业出版社,2009.

[10] 刘建华,张静之. 三菱 FX_{2N} 系列 PLC 应用技术[M]. 北京:机械工业出版社,2010.

[11] 俞国亮. PLC 原理与应用(三菱 FX 系列)[M]. 北京:清华大学出版社,2009.

[12] 范次猛. 可编程控制器原理与应用[M]. 北京:北京理工大学出版社,2006.

[13] 汤自春. PLC 原理及应用技术[M]. 北京:高等教育出版社,2006.